中国石油提高采收率技术新进展丛书

超稠油蒸汽辅助重力泄油技术

李秀峦 王正茂 张忠义 席长丰 等编著

石油工业出版社

内容提要

本书阐述了超稠油蒸汽辅助重力泄油物理模拟技术，总结了超稠油蒸汽辅助重力泄油油藏工程、配套工艺技术、增产调控，介绍了超稠油蒸汽辅助重力泄油开发实例和新技术发展趋势。

本书可供油气田开发科研人员及相关院校师生参考使用。

图书在版编目（CIP）数据

超稠油蒸汽辅助重力泄油技术 / 李秀峦等编著 .—北京：石油工业出版社，2022.1

（中国石油提高采收率技术新进展丛书）

ISBN 978-7-5183-5141-1

Ⅰ. ①超… Ⅱ. ①李… Ⅲ. ①稠油开采 – 注蒸汽 – 重力泄油 – 研究 Ⅳ. ①TE345

中国版本图书馆 CIP 数据核字（2021）第 265688 号

出版发行：石油工业出版社
（北京安定门外安华里 2 区 1 号　100011）
网　　址：www.petropub.com
编辑部：（010）64210387　图书营销中心：（010）64523633
经　　销：全国新华书店
印　　刷：北京中石油彩色印刷有限责任公司

2022 年 1 月第 1 版　2022 年 1 月第 1 次印刷
787×1092 毫米　开本：1/16　印张：11.75
字数：300 千字

定价：98.00 元
（如出现印装质量问题，我社图书营销中心负责调换）
版权所有，翻印必究

《中国石油提高采收率技术新进展丛书》编委会

主　任：万　军

副主任：廖广志　何东博　章卫兵

成　员：（以姓氏笔画为序）

卜忠宇	马德胜	王正茂	王正波	王红庄
王连刚	王伯军	王宝刚	王高峰	王渝明
王　强	王锦芳	方　辉	叶　鹏	田昌炳
白军辉	丛苏男	吕伟峰	刘卫东	刘先贵
刘庆杰	关文龙	李　中	李秀峦	李保柱
杨正明	肖毓祥	吴洪彪	何丽萍	邹存友
张仲宏	张胜飞	郑　达	胡占群	修建龙
侯庆锋	唐君实	黄志佳	曹　晨	韩培慧
雷征东	管保山	熊春明		

《超稠油蒸汽辅助重力泄油技术》
编 写 组

主　编：李秀峦

副主编：王正茂　张忠义　席长丰

成　员：（以姓氏笔画为序）

　　　　王红庄　王伯军　石兰香　刘　彤　齐宗耀

　　　　杜　宣　吴永彬　沈德煌　张运军　张胜飞

　　　　张霞林　苟　燕　周　游　赵　芳　郭二鹏

序

党的十八大以来，习近平总书记创造性地提出了"四个革命、一个合作"能源安全新战略，为我国新时代能源改革发展指明了前进方向、提供了根本遵循。从我国宏观经济发展的长期趋势看，未来油气需求仍将持续增长，国际能源署（IEA）预测2030年中国原油和天然气消费量将分别达到8亿吨、5500亿立方米左右，如果国内原油产量保持在2亿吨以上、天然气2500亿立方米左右，油气对外依存度将分别达到75%和55%左右。当前，世界石油工业又陷入了新一轮低油价周期，我国面临着新区资源品质恶劣化、老区开发矛盾加剧化的多重挑战。面对严峻的能源安全形势，我们一定要深刻领会、坚决贯彻习近平总书记关于"大力提升勘探开发力度""能源的饭碗必须端在自己手里"等重要指示批示精神，实现中国石油原油1亿吨以上效益稳产上产，是中国石油义不容辞的责任与使命。

提高采收率的核心任务是将地下油气资源尽可能多地转变成经济可采储量，最大限度提升开发效益，其本身兼具保产量和保效益的双重任务。因此，我们要以提高采收率为抓手，夯实油气田效益稳产上产基础，完成国家赋予的神圣使命，保障国家能源安全。中国石油对提高采收率高度重视，明确要求把提高采收率作为上游业务提质增效、高质量发展的一项十分重要的工程来抓。中国石油自2005年实施重大开发试验以来，按照"应用一代，研发一代，储备一代"的部署，持续推进重大开发试验和提高采收率工作，盘活了"资源池"、扩容了"产能池"、提升了"效益池"。重大开发试验创新了提高采收率理论体系，打造了一系列低成本开发技术，工业化应用年产油量达到2000万吨规模，提升了老区开发效果，并为新区的有效动用提供了技术支撑。

持续围绕"精细水驱、化学驱、热介质驱、气介质驱和转变注水开发方式"等五大提高采收率技术主线，中国石油开发战线科研人员攻坚克难、扎根基层、挑战极限，创新发展了多种复合介质生物化学驱、低排放高效热采SAGD及火驱、绿色减碳低成本气驱和低品位油藏转变注水开发方式等多项理论和技术，在特高含水、特超稠油和特超低渗透等极其复杂、极其困难的资源领域取得良好的开发成效，化学驱、稠油产量均持续保持1000万吨，超低渗透油藏水驱开发达到1000万吨，气驱产量和超低渗透致密油转变注水开发方式产量均突破100万吨，并分别踏着上产 1000 万吨产量规划的节奏稳步推进。

《中国石油提高采收率技术新进展丛书》（以下简称《丛书》）全面系统总结了中国石油 2005 年以来，重大开发试验培育形成的创新理论和关键技术，阐述了创新理论、关键技术、重要产品和核心工艺，为试验成果的工业化推广应用提供了技术指导。该《丛书》具有如下特征：

一是前瞻性较强。《丛书》中的化学驱理论与技术、空气火驱技术、减氧空气驱和天然气驱油协同储气库建设等技术在当前及今后一个时期都将属于世界前沿理论和领先技术，结合中国石油天然气集团有限公司技术发展的最新进展，具有较强的前瞻性。

二是系统性较强。《丛书》编委会统一编制专业目录和篇章规划，统一组织编写与审定，涵盖地质、油藏、采油和地面等专业内容，具有较强的系统性、逻辑性、规范性和科学性。

三是实用性较强。《丛书》的成果内容均经过油田现场实践验证，并实现了较大规模的工业化产量和良好的经济效益，理论技术与现场实践紧密融合，并配有实际案例和操作规程要求，具有较高的实用价值。

四是权威性较强。中国石油勘探与生产分公司组织在相应领域具有多年工作经验的技术专家和管理人员，集中编写《丛书》，体现了该书的权威性。

五是专业性较强。《丛书》以技术领域分类编写，并根据专业目录进行介绍，内容更加注重专业特色，强调相关专业领域自身发展的特色技术和特色经验，也是对公司相关业务领域知识和经验的一次集中梳理，符合知识管理的要求和方向。

当前，中国石油油田开发整体进入高含水期和高采出程度阶段，开发面临的挑战日益增加，还需坚持以提高采收率工程为抓手，进一步加深理论机理研究，加大核心技术攻关试验，加快效益规模应用，加宽技术共享交流，加强人才队伍建设，在探索中求新路径，探索中求新办法，探索中求新提升，出版该《丛书》具有重要的现实意义。这套《丛书》是科研攻关和矿场实践紧密结合的成果，有新理论、新认识、新方法、新技术和新产品，既能成为油田开发科研、技术、生产和管理工作者的工具书和参考书，也可作为石油相关院校的学习教材和文献资料，为提高采收率事业提供有益的指导、参考和借鉴。

2021 年 11 月 27 日

前言

经过多年的理论研究和现场试验，特别是"十一五""十二五"和"十三五"的科技攻关，中国石油天然气集团有限公司（以下简称中国石油）在超稠油（油砂）油藏开发技术上的创新和工业化应用等方面取得了显著成效，形成了具有中国特色、适合于中国陆相强非均质超稠油油藏的新一代稠油热采开发技术——蒸汽辅助重力泄油技术。该技术的创新与发展，解决了国内近十亿吨超稠油难采储量有效开发和提高采收率难题，先后建成了辽河曙一区、新疆风城等两个百万吨超稠油高效开发示范工程和基地，引领了稠油开发技术的发展和深度变革，支撑了中国石油热采稠油产量千万吨持续稳产目标的顺利实现。

本书对蒸汽辅助重力泄油技术进展进行了系统总结，涵盖了国家油气科技重大专项、公司重大科技专项等在蒸汽辅助重力泄油开发技术方面形成了重大标志性成果和科技创新成就，全面反映了蒸汽辅助重力泄油开发技术的各个方向进展情况，包括了重力泄油开发机理研究、三维物理模拟技术、油藏工程设计技术、配套工艺技术、改善开发效果新技术以及成功的开发实例和新技术发展趋势等。全书由七章构成，第一章，由李秀恋、王正茂、张忠义等编写；第二章由罗建、沈德煌、张胜飞等编写；第三章由席长丰、周游、郭二鹏、杜宣、石兰香等编写；第四章由席长丰、王正茂、齐宗耀等编写；第五章由张忠义、郭二鹏、石兰香、刘彤等编写；第六章由周游、郭二鹏、杜宣等编写；第七章由郭二鹏、吴永彬等编写。

本书在编写过程中，得到了廖广志、王连刚、孙新革、杨建平、马宏斌等专家的指导与帮助，以及新疆油田、辽河油田等油田公司领导、现场专家对本书给予了极大的重视和支持，并提供了大量的宝贵资料，为编写工作的顺利完成起到了重大作用。在此表示衷心感谢！

由于编者水平有限，书中难免存在不妥之处，敬请读者批评指正。

目 录

第一章 概述 ... 1
- 第一节 蒸汽辅助重力泄油技术发展历程及应用现状 ... 1
- 第二节 蒸汽辅助重力泄油机理及油藏适用条件 ... 3
- 第三节 蒸汽辅助重力泄油的技术发展趋势及前景展望 ... 6

第二章 超稠油蒸汽辅助重力泄油物理模拟技术 ... 8
- 第一节 概述 ... 8
- 第二节 相似准则 ... 10
- 第三节 实验模型及方案设计 ... 17
- 第四节 实验结果分析 ... 23
- 第五节 超稠油蒸汽辅助重力泄油物理模拟实例 ... 24

第三章 超稠油蒸汽辅助重力泄油油藏工程研究 ... 33
- 第一节 SAGD 油藏工程方法 ... 33
- 第二节 SAGD 数值模拟方法 ... 39
- 第三节 SAGD 油藏工程优化设计 ... 46

第四章 超稠油蒸汽辅助重力泄油配套工艺技术 ... 52
- 第一节 SAGD 钻完井工艺技术 ... 52
- 第二节 SAGD 采油工艺技术 ... 56
- 第三节 SAGD 地面工艺技术 ... 64
- 第四节 SAGD 监测工艺技术 ... 68

第五章 超稠油蒸汽辅助重力泄油的增产调控 ... 70
- 第一节 影响 SAGD 开发效果的因素 ... 70
- 第二节 SAGD 的增产调控 ... 74

第六章 超稠油蒸汽辅助重力泄油开发实例 ... 83
- 第一节 加拿大 SAGD 应用实例 ... 83
- 第二节 辽河油田杜 84 块直井水平井组合的 SAGD 试验 ... 110

第三节 新疆油田浅层风城双水平井 SAGD 试验 125

第七章 改善 SAGD 开发效果新技术及发展趋势 144
第一节 气体辅助 SAGD 技术 144
第二节 溶剂辅助 SAGD 技术 160
第三节 ICD/FCD 技术 167
第四节 其他改善 SAGD 开发技术 171

参考文献 174

第一章 概 述

蒸汽辅助重力泄油，英文名字是 Steam Assisted Gravity Drainage，缩写为 SAGD，是由加拿大学者 Roger Butler（罗杰·巴特勒）博士于 1978 年提出的油砂开发技术。SAGD 技术基于注水采盐的原理，基本开发原理是在厚油砂中部署一个上下平行的水平井对，蒸汽从上面的注入井注入，注入的蒸汽向上及侧面移动，并加热周围油藏，被加热降黏的原油及冷凝水靠重力作用泄到下面的生产井中产出[1]，如图 1-1 所示。

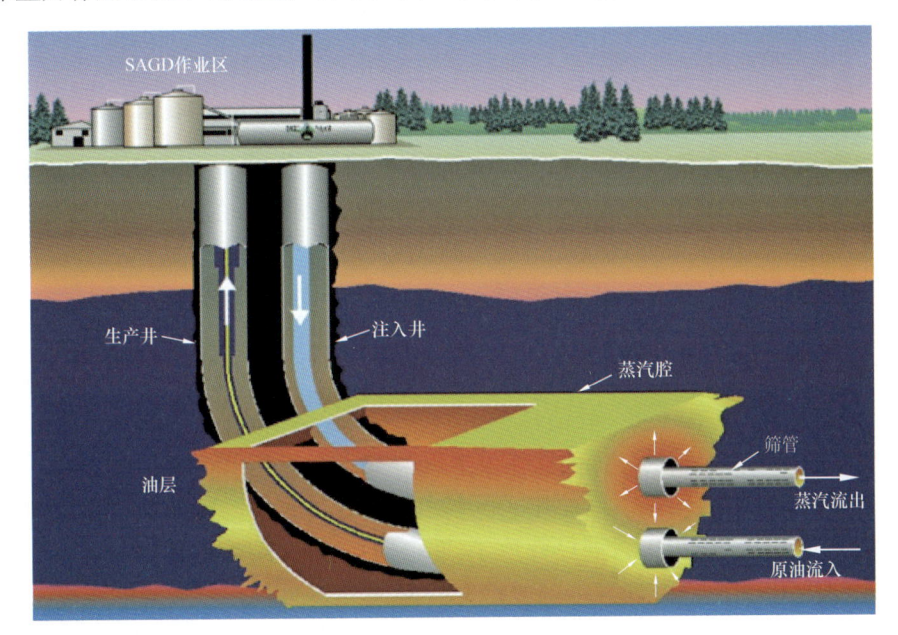

图 1-1 双水平井 SAGD 开发示意图

第一节 蒸汽辅助重力泄油技术发展历程及应用现状

一、国外蒸汽辅助重力泄油技术的发展历程及应用现状

20 世纪 70 年代末和 80 年代初，以重力泄油理论为基础的开采方式逐渐发展起来，在理论和现场实践上对超稠油甚至沥青资源的开发起到了革命性的突破。

1986 年，加拿大阿尔伯达省油砂技术与研究管理局认识到油砂开采技术发展的机会，投资在 Fort McMurray 北面建立了世界上第一个 SAGD 先导试验项目，即 UTF 项目[1]。项目名称是英文 Underground Test Facilities 的缩写，目的是对 Butler 提出的蒸汽辅助重力泄油 SAGD 的概念进行测试。如图 1-2 所示，UTF 项目的 A 阶段验证了 SAGD 开发重油的机理；UTF 项目的 B 阶段取得了巨大的成功，证明 SAGD 技术适合进行就地油砂开采。

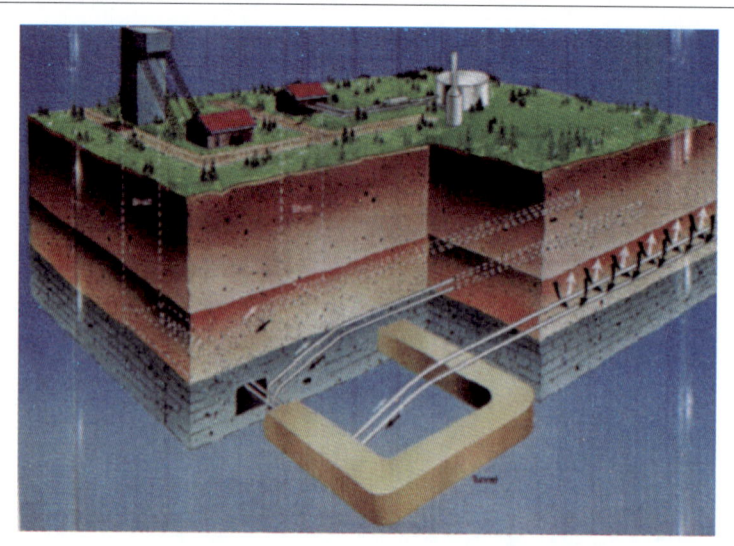

图 1-2　加拿大第一个 SAGD 先导试验 UTF 项目 A 阶段示意图

自 1986 年的 UTF 项目之后，又先后陆续开展了十多个 SAGD 试验区，取得了很好的开发效果，并积累了 SAGD 开发的设计经验。SAGD 开发技术在就地开发油砂资源方面，相对于蒸汽吞吐等常规热采方式表现出极大的优势，其采收率可以高达 60%~70%，表现单井产量高，油汽比高，经济效益好的优势。

1996 年加拿大成立第一个商业化蒸汽辅助重力泄油 Cenovus Foster Creek 项目，2010 年成为了阿尔伯塔省当时最大的商业化 SAGD 项目。项目位于 Athabasca 东部的主河道部位，在 2014 年达到产量高峰期，峰值日产油 $14×10^4$ bbl，平均单井产量 500~700bbl/d，汽油比（SOR）2.3，平均每桶油砂油的操作成本仅为 13.5 美元。

自第一个 SAGD 项目实现了商业化，该技术已经在加拿大油砂开发行业得到了广泛应用，据调研资料统计，加拿大目前已建成了 26 个商业化开采项目，产量为 $91.8×10^4$ bbl/d，即年产 $5000×10^4$ t 以上，约占加拿大油砂油总产量 42%。同时，因为油砂资源丰富，未来应用的潜力和规模也十分巨大。加拿大政府已批准在建和待建 SAGD 项目 35 个，批准产能规模 $176×10^4$ bbl/d；正在申报政府审批的 SAGD 项目 31 个，申报产能规模 $146.9×10^4$ bbl/d。另外，已宣布将要 SAGD 开发项目 18 个，计划产能规模 $131.3×10^4$ bbl/d[2]。

二、我国蒸汽辅助重力泄油技术的发展历程及应用现状

我国稠油探明储量约 $22.9×10^8$ t，其中超稠油储量 $5.6×10^8$ t，蒸汽辅助重力泄油（SAGD）是开发该类油藏的有效技术。我国 SAGD 技术的发展因为油藏条件的差别，分成了两个技术分支：一个分支为以辽河油田为代表的直井水平井组合的 SAGD 方式，主要用于在蒸汽吞吐后期大幅度提高采收率的接替技术；另一分支是以新疆油田为代表的浅层超稠油双水平井 SAGD 开发技术，主要用于超稠油未动用储量的开发。

辽河油田的超稠油开发始于 20 世纪 90 年代初，主要采用蒸汽吞吐开发，但由于原油黏度太高，与普通稠油相比，周期生产时间短、产油量递减快，采收率低，仅为 20% 左右。为了探索超稠油蒸汽吞吐后的接替技术，辽河油田自 1995 年开始就开展了 SAGD 开发方式研究，1997 年在曙一区的杜 84 块兴Ⅵ组开展了双水平井先导试验，由于技术准备

不足，且受当时工艺设备的限制，试验于 1998 年被迫停止。直到 2003 年，经过对加拿大 SAGD 技术的调研，在室内大量研究的基础上重新确定在曙一区杜 84 块的超稠油开展 SAGD 提高采收率技术试验。2005 年编制了"辽河油田曙一区杜 84 块超稠油蒸汽辅助重力泄油（SAGD）先导试验"方案，并被列为中国石油天然气股份有限公司重大开发试验项目，先导试验取得了显著效果和技术经验。2007 年辽河油田全面开展 SAGD 工业化应用，主要采用直井—水平井组合 SAGD 开发方式，计划部署井组 116 个，动用储量 $3664×10^4$t；迄今已实施 66 个井组，SAGD 产量从初期的 $4.2×10^4$t/a，到 2016 年产量升至 $100×10^4$t。SAGD 的平均单井日产油 30~50t，是蒸汽吞吐水平井的 4.5 倍，是吞吐直井的 10~15 倍。SAGD 综合油汽比 0.16 以上，生产成本仅 849 元/t，为蒸汽吞吐的 50% 左右，应用效果显著[3]。

新疆油田准噶尔盆地西北缘风城超稠油资源丰富。20 世纪 50 年代，即发现侏罗系超稠油，因开采技术限制，未能够工业开发。"十一五"期间，新疆油田开始对风城地区超稠油资源开展整体评价、开发试验攻关，共落实了 $3.72×10^8$t 地质储量。采用常规注蒸汽开发方式，如蒸汽吞吐，效果较差。2007 年在借鉴国外、辽河油田直井与水平井组合 SAGD 开发经验的基础上，中国石油勘探开发研究院与新疆油田共同开展了风城油田双水平井 SAGD 开发可行性研究。2008 年和 2009 年分别实施了重 32 和重 37 SAGD 先导试验区，通过先导试验攻关，解决了 50℃ 原油黏度在 50000mPa·s 超稠油的有效开发问题，并初步形成新疆浅层超稠油 SAGD 开发筛选标准，基本形成了浅层稠油油藏双水平井 SAGD 开发技术，初步完善 SAGD 配套技术。2012 年，风城油田全面实施 SAGD 工业化推广应用。目前全区已投产 5 个区块，建产能 $135.3×10^4$t/a，累计产油 $144.4×10^4$t。SAGD 产量也逐年快速攀升，2014 年突破年产 $50×10^4$t 大关，2016 年 $86.4×10^4$t，2017 年产量突破 $100×10^4$t。新疆油田的 SAGD 生产阶段的日产油为 20~30t，是常规吞吐水平井 3~5 倍，油汽比为 0.17 以上，吨油成本仅为 800 元左右，不到蒸汽吞吐的 50%。至此，SAGD 已经成为新疆油田公司产量增速最快、效益最高的开发超稠油技术[3]。

第二节　蒸汽辅助重力泄油机理及油藏适用条件

一、SAGD 技术原理

SAGD 是以蒸汽作为热源，依靠稠油及凝析液的重力作用开采稠油。它可以通过两种方式来实现：一种方式是在靠近油层底部钻一对上下平行的水平井（双水平井）；另一种方式是在油层底部钻一口水平井，在其上方钻多口垂直井（直井与水平井组合），如图 1-3 所示。

双水平井 SAGD 的驱油机理如图 1-4 所示。蒸汽由上部的注入井注入油层，不断注入的蒸汽在不断向上超覆和侧面移动并与地层交换热量，并扩大蒸汽腔室。部分蒸汽冷凝成水和已经加热的可流动原油形成混合液，在重力作用下下降到蒸汽腔的底部积存起来，并在顶部形成气液界面。生产井位于气液界面之下的可以流动油和凝结液区域，气液界面封闭了蒸汽腔中的气态水蒸气进入下面的生产井，油和水的混合液在汽腔和井底压力差的驱动作用下从生产井中采出[1]。

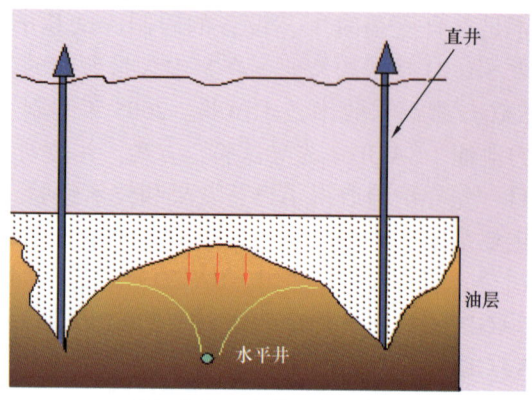

(a) 方式1：双水平井　　　　　　　　(b) 方式2：直井—水平井组合

图 1-3　SAGD 的两种井网结构方式

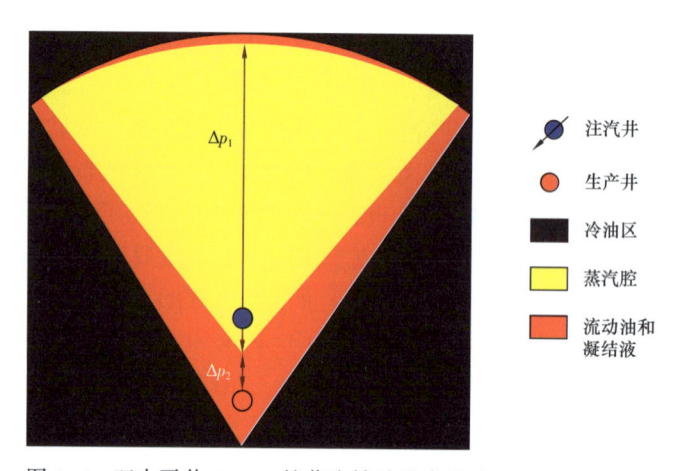

图 1-4　双水平井 SAGD 的蒸汽辅助重力泄油机理剖面示意图

双水平井 SAGD 技术的采收率达到 60%~70%，开发过程可历时 10 年以上。SAGD 的开发过程，也是蒸汽腔的发展变化过程，经历蒸汽腔的上升、扩展、下降等 3 个阶段，对应的生产特征也具有不同的表现。上升过程中，蒸汽腔从注汽井的周围逐渐上升到油层的顶部，对应的是 SAGD 初期的产量逐渐上升；当蒸汽腔上升到油层的顶部时，受到顶部盖层的封堵，将会发生横向扩展，这时 SAGD 的产量将达到高峰，并持续稳产；当蒸汽腔扩展到横向边界时，蒸汽腔开始向下扩展，即蒸汽腔下降过程；这个时候产量的稳产的高峰期已过，SAGD 的产量逐渐降低，直至最后完成 SAGD 过程。双水平井 SAGD 三维物理模拟温度场如图 1-5 所示。图 1-6 所示为加拿大 SAGD UTF 项目 B 阶段生产曲线。

直井水平井组合的 SAGD 方式，一般都是在蒸汽吞吐后期作为接替开发方式，生产过程与双水平井 SAGD 有一定的差别。生产过程中，先通过蒸汽吞吐的方式进行预热，造成直井和水平井之间的热连通关系。因为直井射孔段和水平井间不仅有纵向的高差，平面上也有一定的距离，所以驱油机理上，不仅有重力泄油的作用，蒸汽驱替的作用也占很大的比例。其生产过程，以蒸汽腔的变化特征来看也可以分为 3 个阶段，即驱替、泄油，以及最后的蒸汽腔下降的阶段。采油曲线的规律与双水平井 SAGD 近似，也经历上升期、稳产期以及产量下降期的阶段。

(a) 预热启动　　　　　　　　　　　　　　(b) 蒸汽腔上升

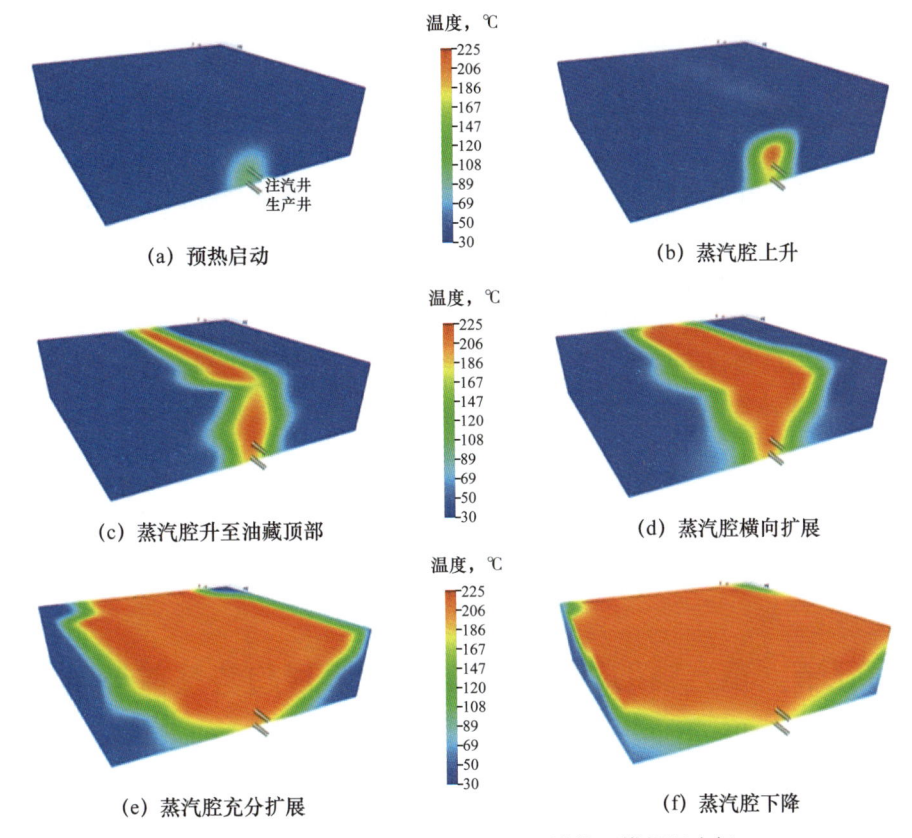

(c) 蒸汽腔升至油藏顶部　　　　　　　　　(d) 蒸汽腔横向扩展

(e) 蒸汽腔充分扩展　　　　　　　　　　　(f) 蒸汽腔下降

图 1-5　双水平井 SAGD 过程的三维物理模拟温度场

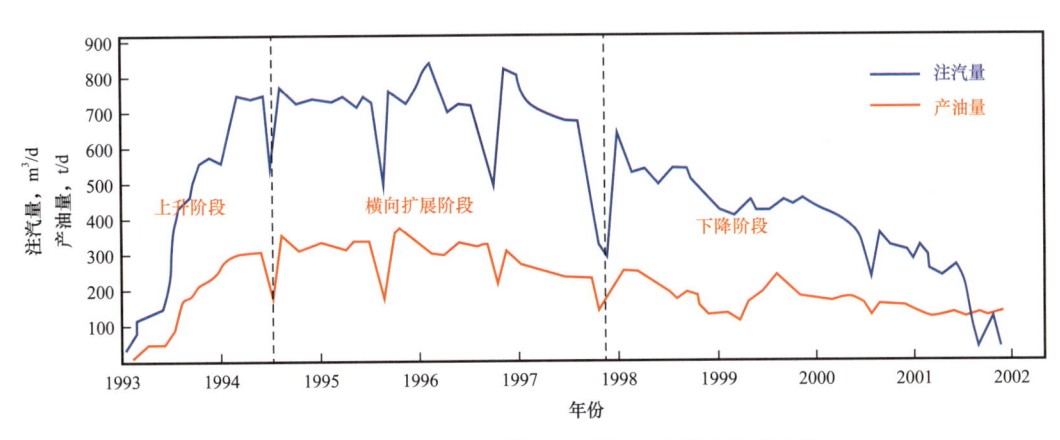

图 1-6　加拿大的 SAGD 的 UTF 项目 B 阶段的生产曲线

二、SAGD 技术的油藏适用条件

一个油藏是否具有开展蒸汽辅助重力泄油潜力，必须具备以下几个方面的条件：

（1）油层厚度大于 15m，油层越厚，向顶底盖层的热损失越小，蒸汽辅助重力泄油的能力越强；

（2）油层中不存在大面积分布的连续泥岩夹层，也就是说油藏必须在纵向上连通，不会阻止蒸汽腔的向上扩展；

（3）油层渗透率较高（最好大于 1000mD），尤其是水平生产井附近的渗透率要大于 1000mD；

（4）垂直渗透率与水平渗透率的比值大于 0.3，最好超过 0.5；

（5）有封闭的盖层，保证蒸汽腔在油层内部发展，而不会进入到油层外的地层中；

（6）油层压力低于 5.0MPa，低操作压力有利于蒸汽腔的形成和扩展，有利于降低向周围地层的热损失；

（7）油层中含油饱和度与孔隙度的乘积大于 0.10（最好大于 0.12），单位岩石体积中原油含量的高低将决定油层的加热效率和油汽比；

（8）注入地层的蒸汽干度高（最好大于 50%），蒸汽辅助重力泄油过程中只有蒸汽的汽相部分对地层起加热作用，注入的液相凝结水对开采过程不起任何作用，反而会增加排液负担；

（9）油井有足够的举升能力。

除蒸汽吞吐外，SAGD 技术是目前开采超稠油唯一的商业化开采技术，SAGD 技术也适用于普通稠油的开发，但一般要求的纯油层厚度应大于 10m。

第三节　蒸汽辅助重力泄油的技术发展趋势及前景展望

一、技术发展趋势

就目前来说，SAGD 技术的发展主要集中在两个方向：第一，是对双水平井注采模式的几何变化，其中包括加密水平井辅助 SAGD、U 形井 SAGD 技术、快速 SAGD 技术以及单井 SAGD 技术等；第二，是对注入介质物理化学性质的改良，其中包括蒸汽与非凝析气复合技术（SAGP）、溶剂辅助蒸汽重力泄油技术（SA-SAGD）以及化学剂辅助蒸汽重力泄油技术（CA-SAGD）等。

1. 注采井网模式的几何变化

注采井网形式的变化，最简单的是加密水平井辅助 SAGD，即由 Polikar 等发明的 FAST-SAGD。综合了常规 SAGD 技术与 CSS 的特点，其原理是在常规的相邻 SAGD 井组的任意一侧或两侧布置偏置井，该偏置井与 SAGD 生产井平行且高度一致，相隔 50～80cm。当 SAGD 操作进行到蒸汽腔发育达到储层顶部时，在偏置井中以比 SAGD 井更大的注汽压力和速率（但低于地层破裂压力，避免压裂地层）进行 CSS 操作，以加速蒸汽腔的横向发育。当 SAGD 井间区域被充分加热后，即偏置井的蒸汽腔与 SAGD 井的蒸汽腔连通时，偏置井由注汽井转为生产井进行原油开采（图 1-7）。这种开采方式提高了蒸汽利用率，加快了采油速度，减少了钻井成本。

其他的一些方向，如循环蒸汽辅助驱油技术（HSAGD）、Cross-SAGD 技术（XSAGD）、单井蒸汽辅助重力驱油技术（SW-SAGD）等方向都逐渐成为近些年的攻关重点，并取得一定的技术成果和认识。

2. 注入介质物理化学性质的改良

为改善 SAGD 的开发效果，尤其是后期的开发效果，减少热资源的消耗，尤其是 CO_2

的排放等。对 SAGD 的注入介质进行了大量的改良和探索。由单一注蒸汽，发展到注溶剂辅助重力驱油技术（ES-SAGD）、泡沫辅助蒸汽重力驱油技术（FA-SAGD）、燃烧辅助重力驱油技术（CAGD）、氧添加蒸汽辅助重力驱油技术（SAGDOX）、蒸汽与非凝析气驱油技术（SAGP）、化学剂辅助蒸汽重力泄油技术（CA-SAGD）、溶剂循环蒸汽辅助重力泄油（SC-SAGD）等，并且部分技术已完成初期的论证及室内基础实验研究，正逐步进入现场先导试验阶段，部分已经取得一定的成果。这些注入介质的改变，可以提高原油的流动性，提高产能，同时减少蒸汽消耗，从而改善 SAGD 技术的开发效果[2]。

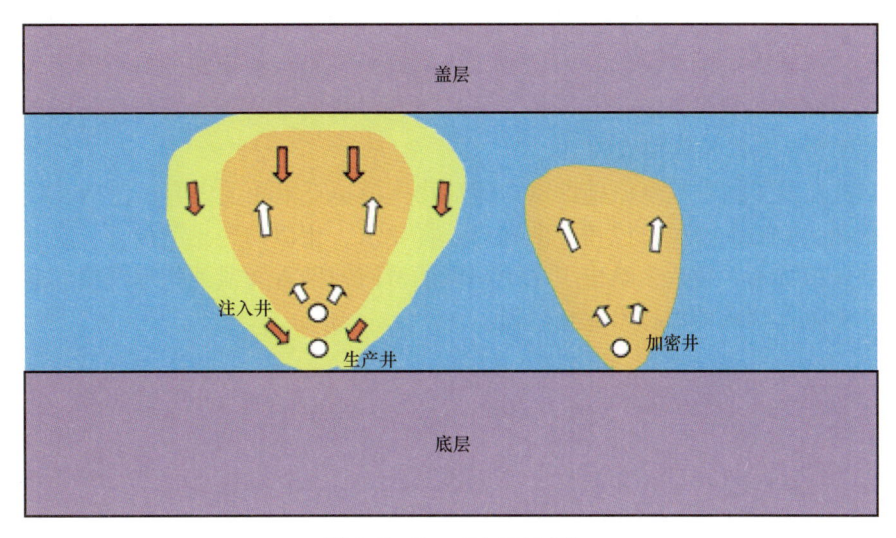

图 1-7　Fast-SAGD 过程

二、前景展望

SAGD 技术经过 10 多年的先导试验与技术攻关，基本实现了成熟配套。无论当前，还是未来的一段时间内，仍将是开发油砂和超重油的主体技术。SAGD 的应用领域和范围也将逐步扩大。首先，在国外不仅在加拿大的油砂开发中得到全面应用，也会成为世界其他地区具有油砂资源国的主要考虑的开发技术，在国内，SAGD 的应用效果已经得到验证，年产规模也会随着实施规模的不断扩大而显著增加，在稠油开发技术的贡献占比也越来越大，2020 年产量为稠油年产量的 20% 以上。

第二章　超稠油蒸汽辅助重力泄油物理模拟技术

蒸汽辅助重力泄油(SAGD)是超稠油油藏开发主要技术之一,主要借助物理模拟和数值模拟技术手段开展机理及关键技术研究,而物理模拟是数值模拟的有力助手,在注蒸汽条件下,数学模拟在某些方面仍有不足,例如工艺过程的描述、岩石与流体间的相互作用等,二者是互为补充、相辅相成的。

本章着重介绍了超稠油蒸汽辅助重力泄油物理模拟技术相关内容,包括SAGD物理模拟概念及原理、SAGD物理模拟相似准则与选择要求、相似物理模型设计、实验方案制定及实验结果分析技术,最后,给出了一个超稠油蒸汽辅助重力泄油物理模拟实验的具体实例,呈现了SAGD物理模拟技术完整过程。

第一节　概　　述

一、SAGD物理模拟技术概念及基本原理

物理模拟是通过实验室物理实验模拟真实物理过程的方法,其本质在于模型和原型的所有物理量相同,物理本质一致,区别在于物理量的大小比例不同。

SAGD物理模拟技术主要是将油藏原型参数应用相似准则进行变换,得到一套模型控制参数。在此基础上设计建造与原型相似的SAGD物理模型,进行各种布井方式下的SAGD采油物理模拟实验。实验结束后将所得数据及实验现象进行整理分析,研究不同井网条件下的SAGD采油机理,揭示油藏内部蒸汽等热前缘扩展、油水运移及产出规律,并通过模拟不同油藏地质条件下的SAGD开发全过程来指导油田开发生产。

SAGD物理模拟技术主要由实验设计、模型制备、实验操作以及实验结果分析等几个方面构成。在实验设计方面,需要从目标油藏的原型着手,通过准备基础的油藏基础参数,根据相似准则设计实验模型的注采井、温压测点、热损失等各重要方面。模型制备过程中需要准备实验用油、水、砂,并在温压测点安装完成后按照一定的方式进行模型填装,完成实验模型的制备。具体实验过程主要有模型饱和水、预热、饱和油等前期步骤,在建立初始的与所模拟的油藏相近的温度、压力场之后,方可开展设计的SAGD实验预热、开采等过程。在完成整个SAGD开发实验之后,必须通过采出液的油水分离计量和剩余油的分析得出各时期的瞬时/平均油汽比、采油速度、最终采出程度等重要开发结果。通过回放实验的温度/压力场图像,可分析得出SAGD蒸汽腔的发育与采油的对应规律,以及注汽、采出调整对于蒸汽腔发育的影响。

二、岩石流体基础参数测试

1. 现场取心基础参数测试分析

现场岩心的渗透率及热物性等参数提供了最基础的储层条件，是室内物理模拟实验开展的基础。在条件具备的情况下，优先对现场取心的样品进行渗透率和热物性等基础参数的实验室测试，获取第一手的资料；在无法获取现场岩心的情况下，参考资料给出的渗透率等基础参数用于室内实验设计参考。

1）岩心渗透率测试

依据 GB/T 29172—2012 岩心分析方法，对现场岩心的水平渗透率及垂向渗透率进行测量，对于非均质型较强的目标区块，还要重点关注隔夹层对渗透率影响。测量使用未经损坏的全直径及柱塞岩心，取心位置涉及盖层、底层、隔夹层及储层，分别沿垂向及水平方向钻取。

2）岩心热物性测试

热物性测试应使用热常数分析仪，测试 $-260\sim700℃$ 范围内的导热系数、比热容和热扩散系数值。测试主要关注温度、物料性质（如密度等）以及流体饱和度等因素对于岩心热物性的影响。

2. 模型油砂基础参数测试分析

开展室内物理模拟实验，一般选取现场区块的原油样品开展实验，而使用石英砂或玻璃微珠等模拟地层岩石。为更好进行实验方案设计，在实验前需要对所用油、模型砂以及模型油砂的组成、物性等基础参数进行测试。

主要工作分以下几部分：

1）原油脱水

考虑到现场原油所获取的时间及位置不同，含水率有较大差异。原油脱水前，经过静置后可实现初步油水分层，含水率为 10%～50%，初始含水率的差异导致脱水后原油的流动性有所不同。原油脱水后，为防止轻质组分流失需冷却至 90℃ 以下进行收集，最终原油的含水率应低于 0.5%。

2）主要基础参数的测试分析

为保证实验设计最大程度符合油藏实际情况，需要实验用油、模型砂以及模型油砂的组成、物性等基础参数进行测试，主要的测试项目见表 2-1。

表 2-1 SAGD 物理模拟实验研究主要基础参数测试表

测试项目	测试工况条件	测试样品特征	测试参考标准
原油黏度	20～300℃范围内的黏温曲线	脱水原油 20mL	GB/T 28910—2012
原油密度	20～300℃范围内的密温曲线	脱水原油 20mL	GB/T 1884—2000
原油组分	四组分含量定量分析	脱水原油 10mL	SY/T 5119—2016
原油导热系数/比热容/热扩散系数	常温常压	脱水原油	ISO 22007—2.2

续表

测试项目	测试工况条件	测试样品特征	测试参考标准
模型砂导热系数/比热容/热扩散系数	常温常压	定量配比的玻璃微珠	ISO 22007—2.2
模型油砂导热系数/比热容/热扩散系数	常温常压	含油饱和度0.88，空气饱和度0.12，含油饱和度0.88，含水饱和度0.12	ISO 22007—2.2
模型砂渗透率	流速范围50~250mL/min	定量配比的玻璃微珠	GB/T 29172—2012
模型砂孔隙度	湿法填砂	定量配比的玻璃微珠	GB/T 29172—2012
模型砂堆积密度	湿法填砂	定量配比的玻璃微珠	—
模型砂润湿性	高温高压 常压~3MPa 室温~250℃	5cm×5cm平板	—

第二节　相似准则

一、SAGD相似准则数选取

1. 高压比例物理模型的简化假设

（1）过程按三相流处理（油相、液相、气相）；

（2）假设传质由扩散、对流、弥散来产生；

（3）在油相及气相中存在添加剂的传质；

（4）添加剂及水可能凝结出来或蒸发进入气相；

（5）在基本偏微分方程中假设多孔介质均质并且各向同性；

（6）添加剂可能以气相或液相状态出现；

（7）油仅存在于油相之中；

（8）岩石压缩性及热膨胀作用忽略不计；

（9）Darcy、Fourier及Fick方程有效；

（10）假设整个系统为局部热动力平衡，与对流和传导方式传递的热能相比，动能、势能和黏性耗散可忽略不计。

2. 高压比例物理模拟数学模型

由于Kimber的方程中考虑了添加剂的加入，因此相应地引入了浓度的变量，也有了新的质量扩散项的加入。其中传质主要有质扩散、质对流以及质量弥散来完成。在油相中有油和添加剂两种组分，水相中仅有液态水组分的存在，而在气相中有蒸汽组分、添加剂组分。用另一种说法表示就是，油仅存在于油相中，水存在于水相和气相中，而添加剂存在于油相和气相中,在水相中没有添加剂的存在。

1）控制方程

控制方程如下：

油相物质平衡方程

$$\frac{\partial}{\partial t}(\phi S_o C_{oo} \rho_o) = \nabla \cdot \left[\rho_o C_{oo} \frac{\boldsymbol{K}_o}{\mu_o} \cdot (\nabla p_o + \rho_o g \nabla Z) + \phi S_o (\boldsymbol{D}_o + \boldsymbol{D}_{oo}^*) \cdot \nabla (C_{oo} \rho_o) \right] \quad (2-1)$$

添加剂物质平衡方程

$$\frac{\partial}{\partial t}(\phi S_o C_{oa} \rho_o + \phi S_s C_{sa} \rho_s) = \nabla \cdot \left[\rho_o C_{oa} \frac{\boldsymbol{K}_o}{\mu_o} \cdot (\nabla p_o + \rho_o g \nabla Z) + \rho_s C_{sa} \frac{\boldsymbol{K}_s}{\mu_s} \cdot (\nabla p_s + \rho_s g \nabla Z) \right] + \\ \nabla \cdot \left[\phi S_o (\boldsymbol{D}_o + \boldsymbol{D}_{oa}^*) \cdot \nabla (C_{oa} \rho_o) + \phi S_s (\boldsymbol{D}_s + \boldsymbol{D}_{sa}^*) \cdot \nabla (C_{sa} \rho_s) \right] \quad (2-2)$$

水相物质平衡方程：

$$\frac{\partial}{\partial t}(\phi S_s C_{sw} \rho_s + \phi S_w \rho_w) = \nabla \cdot \left[\rho_o C_{sw} \frac{\boldsymbol{K}_o}{\mu_o} \cdot (\nabla p_s + \rho_s g \nabla Z) + \rho_w \frac{\boldsymbol{K}_w}{\mu_w} \cdot (\nabla p_w + \rho_w g \nabla Z) \right] + \\ \nabla \cdot \left[\phi S_s (\boldsymbol{D}_s + \boldsymbol{D}_{sw}^*) \cdot \nabla (C_{sw} \rho_s) \right] \quad (2-3)$$

能量平衡方程：

$$\phi \frac{\partial}{\partial t}(\rho_s S_s U_s + \rho_w S_w U_w + \rho_o S_o U_o) + (1-\phi)\rho_{rr} \frac{\partial U_{rr}}{\partial t} = \nabla \cdot (\lambda_{rr} \nabla T) + \\ \nabla \cdot \left[\rho_s h_s \frac{\boldsymbol{K}_s}{\mu_s} \cdot (\nabla p_s + \rho_s g \nabla Z) + \rho_w h_w \frac{\boldsymbol{K}_w}{\mu_w} \cdot (\nabla p_w + \rho_w g \nabla Z) + \rho_o h_o \frac{\boldsymbol{K}_o}{\mu_o} \cdot (\nabla p_o + \rho_o g \nabla Z) \right] \quad (2-4)$$

以上4个方程代表了质量和能量守恒。描述流动的Darcy方程已经包含在内，描述质量扩散的Fick方程也已经代入相应的方程中，描述导热的Fourier方程也代入到相应的能量方程中。以上方程共包括110个变量，因而需要附加的本构及限制方程并有适当的初始和边界条件。

2）约束条件

方程的组成关系及其限制—条件，见表2-2。

表2-2 本构关系及限制条件

号码	方程	号码	方程
1	$S_s + S_o + S_w = 1$	5	$\rho_s = \rho_s(p_s, T, C_{sa})$
2	$C_{oo} + C_{oa} = 1$	6	$\rho_w = \rho_w(p_w, T)$
3	$C_{sa} + C_{sw} = 1$	7	$\mu_o = \mu_o(p_o, T, C_{oa})$
4	$\rho_o = \rho_o(p_o, T, C_{oa})$	8	$\mu_s = \mu_s(p_s, T, C_{sa})$

续表

号码	方程	号码	方程
9	$\mu_w = \mu_w(p_w, T)$	62—70	$\boldsymbol{D}_o + \boldsymbol{D}_{oa}^* = \boldsymbol{D}_{oa}(D_{Loa}, D_{Toa})$
10	$C_{sw} = K_{wsw}(p, T, C_{sw})$	71—88	$\boldsymbol{D}_s + \boldsymbol{D}_{sa}^* = \boldsymbol{D}_{sa}(D_{Lsa}, D_{Tsa})$
11	$C_{sa}/C_{oa} = K_{aso}(p, T, C_{sa}, C_{oa})$	89—97	$\boldsymbol{D}_s + \boldsymbol{D}_{sw}^* = \boldsymbol{D}_{sw}(D_{Lsw}, D_{Tsw})$
12	$p_s = p_{cso}(S_s, S_o, S_w) + p_o$	98	$h_s = h_s(p, T, C_{sw})$
13	$p_w = p_o - p_{cow}(S_s, S_o, S_w)$	99	$h_w = h_w(p, T)$
14	$\phi = \text{constan}t$	100	$h_o = h_o(p_o, T, C_{oa})$
15	$g = \text{constan}t$	101	$U_{rr} = U_{rr}(T)$
16	$\rho_{rr} = \text{constan}t$	102	$U_s = h_s - p_s/\rho_s$
17—25	$\boldsymbol{K}_o = \boldsymbol{K}_o(S_s, S_o, S_w, K)$	103	$U_w = h_w - p_w/\rho_w$
26—34	$\boldsymbol{K}_s = \boldsymbol{K}_s(S_s, S_o, S_w, K)$	104	$U_o = h_o - p_o/\rho_o$
35—43	$\boldsymbol{K}_w = \boldsymbol{K}_w(S_s, S_o, S_w, K)$	105	$\lambda_{rr} = \lambda_{rr}(T)$
44—61	$\boldsymbol{D}_o + \boldsymbol{D}_{oo}^* = \boldsymbol{D}_{oo}(D_{Loo}, D_{Too})$	106	$Z = Z(x, y, z)$

3）相似准则

Kimber 在推导相似准则时，使用的也是检查分析法中的特征参量法，与 Stegemeier 使用的方法相同[4]。

对于方程中的每一个确定的有量纲的变量、常量（例如 m）以及算子算符（例如 ∇）等用其特征参考量 m_R 乘以其无量纲形式 m_D 代替，即：$m = m_R m_D$，$\nabla = \dfrac{1}{L_R}\nabla_D$，这样物理量 m 的无量纲比例是这样定义：

$$m_D = \frac{m}{m_R}$$

这里仅以油相质量平衡方程为例给出其推导过程。其他的方程可依此法一一推导，不再重复叙述。

油相质量方程为：

$$\frac{\partial}{\partial t}(\phi S_o C_{oo} \rho_o) = \nabla \cdot \left[\rho_o C_{oo} \frac{\boldsymbol{K}_o}{\mu_o} \cdot (\nabla p_o + \rho_o g \nabla Z) + \phi S_o (\boldsymbol{D}_o + \boldsymbol{D}_{oo}^*) \cdot \nabla (C_{oo} \rho_o) \right] \quad (2-5)$$

展开后得到：

$$\frac{\partial}{\partial t}(\phi S_o C_{oo} \rho_o) = \frac{\partial}{\partial x}\left(\rho_o C_{oo} \frac{K_o}{\mu_o} \frac{\partial p_o}{\partial x}\right) + \frac{\partial}{\partial x}\left(\rho_o^2 C_{oo} \frac{K_o}{\mu_o} g \frac{\partial Z}{\partial x}\right) +$$
$$\frac{\partial}{\partial y}\left(\rho_o C_{oo} \frac{K_o}{\mu_o} \frac{\partial p_o}{\partial y}\right) + \frac{\partial}{\partial y}\left(\rho_o^2 C_{oo} \frac{K_o}{\mu_o} g \frac{\partial Z}{\partial y}\right) +$$
$$\frac{\partial}{\partial z}\left(\rho_o C_{oo} \frac{K_o}{\mu_o} \frac{\partial p_o}{\partial z}\right) + \frac{\partial}{\partial z}\left(\rho_o^2 C_{oo} \frac{K_o}{\mu_o} g \frac{\partial Z}{\partial z}\right) + \quad (2-6)$$
$$\frac{\partial}{\partial x}\left[\phi S_o D_{Loo} \frac{\partial}{\partial x}(\rho_o C_{oo})\right] + \frac{\partial}{\partial y}\left[\phi S_o D_{Too} \frac{\partial}{\partial y}(\rho_o C_{oo})\right] + \frac{\partial}{\partial z}\left[\phi S_o D_{Too} \frac{\partial}{\partial z}(\rho_o C_{oo})\right]$$

变量代换，写成无量纲形式为：

$$\left[\frac{\phi_R S_{oR} C_{ooR} \rho_{oR}}{t_R}\right]\frac{\partial}{\partial t_D}(\phi_D S_{oD} C_{ooD} \rho_{oD}) = \left[\frac{\rho_{oR} C_{ooR} K_{oR} p_{oR}}{\mu_{oR} x_R^2}\right]\frac{\partial}{\partial x_D}\left(\rho_{oD} C_{ooD} \frac{K_{oD}}{\mu_{oD}} \frac{\partial p_{oD}}{\partial x_D}\right) +$$
$$\left[\frac{\rho_{oR}^2 C_{ooR} K_{oR} g_R Z_R}{\mu_{oR} x_R^2}\right]\frac{\partial}{\partial x_D}\left(\rho_{oD}^2 C_{ooD} \frac{K_{oD}}{\mu_{oD}} g_D \frac{\partial Z_D}{\partial x_D}\right) +$$
$$\left[\frac{\rho_{oR} C_{ooR} K_{oR} p_{oR}}{\mu_{oR} y_R^2}\right]\frac{\partial}{\partial y_D}\left(\rho_{oD} C_{ooD} \frac{K_{oD}}{\mu_{oD}} \frac{\partial p_{oD}}{\partial y_D}\right) + \left[\frac{\rho_{oR}^2 C_{ooR} K_{oR} g_R Z_R}{\mu_{oR} y_R^2}\right]\frac{\partial}{\partial y_D}\left(\rho_{oD}^2 C_{ooD} \frac{K_{oD}}{\mu_{oD}} g_D \frac{\partial Z_D}{\partial y_D}\right) +$$
$$\left[\frac{\rho_{oR} C_{ooR} K_{oR} p_{oR}}{\mu_{oR} z_R^2}\right]\frac{\partial}{\partial z_D}\left(\rho_{oD} C_{ooD} \frac{K_{oD}}{\mu_{oD}} \frac{\partial p_{oD}}{\partial z_D}\right) + \left[\frac{\rho_{oR}^2 C_{ooR} K_{oR} g_R Z_R}{\mu_{oR} z_R^2}\right]\frac{\partial}{\partial z_D}\left(\rho_{oD}^2 C_{ooD} \frac{K_{oD}}{\mu_{oD}} g_D \frac{\partial Z_D}{\partial z_D}\right) +$$
$$\left[\frac{\phi_R S_{oR} D_{LooR} \rho_{oR} C_{ooR}}{x_R^2}\right]\frac{\partial}{\partial x_D}\left[\phi_D S_{oD} D_{LooD} \frac{\partial}{\partial x_D}(\rho_{oD} C_{ooD})\right] + \quad (2-7)$$
$$\left[\frac{\phi_R S_{oR} D_{TooR} \rho_{oR} C_{ooR}}{y_R^2}\right]\frac{\partial}{\partial y_D}\left[\phi_D S_{oD} D_{TooD} \frac{\partial}{\partial y_D}(\rho_{oD} C_{ooD})\right] +$$
$$\left[\frac{\phi_R S_{oR} D_{TooR} \rho_{oR} C_{ooR}}{z_R^2}\right]\frac{\partial}{\partial z_D}\left[\phi_D S_{oD} D_{TooD} \frac{\partial}{\partial z_D}(\rho_{oD} C_{ooD})\right]$$

为方便推导相似准则，现在把特征参量统一起来，有：

$$x_R = y_R = z_R = L, D_{LooR} = D_{TooR} = D_{ooR} \quad (2-8)$$

方程两边乘以因子 $\frac{L^2}{\rho_{oR} C_{ooR} D_{ooR}}$ 得到无量纲参量：

$$\frac{\phi_R S_{oR} L^2}{D_{ooR} t_R}, \frac{K_{oR} p_{oR}}{\mu_{oR} D_{ooR}}, \frac{K_{oR} \rho_{oR} g_R Z_R}{\mu_{oR} D_{ooR}}, \phi_R S_{oR} \quad (2-9)$$

由此整理后可得到无量纲数：

$$\frac{L^2}{D_{ooR} t_R}, \frac{K_{oR} p_{oR}}{\mu_{oR} D_{ooR}}, \frac{p_{oR}}{\rho_{oR} g_R Z_R}, \phi_R S_{oR} \quad (2-10)$$

其他的控制方程和约束方程也依照此法进行无量纲化，可以得到一系列的无量纲数。
经过检查分析法得到一套（38个）无量纲数组列于下表：

$$\frac{L_y}{L_x}, \frac{L_z}{L_x}, \frac{\rho_{oR} g_R Z_R}{p_{oR}}, \frac{K_{oR} \rho_{oR} h_{oR} p_{oR}}{\mu_{oR} \lambda_{rrR} T_R}, \frac{\rho_{rrR} U_{oR}}{\rho_{wR} h_{wR}}, \frac{h_{oR}}{h_{wR}}, \frac{h_{sR}}{h_{wR}}, \frac{\mu_{oR} K_{sR}}{\mu_{sR} k_{oR}}, \frac{\mu_{oR} K_{wR}}{\mu_{wR} K_{oR}},$$

$$\frac{W_{wwR} \mu_{wR}}{\rho_{wR} K_{wR} p_{wR} L}, \frac{W_{osR}}{W_{wwR}}, \frac{W_{swR}}{W_{wwR}}, \frac{W_{saR}}{W_{wwR}}, \phi_R, \frac{\alpha_{cR}}{\alpha_{rR}}, \frac{S_{wiR}}{S_{wR}}, \frac{S_{siR}}{S_{wR}}, \frac{T_{iR}}{T_R}, \frac{p_{oiR}}{p_{oR}},$$

$$\frac{p_{pwR}}{p_{oR}}, \frac{p_{sR}}{p_{wR}}, \frac{p_{oR}}{p_{wR}}, \frac{p_{csoR}}{p_{wR}}, \frac{p_{cowR}}{p_{wR}}, \frac{A_{iwR}}{L^2}, \frac{S_{oR}}{S_{wR}}, \frac{S_{sR}}{S_{wR}}, \frac{\rho_{oR}}{\rho_{wR}}, \frac{\rho_{sR}}{\rho_{wR}}, \frac{Z_R}{L},$$

$$\frac{\mu_{oR} D_{LoaR}}{K_{oR} p_{oR}}, \frac{D_{LooR}}{D_{LoaR}}, \frac{D_{LsaR}}{D_{LoaR}}, \frac{D_{LswR}}{D_{LoaR}}, \frac{D_{TooR}}{D_{LoaR}}, \frac{D_{TsaR}}{D_{LoaR}}, \frac{D_{TswR}}{D_{LoaR}}, \frac{D_{ToaR}}{D_{LoaR}}$$

(2-11)

各主要准则的准则数、物理意义见表 2-3。

表 2-3 主要的相似准则数及其物理意义

编号	准则数	物理意义
1	$L_y/L_x, L_z/L_x$	几何因子，几何比例
2	$p_s/p_w, p_o/p_w$	压力比
3	$p_w/\rho_w g L$	压力与重力之比
4	$\rho_w h_w K_w p_w / \mu_w \lambda_{rr} T$	对流与导热之比
5	$\rho_{rr} h_{rr} / \rho_w h_w S_w$	存储在油藏岩石中与水相中能量之比
6	$\rho_s/\rho_w, \rho_o/\rho_w$	密度比
7	$h_s/h_w, h_o/h_w$	焓之比
8	$K_s \alpha_w / K_w \alpha_s, K_o \alpha_w / K_w \alpha_o$	黏滞力之比
9	$K_o p_o / \phi S_o \mu_o D_{Loa}$	黏滞力与扩散力之比
10	D_{Toa}/D_{Loa}	添加剂在油中横向与纵向扩散率之比
11	D_{Lsa}/D_{Loa}	添加剂在气相与油相中纵向扩散率之比
12	D_{Tsa}/D_{Loa}	添加剂在气相中横向扩散率与在油相中纵向扩散率之比
13	D_{Loo}/D_{Loa}	油在油相中的纵向扩散与添加剂在油相中的扩散之比
14	D_{Lsa}/D_{Loa}	添加剂在气相中纵向扩散率与油相中纵向扩散率之比
15	D_{Too}/D_{Loa}	油在油相中的横向扩散与添加剂在油相中的纵向扩散之比
16	D_{Tsw}/D_{Loa}	水在气相中的横向扩散与添加剂在油相中的纵向扩散之比
17	p_{cso}/p_w	汽—油毛细管压力与水相压力之比
18	p_{cow}/p_w	水—油毛细管压力与水相压力之比
19	$W_{ww}\mu_w/\rho_w K_w p_w L$	注入率与黏滞力之比
20	W_{sw}/W_{ww}	蒸汽注入率与水注入率之比

续表

编号	准则数	物理意义
21	W_{sa}/W_{ww}	气态添加剂与水的注入率之比
22	W_{oa}/W_{ww}	液态添加剂与水的注入率之比
23	$\rho_w v K^{1/2}/\mu_w$	水的雷诺数
24	K/L^2	渗透率与系统尺寸之比
25	$\sigma_{ow}/p_{ow}K^{1/2}$	毛细管压力与黏滞力之比
26	σ_{so}/σ_{ow}	汽—油表面张力与油—水表面张力之比

Kimber 对经过简化假设之后得到的最原始的全部无量纲数进行了工程经验判断和理论分析之后，为消除各相似准则之间的互斥，经过放松不同的条件，得到了 5 套相似准则数。

二、主要参数的模化

经典的 PB 准则[5]对于重力作用主导的注蒸汽过程非常适用。PB 准则要求模型和原型使用相同的流体（油—水体系），这使得物性参数以及这些参数随温度的变化自动按比例模化，因此可以认为模型与原型里的 $\mu_o, \mu_w, \mu_s, \rho_o, \rho_w, \rho_s, \alpha_o$ 等都相同。

对于热项（导热与对流之比）α_o/vL 有：$(vL)_M = (vL)_P$

式中 v 为表观速度对 q/A 于毛细管压力与黏性力之比 $\dfrac{Kp_c}{vL\alpha_w}$ 有：

$$\left(\frac{Kp_c}{vL}\right)_M = \left(\frac{Kp_c}{vL}\right)_P$$

进而有

$$(Kp_c)_M = (Kp_c)_P$$

对于重力与黏性力之比 $\dfrac{K\Delta\rho g}{v\mu g_c}$ 有：

$$\left(\frac{K}{v}\right)_M = \left(\frac{K}{v}\right)_P$$

综合以上有：

$$\frac{p_{cM}}{p_{cP}} = \frac{K_P}{K_M} = \frac{v_P}{v_M} = \frac{L_M}{L_P}$$

因此只要确定了 $\dfrac{L_M}{L_P}$，其他的量即可逐步确定，即确定模型与原型的几何比例。

对于 J 函数这一项，由于 $\phi_M = \phi_P$，假设 $(\sigma\cos\theta)_M = (\sigma\cos\theta)_P$，则有：

$$\left(p_c\sqrt{K}\right)_M = \left(p_c\sqrt{K}\right)_P$$

因此有：

$$\left(\frac{p_{cM}}{p_{cP}}\right)^2 = \frac{K_P}{K_M}$$

这与由毛细管压力与黏性力项得来的 $\frac{p_{cM}}{p_{cP}} = \frac{K_P}{K_M}$ 相矛盾。

对于此结果，有两个办法解决：（1）舍弃毛细管压力的模化；如此导致的结果就是对于研究高黏度油（$\geqslant 10 \times 10^4 \text{mPa} \cdot \text{s}$）完全无影响，对于中等黏度油（$< 1 \times 10^4 \text{mPa} \cdot \text{s}$）模型实验的采收率偏于乐观；（2）对表面张力作如下改变，$\frac{\sigma_M}{\sigma_P} = \sqrt{\frac{L_M}{L_P}}$，这样毛细管压力、黏性力、重力、导热与对流都可以模化。如此导致的后果是出现在其他比例项中其他性质必定有影响，故采用前者。

如果模型使用与原型有相同的温度和压力，并且使用相同的流体介质，假定模型与原型的孔隙度、饱和度以及热扩散系数相同。则由 Butler 使用的两个准则数[6]对时间和渗透率模化的结果与 PB 准则的结果一致。

SAGD 物理模拟中最重要的相似准则有两个，一个是反映原油流动和热流动性有关的无量纲参数：

$$B_3 = \sqrt{\frac{KgH}{\alpha\phi\Delta S_o m v_s}} \quad (2-12)$$

原型和模型的 B_3 值要一致，以使二者在流动方式上几何相似。B_3 较大反映了薄油层泄油过程中前沿界面以外的传热能力较弱，而 B_3 较小则意味着厚油层的前沿界面推进速度较慢。

另一个是无量纲时间参数：

$$t_D = \frac{B_3 \alpha t}{H^2} \quad \text{或} \quad t_D = \frac{t}{W}\sqrt{\frac{Kg\alpha}{\phi\Delta S_o m v_s H}} \quad (2-13)$$

对于直井和水平井组合方式，其他的无量纲参数还包括：

距生产井的无量纲水平距离

$$x_D = x/H \quad (2-14)$$

距油层底界的高度

$$y_D = y/H \quad (2-15)$$

热渗透的无量纲深度

$$\gamma_D = \gamma/H \quad (2-16)$$

式中 γ——地层热扩散系数与稳态界面热推进速度之比。

无量纲半井距：

$$W_D = W/H \tag{2-17}$$

实际应用中，可按上述准则对模型有关参数进行模化。

利用上述的相似准则数对模型的特征参数进行模化，设计用于开展室内物理模拟的模型，主要参数的模化见表2-4。

表 2-4 模型主要特征参数的模化

参数	比例因子（原型/模型）	参数	比例因子（原型/模型）
油藏厚度	R	孔隙度	1
油藏宽度	R	渗透率	$1/R$
水平井长	R	地面脱气原油黏度（10^4, 50℃）	1
注采井距	R	含油饱和度	1
生产井距油藏底部距离	R	原油体积	R^3
油藏孔隙体积	R^3		

符号释义

a—相似准数；A_{iw}—注入或采出井的流通面积；C_{ij}—第i相第j组分的浓度；c_p—比热容；D^*—分子扩散系数；D^*_{eff}—对多孔介质的有效扩散系数；D_T—横向水动力学扩散系数；D_L—纵向水动力学扩散系数；$\overline{D}_i$—第i相对流扩散矢量；$\overline{D}^*$—第i相中第j组分分子扩散矢量；$\boldsymbol{D}_i^j$—第i相中第j组分水动力学扩散矢量；d_P—多孔介质中平均颗粒直径；F—地层电阻率系数；f——般函数；g—重力加速度；H—油层或模型的厚度；H_i—第i相热焓；I_s—非稳定数；K_{jik}—第k相与第i相之间对j组分的k平衡系数；K_{hj}—第j相的热传导系数；$\overline{K}_i$—第i相的有效渗透率矢量；K—绝对渗透率；L—油层或模型的长度；M—假定特性；M_{eq}—当量流度比；p_c—毛管压力；p_i—第i相压力；S_i—第i相饱和度；T—温度；t—时间；U_i—第i相的内能；v—表面速度；w—狭缝宽度；W—油层或模型的宽度；W_{ij}—第i相中第j组分的注入速率；x_i—直角坐标；z—在某层以上的标高；α—热扩散系数；ϕ—油藏孔隙度；ρ_i—第i相密度；μ_i—第i相黏度；σ_{ik}—第i相与第k相之间的界面张力；x—非均质系数。

下标含义：a—空气；c—盖层或基岩层岩石；d—下游；D—无量纲量；g—气相；gs—气相添加剂组分；gw—气相中的水组分；i—初始；iw—位于注入井；irr—残余的；m—模型；n—法向于边界；o—油相；oo—油相中的油组分；os—油相中的添加剂组分；p—原型；p_w—位于采出井；R—相对量；r—油藏岩石；s—添加剂组分；sat—饱和度；ss—不锈钢；st—蒸汽；u—上游；w—液相（水相）；ww—液相中的水组分；x—x_1方向；y—x_2方向；z—x_3方向。

第三节　实验模型及方案设计

一、SAGD实验模型设计

模型设计原则：设计的物理模型必须能反映出实际SAGD采油原型中的主要现象，在实验模型设计中，需要按以下步骤进行：（1）确定现场数据与工艺条件；（2）选择最适当的相似准则，以确保模拟模型中的主要模拟现象能重现原型的这一现象；（3）进行实验模型的设计。

SAGD实验模型主要依照相似比例准则进行，以现场的注采井对或井组控制的油藏区域为原型，选取合适的比例系数进行设计（参照上节相似准则中的参数模化）。

由于模拟的地层压力较高，为防止模型内蒸汽窜流，实验过程中多利用氮气等惰性气体提供储层围压，故而实验模型多采用薄壁（2~3mm厚）不锈钢材质制造。同时，为防止实验中流体沿模型避免窜流，在模型填装前需在模型内部避免涂抹高温胶进行防窜处理。

模型加工时，预留各处模型井口/热电偶口/压力测点口，依据实验目的的不同，配合采集与控制部分的功能在模型内部布置好合适的温度和压力测点并在模型填砂前完成测试。依据实验模拟的注采情况，设置合理的饱和油井口和直井—水平井或双水平井的注采井口方案，将各个井固定在模型内部，通过管线与模型外部连接。

利用岩心管进行渗透率和孔隙度测试，使用不同粒径的玻璃微珠或石英砂按照一定比例混合，配制得到相似比例设计所需的模型渗透率及孔隙度。依照湿法填砂的步骤将模型砂和水分多次填装入模型，在填装完成后将模型盖好并检测模型的气密性（薄壁模型在100kPa条件下压力保持稳定）。

实验过程中的饱和油井多使用直井，为减小直井布置对于SAGD生产的影响，根据布置位置的不同，模型中心直井和四角直井的井身长度及射开方式均有所区别。SAGD现场开发所使用的水平井既有单油管外加套管的形式，也有双油管外加套管的复杂井筒形式；实验中需依照所模拟油藏区块的实际开发现状或根据具体的实验目的对水平井结构进行设计。水平井外加筛管即可使用打孔的方式，也可使用割缝的方式进行设计，但必须在油管的开口处包裹有筛网防止模型砂进入油管采出。

模型在填装及压力检测工作均完成后，外部还需包裹适宜的保温材料，减少实验过程中的热损失。

二、SAGD模型地层温度、压力模拟

SAGD模型地层压力/温度模拟技术主要用于SAGD物理模拟实验过程中精确控制油藏压力及温度环境。

SAGD模型地层压力主要采用PID自动控制方法，设置高压舱围压与模型本体间的操作压差，具体控制逻辑如图2-1所示。计算机实时监测并采集模型与高压舱间压差值，自动控制气动阀开关实现高压舱充气或排气，进而控制模型与高压舱间压差在设定值范围内。与传统的上覆压力模型地层压力相比较，采用该技术可保证高压舱围压及模型内压均匀、稳定，并能有效防止模型内驱替介质的窜流问题。

SAGD模型地层温度模拟主要利用高压舱内磁力搅拌器、电加热/冷却装置、温度采集与控制单元等控制高压舱环境的加热/冷却，磁力搅拌器布置于高压舱一端，通过强制对流换热方式使得舱内温度均匀一致（各点温差小于±2℃），能够满足实验精度要求。与传统的方式相比较，利用该技术，可有效保证实验前模型的内部温度均匀稳定并可在实验过程提供稳定合适的模型外环境温度。在饱和油过程中，由于稠油黏度过高，需在80~90℃较高温度条件下进行饱和油，需通过对模型周壁和高压舱内加热装置的控制，使

模型内的温度维持在所需的范围。而在饱和油之后，通过高压舱内的冷却系统，可以促使模型内部温度快速下降，尽早到达油藏温度条件。

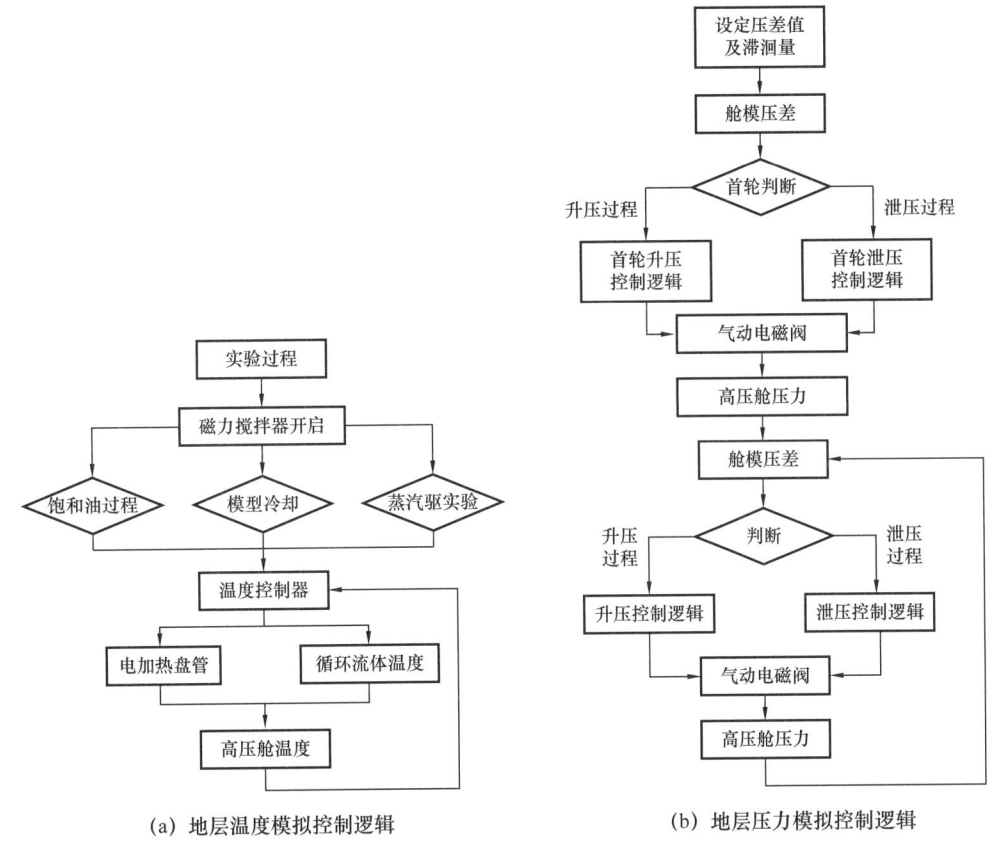

(a) 地层温度模拟控制逻辑

(b) 地层压力模拟控制逻辑

图 2-1 控制逻辑图

三、SAGD 模型热损失模拟

1. SAGD 模型热损失模拟方案

在高温高压 SAGD 物理模拟实验里，模型是 SAGD 物理模拟实验装置的核心部分，它对实际油藏的一个完整或不完整的注采单元直接进行了按比例模化。如图 2-2 所示，模型置于一个密闭的高压舱内，高压舱与模型之间填充高压氮气，模拟实际地层压力并兼具保温作用。模型在结构上主要包括盖层、底层及油层三部分，在外形上一般是长方体或立方体。

在传热特征方面，实际油藏原型一个注采单元内仅有向盖层和底层的传热，周壁可认为是绝热边界条件，而模型不仅有向盖层和底层的传热，还有向周壁的传热，模型的周壁要达到完全绝热是不可能的；油藏原型注采过程中热量向盖层和底层传热可认为向半无限大地层的传热，而模型的盖层和底层是有限厚度的。

在传热方式方面，实际油藏中盖层和底层一般都是由流体不可穿越的连续岩石组成的，蒸汽与之接触前热量通过油层以导热的方式向其传递，蒸汽超覆至盖层后以对流换热为主，并向更远处的地层传导，无穷远处地层的温度可认为是恒定不变的；模型盖层和底层是有限厚度，热量通过盖层和底层后会以自然对流传向周围的气体环境以及辐射的方式传向高压舱内壁，而高压舱尺寸是有限的，内部的气体环境在数小时的实验时间内将被加热，有一定温升，这与实际地层无穷远处恒温有所不同。

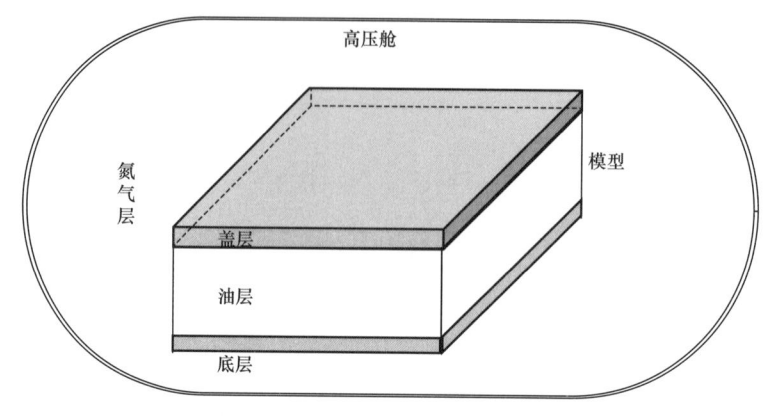

图 2-2　模型结构、工作环境示意图

模型中要模拟这一热损失，理想的情况是既不能隔绝或大幅度减小这部分热损失，也不能放任该部分热损失。另外，该部分热损失是随实验进程有所变化的，物理模拟中要按照相似比例在时间点上与之对应。模型的周壁要尽量做到绝热，工程上常用的方式是使用性能良好的保温材料保温，增大传热热阻及降低表面发射率等。

通过对模型工作环境、传热特性的认识，提出以下模型热损失控制方案的设计思路，流程如图 2-3 所示。

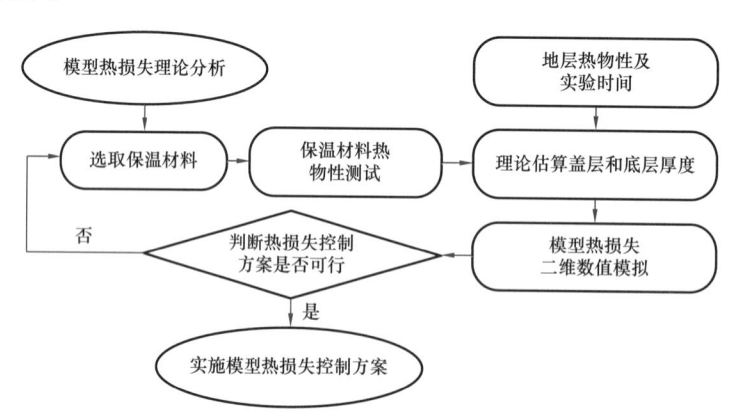

图 2-3　模型热损失控制方案设计流程图

通过对模型热损失的理论方面的分析，对传热方式以及传热特性等的认识，选取保温材料并测试其热物性，根据经典 Whitten 公式理论计算盖层和底层厚度，使用 FLUENT 流体仿真软件对保温后的模型进行数值模拟热损失，通过判断热损失控制方案的可行性来进行是否实施方案。

模型保温材料的选取主要有以下原则：（1）周壁保温材料导热系数、热扩散系数要足够小；（2）盖层和底层材料导热系数要足够小、热容及密度足够大；（3）保温材料要有足够的耐温耐压性能；（4）铝箔表面发射率要小，用胶能耐一定高温；（5）满足工艺要求，施工方便。

综合以上因素，选定保温材料后，测定保温材料的热物性参数，主要包括导热系数（λ）、热扩散系数（α）、比热容（c_p）和密度（ρ）。

2. 理论估算保温层厚度

对于控制盖层和底层热损失方面，可以根据 D.G.Whitten 的计算公式把向无限大地层的热损失折合为向有限厚度盖层和底层的热损失，此模型基于一维半无限大非稳态导热相关理论，得到对时间积分的标准热流方程。

在有较小边界温升 ΔT 的无穷地层中的累积热损失为：

$$Q_\infty = \frac{2K_h \Delta T \sqrt{t}}{\sqrt{\pi \alpha}} \qquad (2-18)$$

和边界温度相同，盖层为有限厚度 z_c 的相应热损失：

$$Q_f = \frac{2K_h \Delta T \sqrt{t}}{\sqrt{\pi \alpha}} \left(1 + 2\sqrt{\pi} \sum_{n=1}^{\infty} \mathrm{ierfc}\frac{nz_c}{\sqrt{2t}}\right) \qquad (2-19)$$

上述两种情况下热损失的相对误差为：

$$\eta = \frac{Q_f - Q_\infty}{Q_\infty} \times 100\% = 2\sqrt{\pi} \sum_{n=1}^{\infty} \mathrm{ierfc}\frac{nz_c}{\sqrt{2t}} \qquad (2-20)$$

式中 Q_∞——通过无穷厚盖层的热损失；

Q_f——通过有限厚度盖层的热损失；

ΔT——边界温升；

K_h——导热系数；

α——热扩散系数；

t——时间。

$$\mathrm{ierfc}(x) = \frac{1}{\sqrt{\pi}} e^{-x^2} - x\,\mathrm{erfc}(x)$$

是余补误差函数的一重积分。

其中

$$\mathrm{erfc}(x) = 1 - \mathrm{erf}(x) = \frac{2}{\sqrt{\pi}} \int_x^{\infty} e^{-\eta^2} d\eta$$

为余补误差函数。

根据实验时间、地层导热系数、盖层和底层边界与地层无穷远处温差以及选定的模型盖层和底层材料的导热系数、热扩散系数和设定的传热误差通过上述理论编程计算出盖层和底层厚度。周壁保温材料的厚度，需要综合考虑保温材料的热物性、高压舱和模型的尺寸以及实施工艺等。

四、SAGD 实验流程设计

SAGD 实验的流程主要包括饱和水、饱和油、建立初始油藏压力/温度场、SAGD 开采实验等。

1. 饱和水

对应干装方式，采用抽真空饱和水方式，待模型加压至实验要求的压力后，将 N_2 注入模型，置换出空气，然后将模型抽真空，达到真空度要求，将实验用水在负压下吸入模型，记录饱和水体积并计算模型孔隙度；对于湿装方式，在模型装填过程中已获得饱和水体积，通过饱和水体积和模型体积计算孔隙度。

2. 饱和油

饱和油有两种方法：一是饱和到实际油藏的初始含油饱和度；二是饱和到束缚水饱和度。（1）准备两台注入泵，一台供水，另一台供油。水：油的流量比根据模拟油藏所需油的饱和度而定（几个重要参考值：油水比1：3，油饱和度85%左右；油水比1：4时，油饱和度在80%左右；油水比1：5时，油饱和度为70%左右；油水比1：6时，油饱和度为60%左右）。针对每一个产油端，只有当产油端见油流（不是油花）时，才能转入下一个产油端。

根据计算的模型含油饱和度，将油、水以相当于油藏初始饱和度下的比例混合注入模型，当模型产出口收集的油水比和注入端的油水比接近时（误差小于1%）为达到饱和油的要求；（2）将实验用油从饱和油井注入模型，由其他井孔或泄流孔收集产出液，切换饱和油入口，直到各收集孔连续出油不出水或产出液含油率达到99.0%时，记录饱和油量、驱出水量，计算模型初始含油饱和度及束缚水饱和度。

3. 建立初始压力场

对应干装方式，在完成饱和水后，在饱和油开始前即可建立模型初始压力场；对应湿装方式，在常压饱和油结束后对继续对模型加压饱和油，直至模型达到实验压力。

4. 建立初始温度场

通过模型外壁和围压系统中的加热或冷却装置使模型达到实验设计初始温度；模型初始温度场应均匀一致，各温度测点值相差小于 2℃。

5. SAGD 开采实验

（1）注入的蒸汽采用过热蒸汽和恒温水配置而成，在实验前设置压力、温度、速度等注汽参数，并保证蒸汽发生器出口稳定。（2）疏通实验注采管线，并进行直井吞吐或者水平井循环预热操作。通过多次的预热的操作，使井间达到局部热联通的状态。（3）逐步提高注入量，进入 SAGD 过渡及正常生产阶段，并根据 SAGD 汽腔发育的实际情况，不断地调整各注汽点的注入量及生产井产量，调控 SAGD 汽腔均匀发育。（4）采出液冷却后通过回压装置进入收集容器，分时收集并编号。通过数据采集系统实时采集并记录实验数据，包括温度、压力、流量等。（5）当汽腔充分发育，实验后期产量衰减时，逐步减小注采量，达到实验设计目标时，结束实验。

五、SAGD 注采方案设计

SAGD 开发主要分为预热、转 SAGD 生产、中后期开发调整等几个阶段。依据实验目的的不同在循环预热结束后的 SAGD 生产时采用不同的注采井组合及注采压力和流量控制，模拟现场实际问题，寻找解决方案。在实验中后期通过不同的调整手段，达到相应的实验目的，在达到预设的条件时可结束 SAGD 模拟实验。

1. 预热注采设计

依据直井—水平井 SAGD 布井模式和双水平井 SAGD 布井模式的不同，需要分别采取不同的预热方式。针对直井—水平井 SAGD 方式，需要对直井周围区域采用吞吐或电加热方式进行预热，而对水平井及周围区域采用吞吐或循环注汽预热的方式，且经过预热使注采井自身通畅且注采井间形成一定的热联通（部分区域温度可达 80~100℃）。针对双水平井 SAGD 布井模式，通常采用双水平井同时循环注汽的方式进行预热，根据模型中水平井间距的不同，预热所需时间各不相同，水平井沿井长方向需均匀预热，在两水平井间形成较好的热联通后方可结束预热。

2. SAGD 生产初期注采设计

在预热最后期，通过上部注入井注汽，下部水平生产井排液，使注采井间形成更好热连通。当注汽井注汽对于生产水平井的温度及压力有明显影响时，可转入 SAGD 生产。

由于油藏非均质性的客观存在，在蒸汽腔初步形成及发育时期，沿生产井水平段的汽腔连通程度各不相同，需针对不同情况加以调整，促使蒸汽腔均匀发育，快速达到 SAGD 峰值产量。根据蒸汽腔的扩展情况逐步提高蒸汽注入速度，直至设计注入量，生产过程中不断调配注入井的流量以促进蒸汽腔发育和改善生产效果。

3. SAGD 正常生产注采设计

注汽速度随蒸汽腔扩展逐步提高，至最终峰值注入速度后，蒸汽腔快速发育。此阶段整个水平井段温度、压力差别较小，应尽量保持注采稳定，不做过大的调整。进入实验后期产量衰减后，再逐步减小注采量。

4. 后期气体辅助等条件下注采调整设计

实验后期，蒸汽保持稳定的高速注入，采油速度慢慢降低，油气比下降，经济性大幅降低。可以通过注入非凝结气代替部分蒸汽等手段维持汽腔压力，同时维持 SAGD 生产，以达到减少蒸汽注入量，提高油汽比，提高生产的经济性等目的。依据实验设计，在汽腔发育到一定程度或产油出现明显下降情况下，可适时采用此方式进行调整。

第四节　实验结果分析

一、采出液油水分离计量

油水分离方法、油水计量原则（采出液分阶段统计，按系数折算）。SAGD 实验用油多为现场原油，实验所得采出液乳化现象较严重，需采用特定的方法对采出液进行油水分离，以保证处理后含水率低于 1%，计量结果准确。

根据实验油品的黏度及采出液乳化程度的不同，可选取不同方法进行油水分离。静置分层法即将实验所得到的高温采出液静置并冷却至室温，使油水自然分层；溶剂分离法即向采出液中加入环己烷并充分搅拌，使油完全溶于环己烷中，利用比色分析技术计量油水体积；加热离心法即采用离心机分离油水；破乳剂分离法即根据实验油品的非烃组分含量及采出液的乳化程度，通过实验确定合适的破乳剂及其投加量。对于乳化程度较低的采出液，建议采用静置分层法或溶剂分离法进行油水分离；但对于 SAGD 中后期乳化程度较高的采出液，建议组合使用上述多种方法进行油水分离。

三维实验采出液总量大，可结合蒸汽腔发育情况及采出液的情况，将 SAGD 实验划分为不同的开采阶段，每个开采阶段相近的时期分别选取代表性的采出液进行油水计量，所选取的代表性样品的油水比例情况可推广用于计算相邻时期的采出液油水情况。

二、剩余油分析

研究油藏内剩余油饱和度的空间分布规律，需在实验后打开模型进行分块分层拍照和取样，并测试取样点的剩余油饱和度。为防止长时间的放置改变了模型内的油水分布情况，尽量在 SAGD 实验结束后的 3 天内进行剩余油取样工作。通过洗油、称重等方式测取各取样点的剩余油饱和度，经插值得到模型内剩余油饱和度的分布规律。同时，分离可得到各取样区域剩余油样品，进行组分分析，与原始油样的组分可进行对比，探索 SAGD 开发机理，为采油技术改进提供依据。

三、实验数据处理

蒸汽注入量以当量水体积计量，计量泵的注入流速和累计注入体积即为蒸汽注入流速和累计注入量；将采出液分离后油水产量分别记录，并以此计算实验各阶段的产油量、产水量、产液量、油汽比。生产过程中的注采变化情况在备注中进行记录。将注汽温度、压力、注汽速度、采油速度、累计产液量、累积采出程度、含水率与蒸汽注入孔隙体积或实验时间的关系绘制成曲线。

四、温度/压力三维场图分析

准备模型渗透率及原油黏温关系等静态数据以及实验过程中模型内各温度、压力随时间变化的数值以及实验结束后模型内各取样点的饱和度数值等动态数据。实验结束后，将上述数据经插值算法处理后形成温度场、压力场、流度场和饱和度场，并将场图结果与实验数据处理所得的各种注采关系曲线进行对比分析，发现注采规律与 SAGD 汽腔发育之前的内在联系，分析实验中的各种注采调整措施的效果及不同井网布置方式下的开采效果。

第五节　超稠油蒸汽辅助重力泄油物理模拟实例

以新疆风城超稠油某区块为例，开展双水平井 SAGD 高温高压三维物理模拟系列实验研究，采用"双水平井、长短双油管及双向注采"管柱结构，配合多种注采操作方式，以实现对循环预热阶段 SAGD 水平井段热连通的有效调整及生产阶段 SAGD 蒸汽腔均匀性的有效调控，为现场 SAGD 有效预热及汽腔均匀性调控提供有利参考。实验基础参数测试、模型设计、实验注采过程及结果分析方法等介绍如下。

一、实验基础参数测试

在实验前需对目标区块的岩心及地层原油分别取样进行测试，表 2-5 是用于基础测试和后续实验的典型层位岩心及原油样品的需求情况。依照测试项目的不同，需选取不同位置及方向的全直径岩心和柱塞岩心，同时还需准备现场原油样品。对岩心样品和原油样品进行组分、黏度、密度、热物性、润湿性等各项参数的测定，具体样品测试条件见表 2-6。

表 2-5　典型层位岩心及原油样品需求表

种类	单元规格尺寸	数量	需提供的基本参数
储层水平及垂向全直径岩心	直径>10cm；长度 6cm	6 个	岩性 / 隔夹层情况
储层水平及垂向柱塞岩心	直径 =25mm；长度 6cm	12 个	岩性 / 隔夹层情况
盖层全直径岩心	直径>10cm；长度 6cm 圆柱端面尽量平整	6 个	岩性
盖层水平及垂向柱塞岩心	直径 =25mm；长度 6cm	6 个	岩性
底层全直径岩心	直径>10cm；长度 6cm 圆柱端面尽量平整	6 个	岩性
底层水平及垂向柱塞岩心	直径 =25mm；长度 6cm	6 个	岩性
隔夹层	松散样品 可堆积成直径 10cm/ 长度 6cm 的圆柱体，体积为 470cm^3	6 个	岩性
原油	上述储层岩心所处区域原油（经初步脱水）	30L	典型温度下的密度 / 黏度

注：如储层不同层位物性差异较大，需提供不同层位的样品。

表 2-6　岩心及原油样品测试条件及参考标准

测试项目	测试仪器及性能	测试样品特征及工况条件	测试参考标准
原油黏度	Thermo Hakke RS300 型流变仪进行，其测试的温度范围为 –100~350℃	脱水原油 20mL，测得 20~300℃ 范围内的黏温曲线	GB/T 28910—2012
原油密度	Anton Paar DMA60 数字密度计，测试范围：0~3g/cm^3，精度：±1.5×10^{-6}g/cm^3，温度范围：–10~70℃，适于测试液体密度	脱水原油 20mL，测得 20~300℃ 范围内的密温曲线	GB/T 1884—2000
原油组分	四组分分析仪	脱水原油 10mL，原油中四组分含量定量分析	SY/T 5119—2016

续表

测试项目	测试仪器及性能	测试样品特征及工况条件	测试参考标准
原油导热系数/比热容/热扩散系数	HotDisk TPS2500，测试温度范围 −260~700℃，导热系数范围：0.005~500W/(m·K)，可测试固、液、粉末等多种样品	脱水原油，常温常压	ISO 22007-2.2
模型砂导热系数/比热容/热扩散系数	HotDisk TPS2500，测试温度范围 −260~700℃，导热系数范围：0.005~500W/(m·K)，可测试固、液、粉末等多种样品	玻璃微珠 600~850μm 与 850~1000μm 按 1∶9 配比，常温常压	ISO 22007-2.2
模型油砂导热系数/比热容/热扩散系数	HotDisk TPS2500，测试温度范围 −260~700℃，导热系数范围：0.005~500W/(m·K)，可测试固、液、粉末等多种样品	含油饱和度 0.88，空气饱和度 0.12/含油饱和度 0.88，含水饱和度 0.12，常温常压	ISO 22007-2.2
模型砂渗透率	HotDisk TPS2500，测试温度范围 −260~700℃，导热系数范围：0.005~500W/(m·K)，可测试固、液、粉末等多种样品	600~850μm 与 850~1000μm 玻璃微珠按不同比例混合，流速 50~250ml/min	GB/T 29172—2012
模型砂孔隙度	HotDisk TPS2500，测试温度范围 −260~700℃，导热系数范围：0.005~500W/(m·K)，可测试固、液、粉末等多种样品	600~850μm 与 850~1000μm 玻璃微珠按不同比例混合，湿法填砂	GB/T 29172—2012
模型砂堆积密度	HotDisk TPS2500，测试温度范围 −260~700℃，导热系数范围：0.005~500W/(m·K)，可测试固、液、粉末等多种样品	600~850μm 与 850~1000μm 玻璃微珠按不同比例混合，湿法填砂	—
模型砂润湿性	JC2000D 接触角测量仪，其动态视频测量可达 25 帧/s；JSM-6301F 场发射枪扫描电镜，该仪器的放大倍率为 10~250000	5cm×5cm 平板，高温高压 常压~3MPa 室温~250℃	—

二、模型井及注采设计

在对研究的目标区块完成一系列的岩石和流体基础参数测试之后，根据相似比例准则，对实验模型特征参数及实验操作参数进行模化，并依据相似模化的结果设计实验模型。模型特征参数和实验操作参数的模化见表 2-7 与表 2-8。

表 2-7 模型特征参数的模化（比例因子 200）

参数	比例因子（原型/模型）	原型	模型	备注
油藏厚度	R	35m	175mm	实际填砂厚度
油藏宽度	R	100m	500mm	—
水平井长	R	100m	500mm	现有模型能满足的最大水平井长，现场水平井长 500m
注采井距	R	5m	36mm	井距均为中心距离；模型井距折合现场值为 7.2m，略大于现场实际值；现有模型井口位置（注采井筛管外边缘距离为 24mm）
生产井距油藏底部距离	R	2m	10mm	—
油藏孔隙体积	R^3	—	14.9L	实验测试结果
孔隙度	1	0.32	0.34	实验室模型孔隙度可能略大，预计在 0.33~0.36
渗透率	$1/R$	1.35	270D	实验室使用玻璃微珠，垂向渗透率和水平渗透率基本相同
地面脱气原油黏度（10^4，50℃）	1	2.5~4	3.1~3.3	实验中采用现场吞吐生产获得的地面脱气脱水后原油
含油饱和度	1	0.75	0.90	玻璃微珠与原位岩石的润湿性略有差异，实验室含油饱和度偏高
原油体积	R^3	76800m³	13.41L	实验室条件下，油藏模型的孔隙度及含油饱和度与真实油藏略有差距

表 2-8 实验操作参数的模化（比例因子 200）

阶段	参数	比例因子（原型/模型）	原型	模型	备注
全段	时间	R^2	1a	13.14min	—
			1d	0.036min	—
初始阶段	初始油藏压力	1	2.45MPa	2.2MPa	由于将渗透率进行比例模化，实验过程中模型压力变化很小，根据现场原位油藏压力变化规律，设定一个实验平均油藏压力
	初始油藏温度	1	17.9℃	25℃	实验室模型冷却受室温限制，难以在较短时间内将油藏模型冷却到20℃以下；待高压舱功能二次开发

续表

阶段	参数	比例因子（原型/模型）	原型	模型	备注
循环预热阶段	注汽速度（C.W.E.）	R	25～30m³/d	87～104mL/min	单井，折合100m井长，优化值，非等比例缩减
	井底蒸汽干度	1	>0.7	>0.7	—
	循环预热压力，MPa	—	3.0～3.2	略高于2.2	模型注汽需克服管阻
	施加注采压差时间	R^2	30d	1.08min	—
	施加注采压差大小	约为R	<0.2MPa	1kPa	—
	转SAGD时间	R^2	60～70d	2.2～2.6min，时间可能会更长；>5min，以实际效果计算	如模型与原位岩石的热物性完全一致，且井筒传热规律完全成比例；但实际非理想因素将致使实验循环预热时间有所增长。现场预热结束标志：（1）当注汽水平井注汽对另一口水平井的井下温、压有明显影响，反应明显点在两点以上；（2）返出液含油量持续高于8%；（3）井组停止注汽3～4天，水平段温度仍能保持在100℃以上
生产阶段	蒸汽腔操作压力 MPa	1	2.0～2.2	2.2	SAGD稳定生产阶段；初始阶段（现场转SAGD后约1年内）注汽压力不超过3MPa；现场SAGD生产后期油藏压力可略微下降至1.6MPa，但实验中不模拟该现象
	稳定生产阶段优化蒸汽注入速度	R	50～60m³/d	174～208 mL/min	100m井段折合值；注汽速度逐步提高至优化值，实验中优化注汽速度为一个范围
	注汽温度，℃	1	217.3	217.3	2.2MPa下的饱和温度
	生产时间	R^2	11a	144.54min	
	井底蒸汽干度	1	>0.95	>0.95	
	注采压差	约为R	0.5MPa	10kPa左右	受到井筒结构非比例模化影响
	稳定阶段采注比	1	1.3～1.4	>1.4	实验中通过控制采注比达到维持蒸汽腔操作压力的目的
	Sub-cool控制，℃	—	10～15	5	实验室中没有现场生产井内闪蒸的问题，国外研究证明low Sub-cool有利SAGD运行

在原有实验模型的基础上,根据实验具体需求进行改造,新的实验模型预留双水平井井口,在模型中心上下盖的中心位置和模型四周角落都设置有水平井井口,以满足模型饱和油以及 SAGD 开采时的注采需求。直井和水平井在模型中的位置如图 2-4 所示。

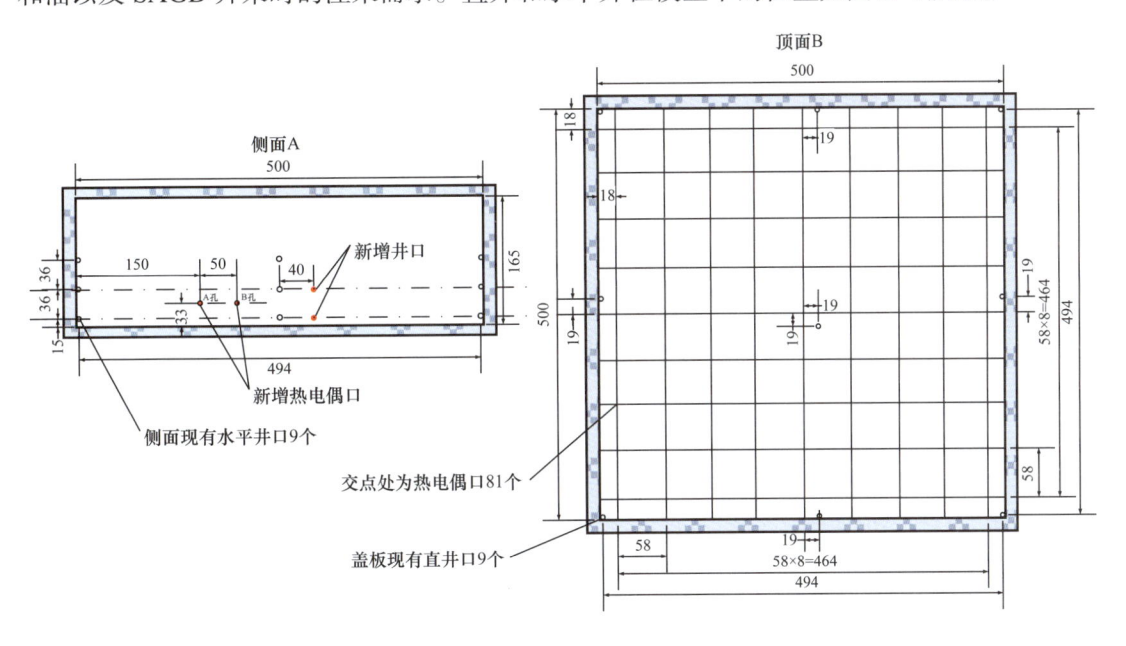

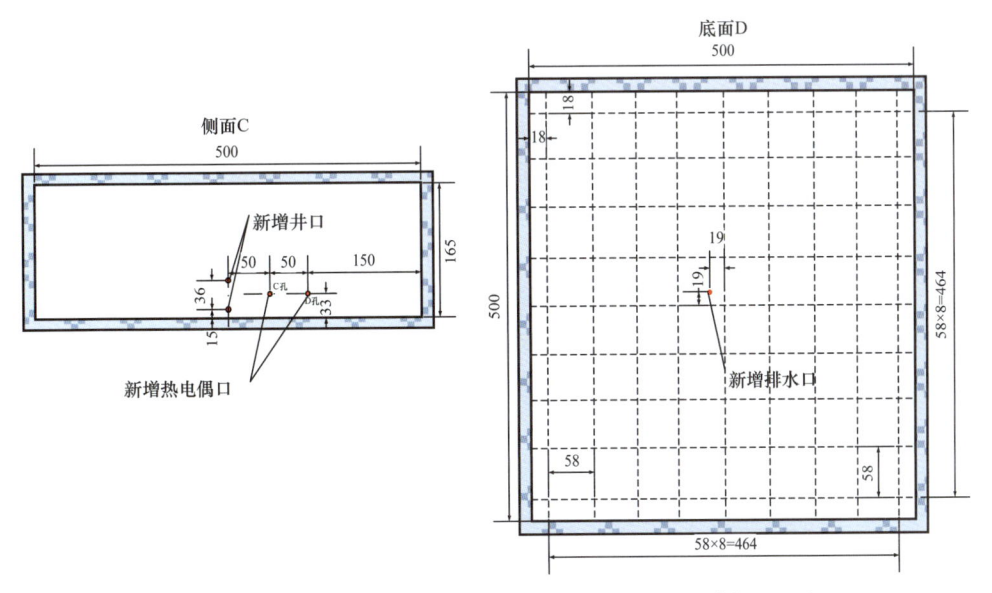

图 2-4 直井与水平井在模型中的布置示意图(单位:mm)

模型内温度场的监测是判断蒸汽腔扩展及调控实验进程的重要依据,本实验中,在两根水平井所在平面以及油藏上部的另外三个平面各布置 81 根热电偶,最上层热电偶距模型顶部 24mm,最下层热电偶距油藏底部 10mm。此外,为判断水平井间的热联通情况,在两水平井之间油藏的中部,沿水平井方向布置一排根热电偶。

实验过程中,通过压力测点的布置来监测沿水平井以及油藏中的压力变化。本次实验中在水平注入井和水平采出井的脚尖、脚跟及中心处分别布置3个压力测点。在油藏上部（位置如图2-5所示的断面内）对称布置2个压力测点。

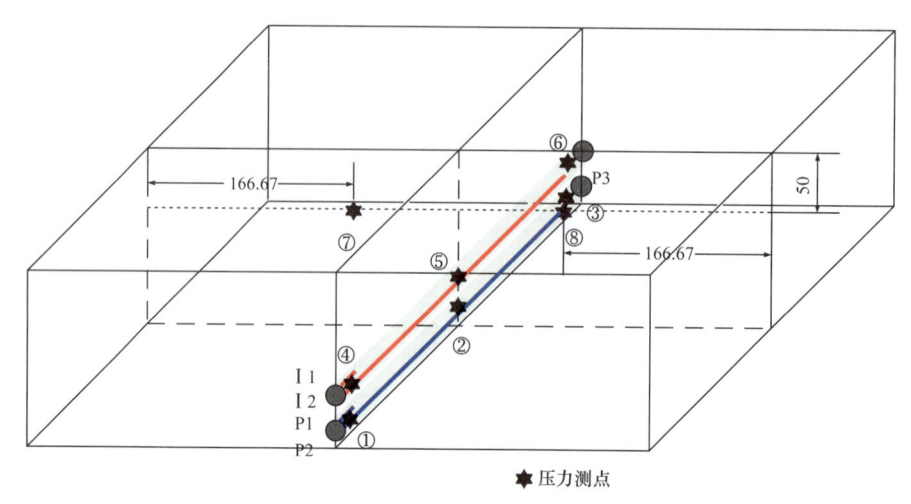

图2-5 模型内压力测点布置示意图（单位：mm）

1. 实验过程

本实验主要模拟双油管长短管柱注采方式对于SAGD循环预热及蒸汽腔发育均匀性的调控。通过SAGD循环预热阶段和生产阶段注汽井和生产井流量的调控达到减少预热时间、均匀预热和SAGD汽腔均匀快速发育的目的。

通过管路设计，实现生产井与注汽井长短管各种组合方式的注汽和采出功能，还可实现循环预热阶段生产井与注汽井各种组合方式的独立采出。

SAGD循环预热阶段主要分为以下3步进行：

（1）循环注汽阶段。两路蒸汽发生器分别通过注入井和生产井的长油管向模型内注汽，同时经注入井和生产井的短油管通过回压阀采出，此阶段排液量较低；

（2）脉冲式吞吐阶段。在整个水平段温度均匀升至200℃以上时，进入吞吐阶段，水平井组中的两口水平井均注汽后焖井，然后排液，反复进行，扩大汽腔。注气量增至设计最大值（208mL/min），在吞吐阶段后期，含油量达5%以上，可转入制造压差阶段。

（3）制造压差阶段。通过一口水平井注汽，另一口水平井排液，使注采井间形成更好热连通。当注汽水平井注汽对另一口水平井的井下温压有明显影响（现场施加压差不超过0.2MPa），且停止注汽3~4天，水平段温度仍能保持在100℃以上，则可进入下一生产阶段。施加压差阶段注汽压力不超过3MPa。循环预热阶段结束，应达到水平井全井段热联通。

SAGD过渡阶段由于蒸汽腔初步形成及发育，水平段连通程度不均，需针对不同情况加以调整，促使蒸汽腔科学发育，快速达到SAGD峰值产量。根据蒸汽腔的扩展情况逐步提高蒸汽注入速度，直至最高设计注入量（208mL/min），生产过程中不断调配注入井长短管的注入量以促进蒸汽腔发育和改善生产效果。

在SAGD过渡阶段可针对不同的情况调整注采操作方式：

（1）注采井脚跟沟通。脚跟汽窜导致水平井后部难以动用，可调整从注气井脚尖处连续注汽，生产井间歇式采出，也可从生产井脚尖处少量注汽以改善生产效果。

（2）注采井脚尖沟通。增加注气井脚尖处的注汽量，改善水平井连通性。

（3）注采井中部沟通。若注采井中部沟通，而脚尖处未连通，则提高生产井脚尖处的注汽量以改善生产效果。

多方案注采目的在于：（1）促使蒸汽腔沿水平井段的均匀扩展；（2）控制生产井温度，保持井筒内始终保持液态。

当油层温度达到120℃时转入SAGD生产阶段，注汽压力2.2MPa，注汽速度随蒸汽腔扩展逐步提高，最终达到并稳定在最高设计注入量（208mL/min）。

此阶段蒸汽腔已充分发育，整个水平井段温度、压力差别较小，应尽量保持注采稳定，不做过大的调整。进入实验后期产量衰减后，再逐步减小注采量。在采出液含油率较低，生产经济性较差时结束实验。

2. 实验结果分析

实验结束后，将整个实验过程的温度场数据导出分析蒸汽腔的发育过程。依据实验记录和蒸汽腔变化情况划分SAGD蒸汽腔的不同发育阶段，分别为预热期、蒸汽腔上升期、横向扩展期和蒸汽腔下降期。由于预热阶段不够均匀，在实验初期脚尖处的SAGD蒸汽腔发育不够均匀（图2-6），通过调整注入井在脚尖处和脚跟处的注入比例以及增加注入井生产井脚尖处的产量等各种措施，使得SAGD蒸汽腔沿着水平方向发育逐渐均匀。在之后的SAGD生产过程中，通过不断调整注入井脚跟和脚尖处注汽的分配以及生产井脚跟和脚尖处采出的情况，保持SAGD蒸汽腔的发育均匀性，提高SAGD蒸汽腔波及体积，在SAGD汽腔上升和扩展阶段维持较高的采油速度。

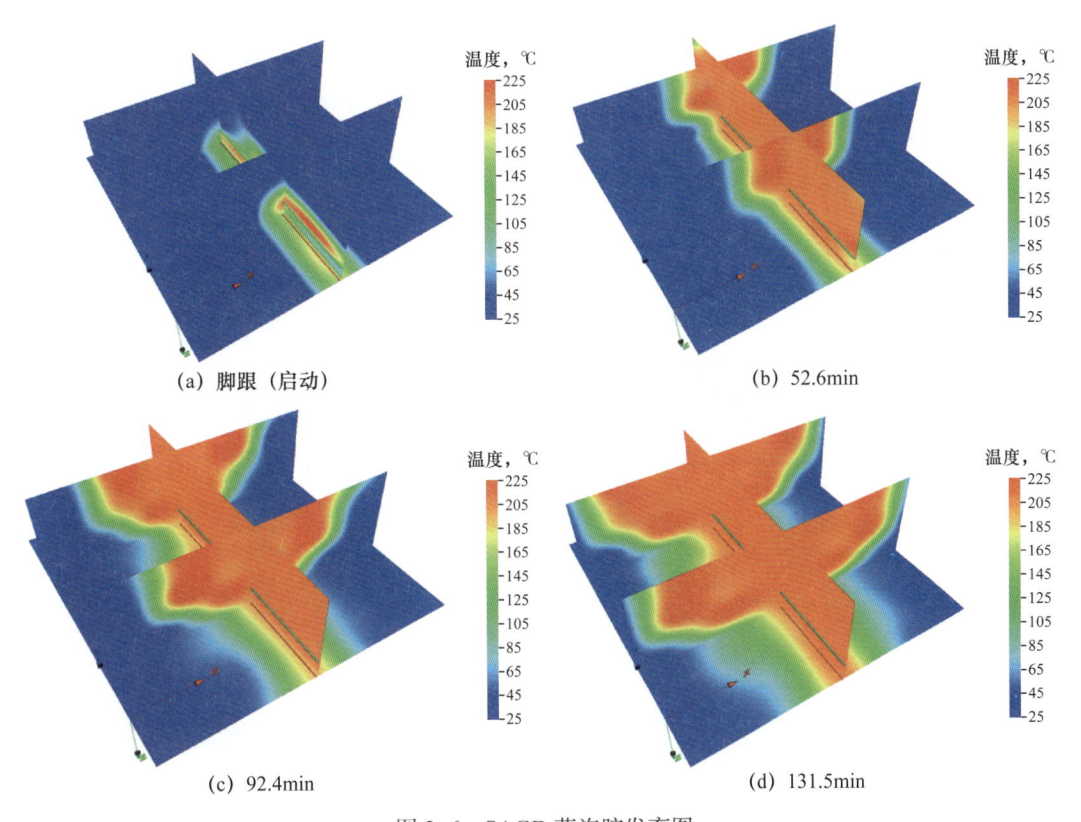

(a) 脚跟（启动）　　　　　　　　　　(b) 52.6min

(c) 92.4min　　　　　　　　　　(d) 131.5min

图2-6　SAGD蒸汽腔发育图

实验结束后，通过静置、破乳等多个步骤，计量各时期采出液中油水的体积。将采油速度、累计采出程度、油汽比等随时间的变化绘制成曲线，如图 2-7 和图 2-8 所示。对照采油速度随时间变化曲线可以发现，随着 SAGD 蒸汽腔的上升和均匀发育，采油量在很长一段时间内可维持在较高的水平。通过水平井脚尖和脚跟处注采比例的调整，可以有效调控 SAGD 汽腔的均匀性，进而提高 SAGD 采油速度和生产的油汽比。

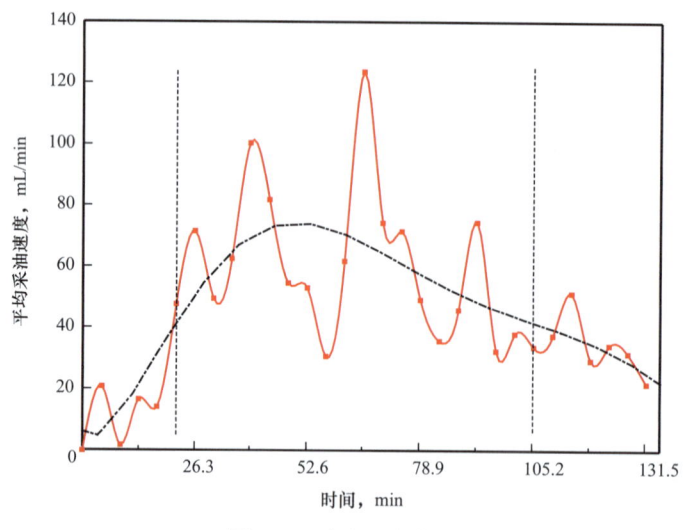

图 2-7　采油速度曲线

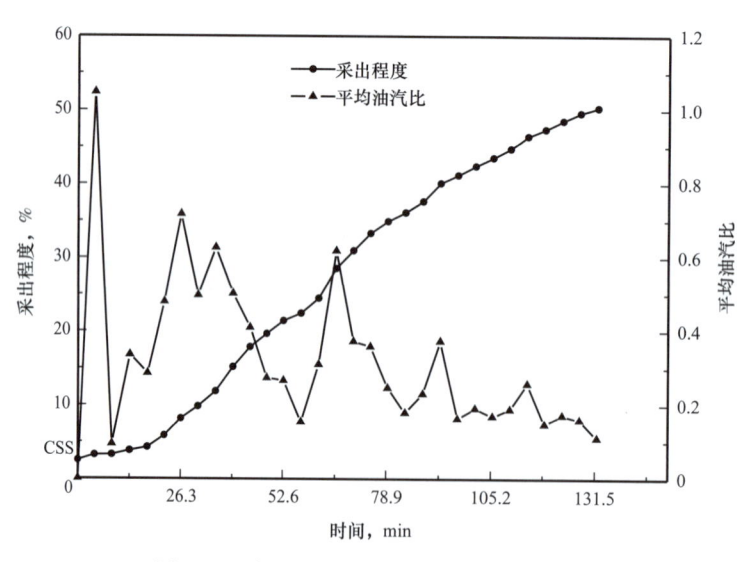

图 2-8　采出程度及油汽比随时间变化曲线

第三章 超稠油蒸汽辅助重力泄油油藏工程研究

蒸汽辅助重力泄油技术（SAGD）油藏工程优化研究主要采用数值模拟方法，但由于 SAGD 技术本身的复杂性，需要一些特殊的井筒与油藏耦合模型进行模拟计算。本章主要介绍了蒸汽辅助重力泄油技术油藏工程评价方法、井筒模拟方法、数值模拟方法和井网井型、关键参数的优化设计。

第一节 SAGD 油藏工程方法

一、循环预热解析模型

蒸汽辅助重力泄油（SAGD）是开发超稠油的一项前沿技术，具有驱油效率高、采收率高等特点。SAGD 开采分为两个阶段：SAGD 启动阶段和 SAGD 生产阶段。SAGD 启动阶段主要是在上下水平井间实现热连通，为转入 SAGD 生产创造条件，它是 SAGD 成功开发的必要条件。目前 SAGD 启动主要采用注蒸汽循环预热方法[7]。在 SAGD 正式生产之前，必须对水平井对进行热循环启动。预热阶段的目标是在最短的时间内，实现上下井对间油层的均匀加热，使注汽井和生产井均匀加热连通。

在 SAGD 井循环预热阶段，注汽井和生产井在蒸汽循环下实现井间连通，并初步形成蒸汽腔。沿水平井分布的加热均匀性对初始蒸汽腔的发育至关重要，蒸汽在不同的饱和蒸汽温度下循环，如图 3-1 所示，并且有上下两个不同的传导加热源。在井筒的任一点都会受到来自这两个源的加热效应的干扰，更为复杂的是，水平井间的距离不是一定的，而是变化的，如图 3-2 所示。

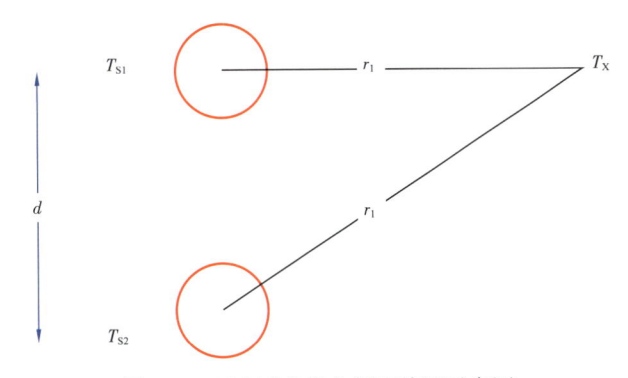

图 3-1 双水平井纵向剖面热源示意图

T_{S1}—上水平井循环预热的温度；T_{S2}—下水平井循环预热的温度；T_x—任意点 x 的温度；r_1—上水平井到 x 的距离；r_2—下水平井道 x 的距离；d—上下水平井垂向间距

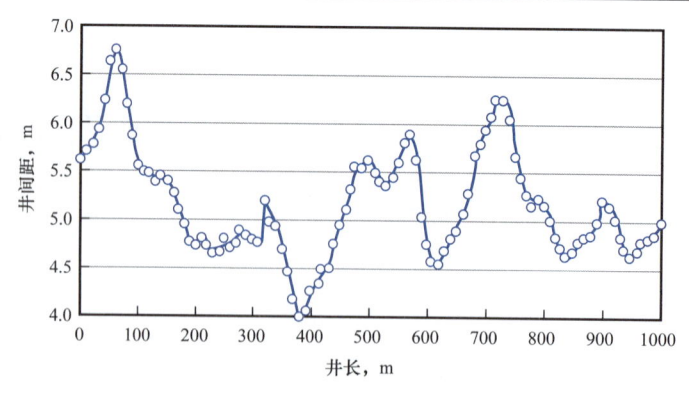

图 3-2 两井筒间典型的距离剖面图

1. 理论模型

在 SAGD 循环预热阶段，最初蒸汽腔的发育会影响稠油最终的采收率。循环预热阶段，一对 SAGD 注采水平井通过蒸汽循环建立井间热连通并形成初始蒸汽腔。预测汽腔的发展情况需要获取水平井对间沿着水平井方向的中点温度。

考虑模型由一对水平井组成，注汽井在上方，生产井在下方，蒸汽在井筒环空内循环，如图 3-3 所示。饱和蒸汽注入井筒内其中一个长管，低干度的蒸汽和热水（两相流）再通过短管流回到地面。为了保证加热均匀，通过井底条件下的监测数据来进行注入参数的调整，尽可能地保证沿井整个横向长度都有蒸汽流过。在流动的蒸汽条件下，观察水平井环空内的最小压降，使温度分布保持相对均匀[8]。

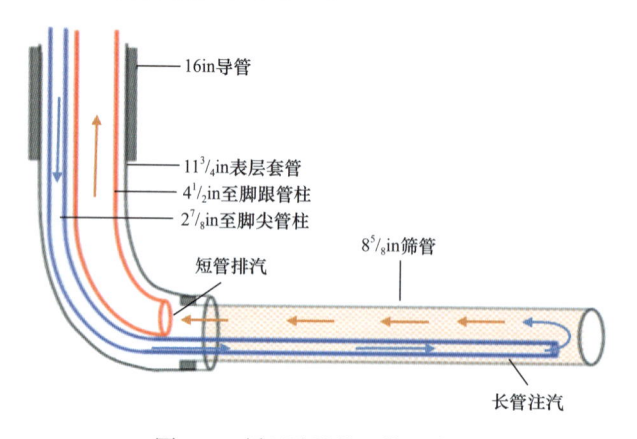

图 3-3 循环阶段的双管示意图

1）单源传导加热

T 为单个源加热的截面上任一点的温度，热通量率为 q，可由式（3-1）计算：

$$T = T_i - \left(\frac{q}{4\pi k}\right) \text{Ei}\left(-\frac{\gamma}{t}\right) \quad (3-1)$$

2）双源传导加热

取双水平井单位长度的截面，注汽井的半径为 r_{w1}，生产井的半径为 r_{w2}，如图 3-1 所示。当截面是由一个以上的热源加热时，设定注汽井的温度为 T_{S1}，单元热通量率为 q_1，生

产井的温度为 T_{S2}，单元热通量率为 q_2，截面上任一点 x 的温度由两口井的热源共同决定。因此，x 点是由于该点在注汽井和生产井得到热量，从而温度上升。这个解决方案利用了叠加原理，可以得到偏微分方程的一般解[9][式（3-2）]：

$$\Delta T_x = \left[\frac{(\Delta T_{S1} + \Delta T_{S2}) \cdot \text{Ei}\left[-(d/2)^2/(4\lambda\alpha t)\right]}{\text{Ei}\left[-d^2/(4\lambda\alpha t)\right] + \text{Ei}\left[-r_w^2/(4\lambda\alpha t)\right]} \right] \quad (3-2)$$

$$\text{Ei}(-x) = \ln(x) + 0.5772 = \ln(1.781x)$$

前提条件：$x < 0.01$

$$\text{Ei}(-x) = 0.5772 + \ln x - x + \frac{1}{4}x^2 - \frac{1}{18}x^3 + \frac{1}{96}x^4 - \frac{1}{600}x^5 + \cdots$$

表 3-1 为某油田 SAGD 油藏开发实例参数。

表 3-1　某油田 SAGD 油藏开发实例参数

参数	数值	单位	参数	数值	单位
水平井间距离 d	5	m	热扩散系数 α	1.4710^{-6}	m²/s
水平井长度 L	400	m	注入井眼半径 r_{w1}	0.0889	m
油藏温度 T	20	℃	生产井眼半径 r_{w2}	0.0889	m
油层厚度 h	20	m	含水饱和度 S_w	0.21	
孔隙度 ϕ	0.3		常数 λ	86400	

如图 3-4 所示，注入压力为 2.0MPa、2.5MPa、3.0MPa 和 3.5MPa 时，饱和蒸汽温度为 212.4℃、224.0℃、233.9℃ 和 242.6℃ 时的中点温度。

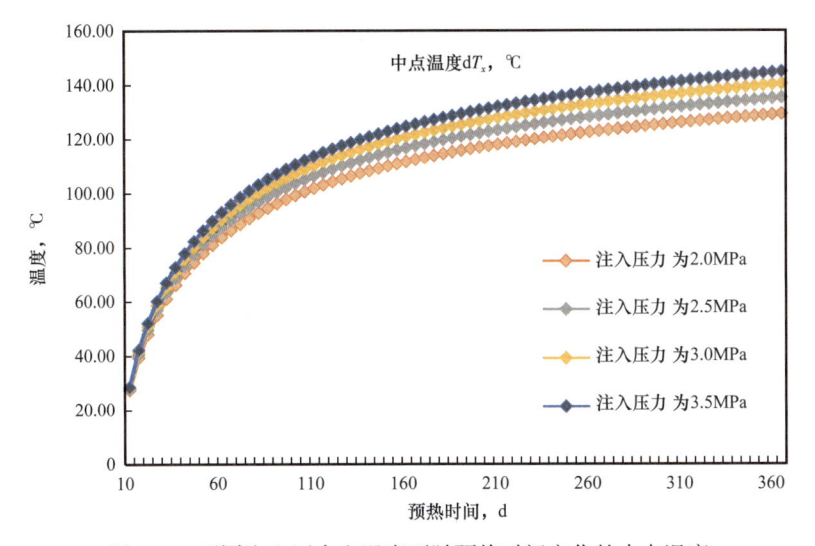

图 3-4　不同注入压力和温度下随预热时间变化的中点温度

2. 模型参数

模型通过输入上下水平井结构参数、油藏参数（如含水饱和度、孔隙度、热扩散系数和热传导率），可有效计算出循环预热的时间、预热的均匀性以及井对间中点温度分布情况。

3. 优化和预测

在模型计算过程中，考虑预热压力（或温度）在循环过程中为恒定。随着蒸汽的注入，井筒附近温度梯度会逐渐下降，根据加热时间、加热的均匀性和中点温度分布情况可对循环预热操作压力进行调整。另一个控制参数是两个井筒之间的注入压力差，压力差通常保持在 50~400kPa 之间，或井间等效温差小于 10℃。当温度变化小于 10℃ 时，对加热均匀性的影响可以忽略不计，高压差会导致井对间蒸汽短路，从而对加热均匀性产生负面影响。

该模型可预测 SAGD 循环过程中井对中间点温度曲线和加热均匀性。随时间的变化对循环预热的操作参数和注入速度进行调整。模型计算简单快捷，可大幅减少数值模拟的工作量。

二、SAGD 产量解析公式

巴特勒计算推导了 SAGD 技术经典产量预测公式[10]。重力泄油的垂直剖面如图 3-5 所示，蒸汽加热的油与冷凝界面大致平行，向下流入生产井。其中，蒸汽腔温度为 T_S，油藏初始温度为 T_R，蒸汽在冷凝面或界面处冷凝，相对于水平方向有一个倾斜角度 θ，蒸汽腔边界温度为 T，ξ 是距离蒸汽腔边界的法向距离，μ 为原油的黏度，ν 为原油的运动黏度，由达西定律可得产量公式：

$$dq = \frac{K(d\xi \times 1)(\rho_o - \rho_g)g\sin\theta}{\mu} = \frac{Kg\sin\theta}{\nu}d\xi \quad (3-3)$$

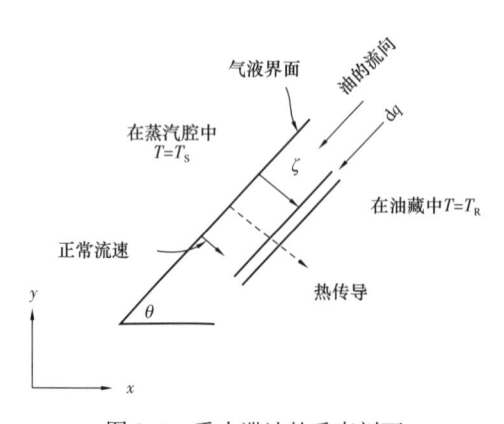

图 3-5 重力泄油的垂直剖面

势能梯度为 $(\rho_o - \rho_g)g\sin\theta$，相对于 ρ_o，ρ_g 可忽略，μ/ρ_o 相当于运动黏度 ν。该公式给出了泄油量 dq 及微元层 dξ 的关系式。假设传热方式为热传导，界面速度为 U，稳定状态下的界面上部温度为：

$$\frac{T-T_{\mathrm{R}}}{T_{\mathrm{S}}-T_{\mathrm{R}}}=\mathrm{e}^{-U\xi/\alpha} \tag{3-4}$$

速度 U 越高,温度随距离下降越快;反之,则温度下降缓慢。

如果油藏不加热,那么相应的流量将由式(3-5)推出:

$$\mathrm{d}q_{\mathrm{r}}=\frac{Kg\sin\theta}{\nu_{\mathrm{R}}}\mathrm{d}\xi \tag{3-5}$$

其中,q_{r} 为地层条件下的泄油量,ν_{R} 为地层中原油的运动黏度

式(3-3)减去式(3-5),得:

$$\mathrm{d}q-\mathrm{d}q_{\mathrm{r}}=Kg\sin\theta\left(\frac{1}{\nu}-\frac{1}{\nu_{\mathrm{R}}}\right)\mathrm{d}\xi \tag{3-6}$$

把 $\mathrm{d}q-\mathrm{d}q_{\mathrm{r}}$ 定义为 $\mathrm{d}q$,得

$$\mathrm{d}q=Kg\sin\theta\left(\frac{1}{\nu}-\frac{1}{\nu_{\mathrm{R}}}\right)\mathrm{d}\xi \tag{3-7}$$

式(3-7)中 ν_{R} 必须是有限的。通过公式积分后,得到产量公式如下:

$$q=Kg\sin\theta\int_{0}^{\infty}\left(\frac{1}{\nu}-\frac{1}{\nu_{\mathrm{R}}}\right)\mathrm{d}\xi \tag{3-8}$$

为了估算积分,必须将油的黏度作为界面距离的函数。由式(3-4)给出温度作为距离的函数,黏度作为温度的函数来估算。

原油黏度随温度的变化公式如下:

$$\frac{\nu_{\mathrm{S}}}{\nu}=\left(\frac{T-T_{\mathrm{R}}}{T_{\mathrm{S}}-T_{\mathrm{R}}}\right)^{m} \tag{3-9}$$

其中 ν_{S} 为汽腔中原油的运动黏度,当 ν_{R} 无限大时,$1/\nu_{\mathrm{R}}=0$。对于稠油而言,参数 m 的值一般约为3~4。

将式(3-4)代入式(3-9),得:

$$\nu=\frac{\nu_{\mathrm{S}}}{\mathrm{e}^{-U\xi/\alpha}} \tag{3-10}$$

将式(3-10)带入式(3-8)后积分,得:

$$\int_{0}^{\infty}\left(\frac{1}{\nu}-\frac{1}{\nu_{\mathrm{R}}}\right)\mathrm{d}\xi=\frac{\alpha}{U}\frac{1}{m\nu_{\mathrm{S}}} \tag{3-11}$$

从式(3-8)和式(3-11)中除去积分,给出了式(3-12)的表达式。这个公式本身是不太有用的,因为它涉及未知变量 U 和 $\sin\theta$。

$$q = \frac{Kg\alpha\sin\theta}{mv_s U} \quad (3-12)$$

对于式（3-11），如果 U 和 $\sin\theta$ 都是零，那么 q 可以是任意值。

考虑界面上的物质平衡，可以消掉原油流动速率 q 与前缘速度之间的关系。

考虑泄油界面在前进，那么油以更快的速度从区域流出，泄油速率的不同决定了界面前进的速率不同。式（3-13）为一个垂直单元的物质平衡方程：

$$\left(\frac{\partial q}{\partial x}\right)_t = \phi\Delta S_o\left(\frac{\partial y}{\partial t}\right)_x \quad (3-13)$$

在式（3-13）中，界面速度 U 与式（3-13）的 $\partial y/\partial t$ 及式（3-14）的角度有关。

$$U = -\cos\theta\left(\frac{\partial y}{\partial t}\right)_x \quad (3-14)$$

在这个表达式中，$\partial y/\partial t$ 可以被忽略。式（3-14）中的 U 被代入式（3-12）中，并通过 $\sin\theta/\cos\theta = \tan\theta = \partial y/\partial t$ 来简化。结果为：

$$q = -\frac{Kg\sin\theta}{mv_s\cos\left(\frac{\partial y}{\partial t}\right)_x} = -\frac{Kg\alpha\left(\frac{\partial y}{\partial x}\right)}{mv_s\left(\frac{\partial y}{\partial t}\right)} = -\frac{Kg\alpha\phi\Delta S_o}{mv_s}\left(\frac{\partial y}{\partial q}\right)_t \quad (3-15)$$

式（3-15）可以通过分离变量来重新排列和集成，得：

$$\int_0^q q\mathrm{d}q = \int_0^{h-y}\frac{Kg\alpha\phi\Delta S_o}{mv_s}\mathrm{d}y \quad (3-16)$$

积分后，得：

$$q = \sqrt{\frac{2\phi\Delta S_o Kg\alpha(h-y)}{mv_s}} \quad (3-17)$$

或者，在蒸汽腔的底部，$y=0$ 时：

$$q = \sqrt{\frac{2\phi\Delta S_o Kg\alpha h}{mv_s}} \quad (3-18)$$

如果采用直井注汽时，由于蒸汽很快就充满整个油层高度，蒸汽腔主要是向外扩展，其产油量预测公式如下：

$$q = N\pi(L_i\sqrt{\frac{1.3Kg\alpha\phi\Delta S_o h}{mv_s}} + \frac{1.61Kg\alpha}{mv_s h}t) \quad (3-19)$$

采用直井注汽时，水平生产井达到高峰油产量所需要的时间可以用如下公式预测[11]：

$$t = 0.45h\left(\frac{L}{N} - 1.57L_i\right)\sqrt{\frac{\phi \Delta S_o m v_s h}{Kg\alpha}} \tag{3-20}$$

符号释义

g—重力加速度，m/s²；h—油层厚度，m；K—油相有效渗透率，m²；L—水平井段长度，m；m—原油黏度系数；q—产油量，m³/d；t—时间，d；T_S—蒸汽腔温度，℃；T_R—初始油层温度，℃；α—油层热扩散系数，m²/d；v_s—蒸汽条件下的原油运动黏度，m²/d；ϕ—油层孔隙度；ΔS_o—蒸汽温度下的可动油饱和度；μ—流体黏度，Pa·s；ρ—流体密度，kg/m³；N—注汽直井井数；L_i—注汽直井井间距离。

第二节 SAGD数值模拟方法

由于井身结构的特殊性和井筒管柱的复杂性，SAGD数值模拟需要对井筒模型进行特殊处理，通常采用相对成熟的商业化软件，例如加拿大的CMG软件和自主研发的模拟平台（如中国石油的Hisim），目前应用的主要模型为离散化井筒模型和灵活井模型。

一、离散化井筒模型

离散化井筒模型是一个与热采组分模型全耦合的井筒模型，主要用来模拟井筒中的流体流动和热量传递，可以实现对环空流、双管注汽流动的模拟计算。离散化井筒模型将井筒作为油藏网格处理，井筒网格孔隙度初始化为1.0，流体饱和度也可以通过初始化设定。对于离散化井筒模型，最重要的是离散化井筒网格等效渗透率的求取。

离散井模型是全耦合的井筒计算模型，每段井筒（射孔）的质量及热量守恒方程与油藏方程一起求解。

1. 井筒流动

为了能够同步求解井筒及油藏方程，需要将管流方程转变成为渗流的达西方程。这就意味着，将计算多孔介质油藏的达西方程用于计算井筒的管流，井筒也就有了相应的渗流属性，例如孔隙度、渗透率等。比如，渗透率是通过将管流速度与渗流速度等效获得。

多孔介质中 x 方向速度方程为：

$$v = -\frac{KK_r}{\mu}\frac{\partial \phi}{\partial x} \tag{3-21}$$

式中　K——渗透率；

　　　K_r——相对渗透率；

　　　$\dfrac{\partial \phi}{\partial x}$——势梯度度；

　　　μ——黏度。

管流中匀速流动速度方程：

$$v^2 = \frac{r_w}{f\rho}\frac{\partial \phi}{\partial x} \tag{3-22}$$

式中 r_w——井筒半径；

f——范宁摩擦系数；

ρ——质量密度。

假定管柱中相对渗透率曲线为直线，相对渗透率值从 0 到 1，那么对单相流动 $K_r=1$，而多相流动 K_r 等于饱和度的值。对层流而言，$f=16/Re$，则：

$$Re = \frac{2v\rho r_w}{\mu} \qquad (3-23)$$

将这些值代入式（3-22）中，将得到层流模型中的渗透率：

$$K = \frac{r_w^2}{8} \qquad (3-24)$$

紊流中渗透率表达式较为复杂，取决于摩擦因子、流体黏度和密度。并可以通过式（3-21）和式（3-22）表示：

$$K = \mu \left(\frac{r_w}{\rho f} \frac{\partial x}{\partial \phi} \right)^{1/2} \frac{\partial \phi}{\partial x} \qquad (3-25)$$

渗透率在每一个时间步更新，渗透率的值将取决于流动类型和流体组成。势梯度 $\partial \phi / \partial x$ 为摩擦力、重力和黏性力之和。对于紊流，单相流动摩擦因子通过 Colebrook 方程计算：

$$\frac{1}{\sqrt{f}} = 4\ln \frac{1}{2\varepsilon} + 3.48 - 4\ln \left(1 + \frac{9.35}{2\varepsilon Re\sqrt{f}} \right) \qquad (3-26)$$

式中 ε——相对粗糙度。

当井筒内有两相流动（气—液），需要在摩阻压降中考虑持液量。持液量代表液体和气体之间有滑脱效应。持液量大小取决于流态，比如每相持液量的大小也就是每相的速率。持液量 R_g 通过 Bankoff 关系式得到：

$$\frac{1}{Y} = 1 - \frac{\rho_l}{\rho_g}\left(1 - \frac{k}{R_g}\right) \qquad (3-27)$$

关系式中参数 K 为雷诺数、弗劳德数以及流动质量空隙率 Y 的方程。k 的取值区间为 0.185~1。气相流度的变化代表液相流速与气相流速的差值，比如气相相对渗透率随着气相饱和度与空隙率 R_g 比值增大而增大。这样，管流方程中液体持液量的计算等效于多孔介质中饱和度的计算。

由于持液量关系式选择不同，可分别用于向上流动或水平流动。

2. 环空流动

在某些井中，需要同时考虑油管和环空流动。油管流动与井筒流动类似处理。对层流而言，环空内渗透率计算式如下：

$$K_{a} = \frac{1}{8}\left(r_{a}^{2} + r_{t}^{2} - \frac{r_{a}^{2} - r_{t}^{2}}{\ln\frac{r_{a}}{r_{t}}}\right) \tag{3-28}$$

式中 r_a——环空半径；

r_t——油管半径。

上述关系式也用于计算摩阻压降及气液相滑脱效应。

3. 油管—环空流动

沿着油管，在油管与环空之间只有热传导，流体从油管尾部（趾端）流入到环空中，可采用与上述同样的方程，但是计算采用的等效排液半径为：

$$r_{T} = r_t \exp\left(\frac{\alpha^2}{\alpha^2 - 1}\ln\alpha - \frac{1}{2}\right) \tag{3-29}$$

$$\alpha = \frac{r_a}{r_t} \tag{3-30}$$

4. 井筒—油藏流动

井筒与油藏网格之间采用与油藏网格之间同样的流体流动和能量交换方式，应用 Peaceman 方程来计算井筒和油藏间的传导率。

$$T_{j} = \frac{2\pi\Delta x \bar{K}}{\ln\frac{r_0}{r_K}}\left(\frac{K_{rj}}{\mu_j r_j}\right) \tag{3-31}$$

式中 r_k——井筒或环空半径。

$$\bar{K} = \sqrt{K_x K_y} \tag{3-32}$$

等效排液半径 r：

$$r_0 = 0.28\frac{\left[\left(K_z/K_y\right)^{1/2}\Delta y^2 + \left(K_y/K_z\right)^{1/2}\Delta z^2\right]}{\left(K_z/K_y\right)^{1/4} + \left(K_y/K_z\right)^{1/4}} \tag{3-33}$$

能量的流动项由对流传热和热传导组成。对流传热采用与组分流动方程同样的相传导率 T_j。而热传导的传导率为：

$$K_0 = \frac{2\pi\Delta x k}{\ln\frac{r_T}{r_k}} \tag{3-34}$$

等效排液半径：

$$r_T = 0.14\sqrt{\Delta y^2 + \Delta z^2} \tag{3-35}$$

由于所有井筒守恒方程均为隐式求解，所以每个射孔段流体的流入和流出都改变其所对应井筒段的属性。因此，离散井模型能够正确处理油藏与井筒之间的回流（窜流）[12]。

二、灵活井模拟方法

随着钻井技术的快速发展，出现了各种复杂的井，如多分支井，多管柱井，波浪井等。在数值模拟计算中，常规的源汇井模型已经不能满足模拟的需求。为了更加精确地模拟这些复杂井，采用灵活井（FLEX WELL）模型，灵活井模型与模拟器是相互独立的，同时与模拟器又是完全耦合的。

灵活井最多可以模拟环空中的3个管柱，这些管柱可以是任意方向的（垂直的、水平的、倾斜的、波状的），还可能带有分支。这些管柱可能有不同的长度，可以全部或部分隔热，沿着井身轨迹可以有不同的直径。每个管柱既可以作为生产井，也可以作为注入井。环空中可能有套管、水泥环，不同井深处有不同的直径。径向热流受壁厚、隔热层和水泥环的影响。

灵活井模型对油管长度以及油管与油藏网格结合的位置没有限制。多个油管通过环空相互影响。通常情况下，每个油管只在趾端与环空有流体交换，但是可以选择在油管的不同位置进行流体交换。油管和环空之间的径向热传导是沿着整个油管长度的。环空和油管可以根据射孔被分成多段。每个灵活井的所有液流和射孔段的方程都是同步求解的；每个灵活井方程组与其他灵活井方程组是分开求解的，并且与油藏无关。空间上，所有灵活井都通过环空—油藏流动相与油藏完全耦合。

流态是液体和气体流速的函数，可用于计算摩擦压降以及轴向和径向上的传热。用机理模型来计算压降。首先根据气体和液体流速和流动方向确定流态，然后计算摩擦压降和持液量。径向热传导速率Q是总传热系数和相邻井筒部分之间的温差之乘积。总传热系数与热阻成反比，包括：（1）油管流体；（2）油管壁；（3）环空流体；（4）环空壁；（5）油藏网格。

油管和套管的热阻取决于壁厚和金属的导热性，这在计算中都是定值。另外，流体和油藏网格的热阻取决于流体组成，这在计算中可能是变化的。油管和环空流体的热阻还取决于流速（较快的流速会造成较高的导热性），因为计算中使用了无量纲雷诺数和努塞尔数等。

灵活井模型可以处理井筒不稳定流动。每个化学组分的质量和能量都是守恒的。这对于模拟流体分离和井筒不稳定流动是必须的。

与离散井模型相比，灵活井有以下优点：

（1）能够更加灵活的处理井的轨迹。

灵活井的井轨迹可以与源汇井一样灵活，可以精确描述波浪井，而离散井不能实现纵向的跨层。

（2）灵活井井筒中可以有最多3个管柱，离散井只支持1个管柱。

（3）灵活井模型能够将井筒的数值求解与油藏网格的数值求解分开，收敛性互不影响。而离散井模型中井筒与油藏网格是完全耦合在一起的，其数值稳定性也相互关联。所以井筒计算收敛性变差时会增加整个网格的数值求解循环。

流体相动量和能量平衡方程用于计算摩擦压降及径向热流[13]。

$$-\frac{dp}{dL} = \rho_m v_m \frac{dv_m}{d_L} + \rho_m \frac{dF}{d_L} + g\rho_m \sin\theta \tag{3-36}$$

$$-\frac{dH_m}{d_L} = v_m \frac{dv_m}{d_L} + g\sin\theta - \frac{dQ}{dL} \tag{3-37}$$

式中　p——压强，Pa；
　　　L——长度，m；
　　　ρ_m——混合物密度，g/m³；
　　　v_m——混合物流速，m/s；
　　　F——摩擦损失，J/g；
　　　H——摩尔焓，J/(g·mol)；
　　　H_m——混合物焓，J/g；
　　　Q——热损失，J/g。

模型压降的计算首先根据气体和液体速度和流动方向确定流体流态，然后计算摩擦压降和液体滞留量。径向传热率 Q 是相邻的井筒部分之间的总传热系数和温度差的乘积。

每个组分的质量和能量都是守恒的。

不同组分质量守恒方程：

$$\sum \rho_p v_p m_{p,i} = B \frac{\partial}{\partial t} \left[\phi_f \sum \rho_p S_p m_{p,i} \right] \tag{3-38}$$

不同组分能量守恒方程：

$$\sum \rho_p v_p H_p + H_{p,r} = B \frac{\partial}{\partial t} \left[\phi_f \sum \rho_p S_p U_p + \phi_w U_w \right] \tag{3-39}$$

式中　ρ_p——相密度，gmol/m³；
　　　v_p——相流速，m³/s；
　　　B——段体积，m³；
　　　$m_{p,i}$——i 组分摩尔含量；
　　　S_p——相饱和度，m³/m³；
　　　H_p——相摩尔焓，J/(g·mol)；
　　　U_p——相内能，J/(g·mol)；
　　　ϕ_f——流体体积占比；
　　　U_w——管壁焓；
　　　$H_{p,r}$——单位时间流体与固相热传导晗，J/s；
　　　ϕ_w——管壁体积占比。

与空间耦合相反，时间耦合并不完全隐含，上述所有方程都不能与储层方程同时求解。相反，在耦合的非线性储层方程的每个牛顿迭代期间可完成。假设在周围储层区域（穿孔单元）中的常数条件下求解灵活井模型方程，这个周边地区仅涉及环流—储层流动条件。

在灵活井模型方程的解中，有足够的关于井筒条件的信息，可以正确处理交叉流，相分离和瞬态行为。在一些过程或井眼结构中，这些处理方法对井和储层解决方案是非常重要的。

灵活井模型中的每个流动都独立于其他流动进行处理或驱动。流动的处理条件适用于单个参考位置（流体进口、流体出口）。例如，生产井的最大蒸汽限制应用在蒸汽出口处，因此在趾部处突破并在到达脚跟之前冷凝的蒸汽不会达到限值。相比之下，相同约束的源/汇井将在趾部蒸汽突破时触发限流值。

此外，该模型还可以模拟流量控制装置（FCD），计算油管和环空之间或者环空与油藏之间的流体流动。通过定义流量控制装置的个数、大小（孔眼数）以及位置，来获得期望得到的油藏中蒸汽的分布形态。

油管与环空之间，或环空与油藏之间的流动用下面的方法计算。当下游压力和上游压力比低于临界压力比 F_p^* 时，发生临界流动。

临界流动是指，在给定的上游条件和流量控制装置下，进一步降低阀门的下游压力，质量流速不随之增加的情形。这种质量流速定义为临界质量流速。

变量 F_p^* 是当 $dq_m/dF_p=0$ 时最大可能的质量流速 [单位：kg/(s·m²)]。质量流速的计算如下：

$$q_m = \left\{ \frac{2p_{up}\rho\left[\lambda\left(1-F_p^{k-1/k}\right)+\alpha\left(1-F_p\right)\right]}{\left(f_g F_p^{-1/k}+\alpha\right)^2 - A_{dw}^2/A_{up}^2\left(f_g+\alpha\right)^2} \right\}^{0.5} \quad (3-40)$$

式中　p_{up}——上游（停滞）压力，Pa；
　　　ρ_o，ρ_w，ρ_g——油、水、气上游质量密度，kg/m³；
　　　f_o，f_w，f_g——油、水、气的质量分数；
　　　A_{dw}，A_{up}——下游、上游面积，m²；
　　　K——定压与定容的混合热容比；
　　　F_p——下游和上游压力比。

$$\alpha = \rho\left(\frac{f_o}{\rho_o}+\frac{f_w}{\rho_w}\right) \quad (3-41)$$

$$\lambda = f_g + \frac{\left(f_g c_{vg}+f_o c_{vo}+f_w c_{vw}\right)M}{ZR} \quad (3-42)$$

式中　c_{vg}，c_{vo}，c_{vw}——气、油、水在恒定体积下的比热容，J/(kg·℃)；
　　　M——摩尔质量，kg/mol；
　　　Z——压缩因子；
　　　R——气体常数。

临界体积流速计算如下：

$$q^* = AC_d q_m / \rho \tag{3-43}$$

式中　q^*——临界流速，m³/s；
　　　A——孔眼面积，m²；
　　　ρ——混合质量密度，kg/m³；
　　　C_d——无量纲排放系数。

当压力比高于临界压力时，流动变成亚临界流动，注采速率计算如下：

$$q = q^*\left[1 - \left[\left(F_p - F_p^*\right)/\left(1 - F_p^*\right)\right]^2\right]^{0.5} \tag{3-44}$$

式中　q——亚临界流速，m³/s；
　　　F_p^*——临界压力比。

对于文丘里型流量控制装置，基于文丘里赫歇尔（Venturi Herschel）型管流计算油管和环空之间的流量。

流体的质量流量计算公式：

$$q_m = KYA_2\left[2\left(\theta_1 - \theta_2\right)\rho_1\right]^{0.5} \tag{3-45}$$

其中

$$K = \frac{C_d}{\left(1-\beta^4\right)^{1/2}}$$

$$\beta = \frac{d_2}{d_1}$$

式（3-45）中膨胀系数 Y，对于液体，取值为1；对于气体，计算公式如下：

$$Y = \left\{F_p^{2/k}\left(\frac{k}{k-1}\right)\left[\frac{1-F_p^{(k-1)/k}}{1-F_p}\right]\left(\frac{1-\beta^4}{1-\beta^4 F_p^{2/k}}\right)\right\}^{0.5} \tag{3-46}$$

式中　A_2——喉道截面积，m²；
　　　θ——上游和下游位置的势，Pa；
　　　ρ——上游质量密度，kg/m³；
　　　C_d——排放系数；
　　　d——直径，m；
　　　k——定压与定容条件下的混合热容比；
　　　F_p——下游和上游的压力比。

第三节　SAGD 油藏工程优化设计

SAGD 油藏工程优化设计技术主要包括水平井段长度优化、水平井对垂向位置优化、井身结构的优化、井网井距的优化以及关键注采控制参数的优化。

一、井网井型优化设计

1. 水平井段长度优化

水平段优化设计时，主要从以下两个方面考虑：（1）沿水平段的压降；（2）对应油层厚度下的重力泄油能力和举升系统的举升能力。

1）水平井段压降的影响

SAGD 开发过程中，均匀注汽非常重要，环控压力梯度即使很小，沿整个井筒累积也比较大，会破坏泄油过程的稳定性。考虑摩擦阻力，两井对间垂距为 5m 时，注入井允许最大压降为 50kPa，那么不同的水平段长度所需的井筒直径大小见表 3–2。可以看出，水平井井段长度越长，为了将水平段压降限制在 50kPa 的范围内，保持 SAGD 操作的稳定性，所需井筒直径越大，相应的钻完井成本会增高。对于 500m 的水平井段，井筒直径应在 0.174m（7in）左右，当水平段长度达到 800m 时，井筒直径至少达到 0.232m（9in）左右。

表 3–2　不同水平井段长度下的井筒直径表

水平段长度，m	200	300	400	500	600	700	800
注入速度，t/d	132.0	197.9	263.8	329.6	395.8	461.6	527.5
井筒直径，m	0.116	0.138	0.157	0.174	0.191	0.217	0.232

2）不同水平井段长度对举升系统的要求

目前 SAGD 井所用的举升系统主要有管式泵，高温电潜泵和气举。气举适用于深层油层，一般不适合深度 600m 以浅的油井；电潜泵的排量较高，但目前的使用温度不超过 220℃，加拿大的一些 SAGD 井普遍在中后期蒸汽腔压力降低后应用电潜泵生产，排量在 150～1200m^3/d 之间。

图 3–6 是不同长度水平段在不同厚度油层下预测的高峰日产液量，结果可以看出，油层厚度越大，重力泄油的能力越大，高峰产量也越高。在相同的操作条件和举升条件下，薄油层的水平井应长一些，而厚油层的水平段应短一些。按目前国内油田有杆泵的采液能力，一般不超过 500m^3/d，因此优选水平段长度时，应该和油层条件尤其是油层厚度紧密结合，还应该和当前举生技术相结合，避免出现油藏开发潜力不能充分发挥的现象。

2. 水平井对垂向位置优化

在相同的注采条件和储层条件下井对离油藏底部越近，越能发挥重力泄油的机理，相应的油汽比越高，累计产油量越大。考虑钻井技术的影响和限制，将水平井井对布置在离油藏底部 2m 以内较好。

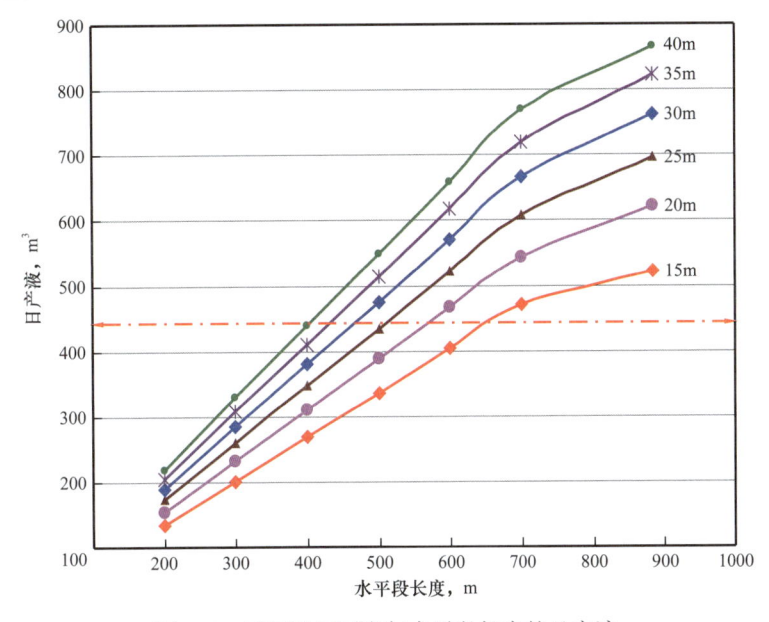

图 3-6　不同油层厚度与水平段长度的日产液

3. 上下井垂距优化

在相同的注入采出条件下，由图 3-7 可以看出，井对垂距增加，预热过程中井间区域温度变低，循环预热时间增长。井对垂距分别为 3m、4m、5m、6m、7m 和 8m 时，井对中间区域的平均温度达到 130℃所要的时间分别为 30 天、40 天、60 天、80 天、110 天和 160 天。增大垂距，循环预热时间呈指数增加，说明增加井对垂距不利于循环预热和井间热连通，增大了循环预热的成本。

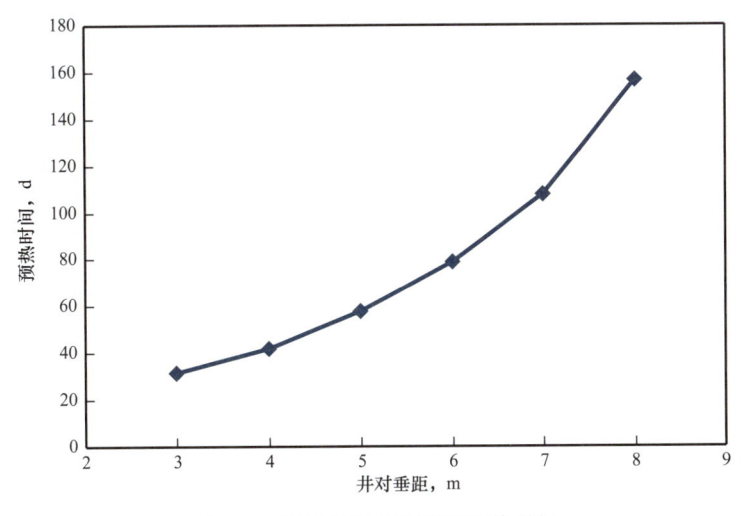

图 3-7　不同井对垂距循环预热时间

从图 3-8 中可以看出，井对垂距增加，累计产油和累积油汽比不断增加；但是垂距超过 5m 时，累计产油和油汽比都不再增加。由于 SAGD 主要靠上下井间的液面来控制生产井的产液速度和采出流体温度，两井间允许的最大液面高度为上下井间的垂距。井对垂距太小，不利于生产井的控制，一方面蒸汽容易突破到生产井，另一方面液面又容易淹没注汽井，导致蒸汽腔发育受阻。另外垂距小于4m时，生产井液面接近注汽井，蒸汽腔发育不充分，因此一般选择垂距为5m。

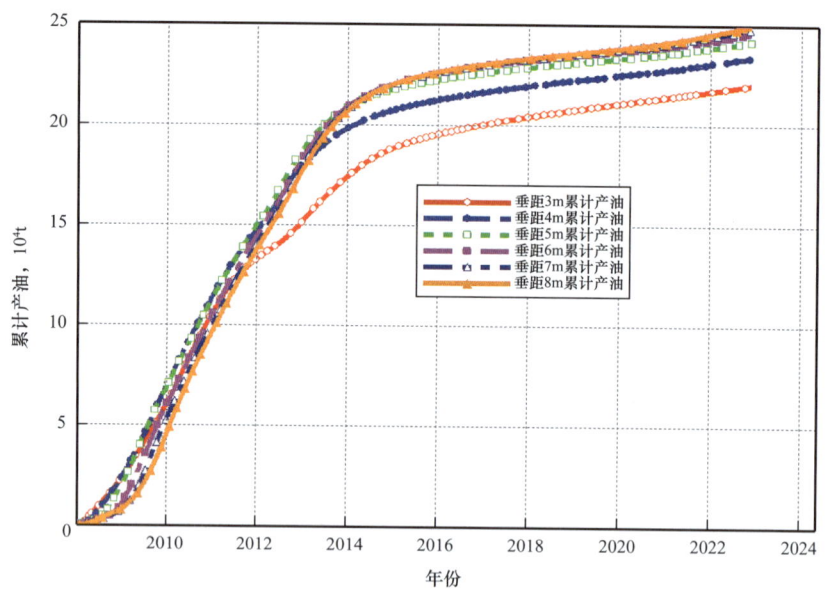

图3-8　不同井对垂距累计产油

4. SAGD井网井距优化

从表3-3可以看出，井距增大，稳产期变长，但是日产油、采收率和油汽比降低，说明井距增大，重力泄油效率降低。综合考虑，SAGD技术一般选择井距100m左右。

表3-3　不同井距开发效果表

井距 m	稳产时间 d	注汽量 10^4t	产油量 10^4m^3	日产油 m^3	油汽比	采出程度 %
80	1907	36.4	18.9	99.5	0.521	60.2
100	2380	48.8	23.5	98.6	0.485	59.2
120	2890	61.8	28.1	97.1	0.454	58.6
140	3430	76.2	32.4	94.3	0.425	57.7

在注采条件相同，井距为100m的情况下，分别对排距为40m、60m、80m和100m的情况进行对比。从图3-9可看出，排距为60m时，沿井距方向的蒸汽腔和沿排距方向的蒸汽腔基本一致；而排距达到80m时，沿排距方向的蒸汽腔发育明显滞后于沿井距方向的蒸汽腔；这说明沿排距方向的蒸汽腔最大影响范围为80m，所以排距应该不超过80m。从不同排距的开采效果可以看出，排距增加，油汽比和采收率降低，因此优选排距为60m左右。

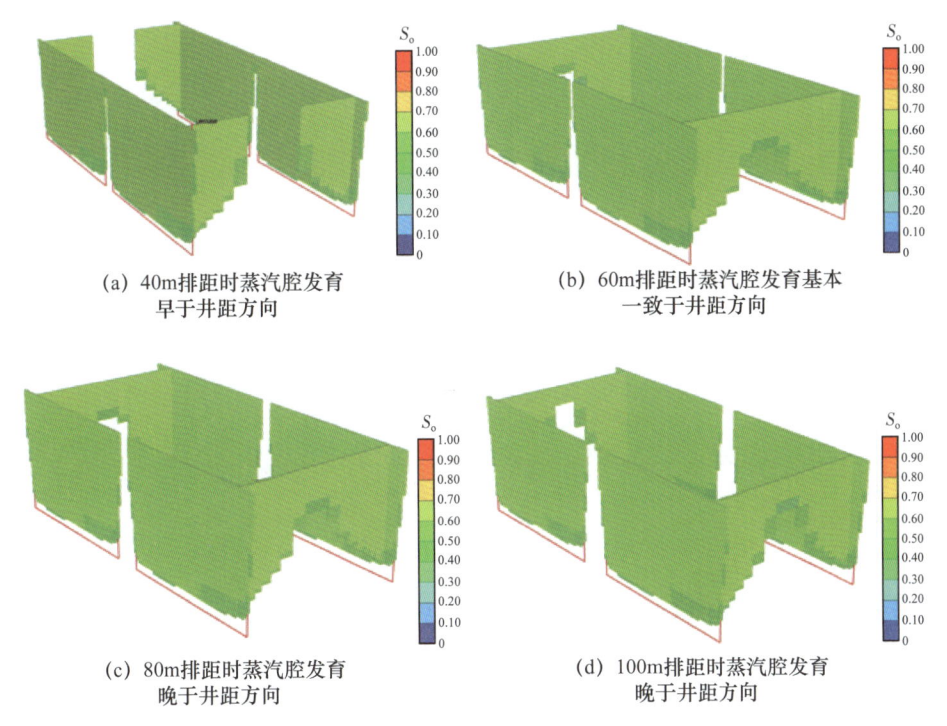

(a) 40m排距时蒸汽腔发育
早于井距方向

(b) 60m排距时蒸汽腔发育基本
一致于井距方向

(c) 80m排距时蒸汽腔发育
晚于井距方向

(d) 100m排距时蒸汽腔发育
晚于井距方向

图 3-9　不同排距时的蒸汽腔发育对比图

二、关键注采参数优化设计

1. 预热启动阶段注采参数优化

SAGD 注汽启动阶段的参数优化主要包括循环预热注汽速度、预热注汽干度、预热注汽环空压力、预热注汽压差产生时机和大小等。合理的预热循环参数一般要求环空温度快速稳定分布、井间油层加热均匀、热利用效率高。

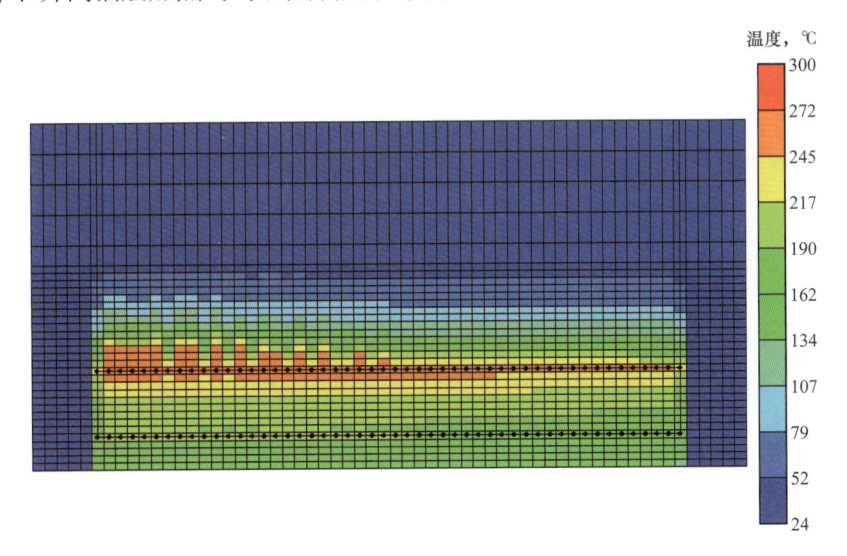

图 3-10　循环预热 100 天时温度场

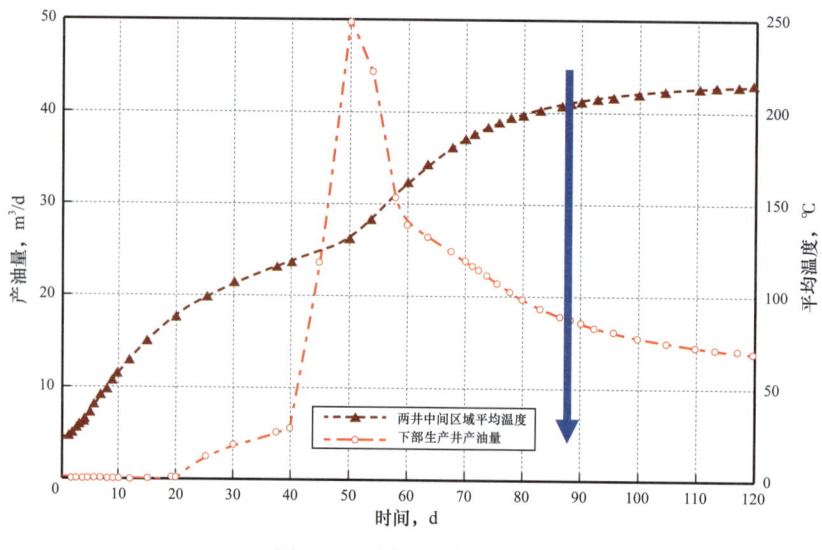

图 3-11　循环预热效果图

以新疆某油田为例，可以看出循环速度 80m³/d，循环预热环空压力 5.5MPa，预热干度 75%，预热 40 天施加 100kPa 的压差，预热 100 天时，水平井段内温度加热比较均匀（图 3-10），井中间区域温度可达 200℃左右，井间原油黏度约为 50~80mPa·s，两井中间能够充分连通，并且在井筒周围形成了一个高温可动油区，可以转入 SAGD 生产阶段。在循环预热过程中，前期蒸汽循环预热速度可以适度增大，随着井筒和储层温度的增加，可适当降低蒸汽注入速度，为了进一步提高预热均匀性，可以适当延长施加井间压差的时间，施加井间压差一般不超过 100kPa。

2. SAGD 生产阶段参数优化设计

SAGD 生产阶段的关键参数优化主要有蒸汽腔操作压力设计、蒸汽腔操作 Sub-cool 控制、注汽速度、井底蒸汽干度、采注比等关键参数。

1）蒸汽腔操作压力设计

操作压力越高，采油速度越快，生产周期越短，但是油藏加热温度高、相应注入热量高，累积油汽比低，注入相同的蒸汽量开发效率低。操作压力一般在 2.0~4.0MPa 的开发效果最好，由于国内陆相稠油油藏黏度高非均质性强，一般采用初期高压（5~6.0MPa），中后期逐步降压（2~3MPa）的操作策略，既能维持较高的上产速度，又能够充分提高热利用效率。

2）蒸汽腔 Sub-cool 控制

注汽压力为 3MPa 的条件下，分别将 Sub-cool 设定为 5℃、10℃、15℃、20℃和 25℃。可以看出，Sub-cool 越大，生产井上方的液面越高，越利于蒸汽突破的控制，但是不利于蒸汽腔的发育，相应的产油量和油汽比降低。当 Sub-cool 小于 5℃时，蒸汽腔接近生产井，容易造成蒸汽突破；当 Sub-cool 大于 15℃，排液液面界面接近注汽井，不利于蒸汽腔扩展。现场 SAGD 稳定生产阶段的 Sub-cool 一般控制在 10℃左右，实际操作过程中，可以瞄准井间的热点/窜点，将热点的 Sub-cool 降为 0℃，来尽量降低其他井段的 Sub-cool，提高整个水平段的动用程度。

3）注汽速度

注汽速度主要取决于蒸汽腔操作压力，操作压力高，注汽速度高，反之亦然，注汽速度提高，操作压力也随之提高，国内水平段长度500m左右的条件下，一般要求注汽速度达到200m³/d以上，来维持水平井筒内的热量均匀分布。从不同的注汽速度开采效果表可以看出，注汽速度低于200m³/d，蒸汽腔发育不均匀，采出速度和油汽比都较低。

4）井底蒸汽干度

分别模拟计算蒸汽干度为45%、55%、65%、75%和85%的开发效果。蒸汽干度越高，采注比越高，油汽比越高，采收率越高，所以蒸汽干度越高越好。蒸汽干度低于75%时，相应的油藏采收率和油汽比都较低，SAGD主要靠高干度蒸汽冷凝加热原油，也就是说主要靠蒸汽的潜热加热原油，因此井底蒸汽干度不应低于75%。

5）采液速度（采注比）

采注比越高，蒸汽腔体积越大，产油速度和油汽比越高，反之亦然。对于SAGD技术来说，采注比1.2左右时能取得较好的开发效果，在控制汽窜的条件下，尽可能提高采注比。

第四章 超稠油蒸汽辅助重力泄油配套工艺技术

我国稠油油藏属于陆相沉积，油层产状多为薄互层、储层物性差，具有非均质性强、油层厚度小、储层埋藏变化范围大等特点，对工艺技术要求高。本章主要从 SAGD 钻完井工艺技术、SAGD 采油工艺技术、SAGD 地面工艺技术以及 SAGD 监测工艺技术 4 个方面简要介绍超稠油蒸汽辅助重力泄油配套工艺技术，并结合国内外现场应用情况，对不同工艺适应性进行对比分析。

第一节 SAGD 钻完井工艺技术

一、钻井技术

SAGD 井是具有特殊井身结构的井网模式，SAGD 井的施工不同于一般的常规水平井[14]，在必须满足 SAGD 技术有效实施的前提下，要提高其开发效果，在地质条件、井眼控制和净化以及钻井液等方面都存在很多难点和未知因素，因此对 SAGD 井身结构的特殊要求具体如下：

（1）由于埋深浅、地层胶结松散、成岩性差、砾石含量高，工具的造斜率极不稳定，井径扩大严重，大井眼和大斜度井段携岩屑困难，油层埋藏浅、压力低、易井漏、井塌卡钻和污染，井眼轨迹控制有一定难度。

（2）为了保证蒸汽腔的稳定扩展，要求垂向误差不超过 ±0.5m，为了保证注采井间的合理距离，要求横向误差不超过 ±2m，轨迹控制的要求高。

（3）由于通常是稠油油藏，原油黏度高，要注蒸汽热采，因此存在着注汽热效率和完井管柱受热应力破坏等问题。

（4）由于地层松散，一旦下钻遇阻划眼，很容易划出新井眼，而且上部很容易出现大肚子井眼，对固井质量影响很大。

（5）由于井较浅，而且钻进速度非常快，这就对钻井液的携岩屑性能提出了很高的要求，一旦井眼净化不好或净化不及时，易形成岩屑床而造成沉砂卡钻。

1. 井眼轨迹控制技术[15-16]

1）井身参数随钻实时测量

直井段钻进主要以防斜打直为目的，因此每钻进 50m 用 R 型单点测斜仪吊测 1 次；造斜段和水平段全部使用 MWD 无线随钻测量系统进行井眼轨迹的定向监测和数据跟踪，每个单根取值 1 次，以便及时掌握井斜、方位及工具面变化；全井段采用 ESS 电子多点测斜仪进行数据校核。

2）实钻井眼走向预测

采用螺杆钻具组合造斜时，测点距井底有13m的距离，必须对井底走向进行预测。利用曲率补偿预测模型，选取靠近井底的3个测点，计算2个测段的曲率变化，对曲率模型进行修正，用后2个测点进行外推时，可以把最后测点处预测值与实测值的偏差作为一种补偿，即认为井眼轨迹具有这种连续变化的趋势，从而预测井底井斜角和方位角。

3）对预测点进行待钻井眼设计

在造斜段，以入靶点为目标点进行待钻井眼设计，水平段则以期望纵向误差、横向误差为目标进行待钻井眼预测设计；最后根据设计结果评价钻具组合造斜能力及确定工具面摆放大小，采用比设计造斜率高为10%～20%的导向钻具组合进行定向造斜，复合钻井方式稳斜或微增（降）斜钻进一段后，再次滑动钻进。

2. 水平井井眼净化技术[17]

在水平井的实际施工中，主要采取提高钻井液的携砂能力、防止岩屑床形成及尽可能破坏岩屑床来改善井眼的净化状况和提高钻井液清洗钻屑的效果。

首先，要改善钻井液性能。（1）选用合适的钻井液类型。（2）合理的钻井液性能设计。通常，在同一口井中，某一井段中的最优井眼净化参数不一定适用于另一井段。但是为获得最佳井眼净化效果，充分考虑了使全井最关键井段的井眼净化效果最好。（3）在井眼稳定性和其他方面允许的情况下，尽可能提高钻井液密度，以增加钻井液悬浮钻屑的能力。（4）加入包括怀俄明土、某些聚合物增稠剂和一些不同的絮凝剂在内的钻井液添加剂来提高钻井液的静切力和凝胶强度，以改善层流条件下井眼净化能力。（5）保持恰当的钻井液流变性。强化固控设备保证四级净化，确保固控设备的使用率，降低钻屑固相含量，以利于钻井液流变性的控制。

其次，要注重提高钻井液在环空中的流速和剪切速率。提高环空返速会增加井口或钻井液中岩屑的体积分数，从而提高井眼净化效果和减小岩屑床厚度。增大泵排量和钻具外径能提高钻井液在环空中的流速和剪切速率。

最后，在不同井斜角的井段采用不同的钻井液流态。在井斜角低于45°的井段和冲蚀敏感性地层中，使钻井液在井眼环空内保持层流状态，并尽可能提高钻井液的屈服值，从而使钻井液的井眼清洁效果最佳。在井斜角为55°～90°的井段和坚硬地层中，采用紊流状态下的低黏度钻井液钻进，可保持井眼清洁。

防止岩屑床的形成和尽可能破坏岩屑床：（1）降低钻进速度，大排量充分循环钻井液，用好固控设备，尽可能使井眼内的钻井液保持干净，控制钻井液内的岩屑等固相体积分数。（2）在井眼轨迹允许前提下，尽量采用复合钻井方式（旋转、上下活动钻具），以利于岩屑颗粒在钻井液中的悬浮和钻井液携砂。每钻完1根都要循环一段时间，每钻5～7根单根短起下钻150～200m，在起下钻前都要进行短起下钻，在遇阻（卡）井段要多上下大幅度活动钻具。

3. 磁导向钻井技术

为保证SAGD技术开采效果，要求双水平井水平段垂向距离控制在5m±0.5m、水平偏移距离控制在±2m以内，当前常规测量仪器，如MWD、陀螺仪等因测量累计误差大，无法满足SAGD成对水平井井眼轨迹精确控制的要求，因此磁定位系统是解决这一问题的关键装备。中国石油研制的具有自主知识产权的 XZ-RMS 成对水平井磁定位系统，巧妙运用随钻头旋转的磁体产生的周期性旋转磁场，由生产井内的磁场探测器测量并将数据传输至地面，通过软件动态计算，显示两井井眼相对空间的精确距离，实时指导注汽井井眼轨迹的控制。系统由永久磁场发生源、三轴磁场探测仪、数据传输系统及地面数据解码软件 4 部分组成，具有静态测量、动态跟踪、套管内磁导向、偏移角实时追踪等特点，测量距离 3~25m，测量误差≤5%，总体性能达到国际先进水平。

在钻 SAGD 双水平井时，通常先钻下部的水平生产井，在上部注汽井中随钻头下入磁性短节（磁源），在生产井中下入探测器，探测器采集测量的三轴磁场信号和加速度数据实时传输到地面软件系统，计算得到磁源与探测器间的距离、偏移角，从而得到注入井（正钻井）井眼当前姿态和位置并指导待钻轨迹的精确控制（图 4-1）。

图 4-1 磁导向技术钻井示意图

二、完井技术

1. 完井管柱结构

SAGD 井管柱结构采用双管结构，但注汽井和生产井的管柱结构会有所不同，典型注汽井管柱结构如图 4-2 所示，长管采用 $2\frac{7}{8}$in 内接箍油管，短管采用 $2\frac{3}{8}$in 内接箍油管。典型生产井管柱结构如图 4-3 所示，生产井中一般提前下入注采两泵，循环时，长管注汽短管采液，转生产时，为减少汽窜的影响，会加入尾管（图 4-3）[18]。采用该管柱结构进行生产，优点是油井自喷结束后，可以直接转机抽生产，中途不需修井作业；缺点是由于泵下接尾管太长，原油在尾管内流动时延程阻力损失大，上冲程时活塞上行速度可能快于尾管内原油流动速度，油井泵效较低。

2. 注采管柱适应性分析

（1）高干度注汽是 SAGD 成功的关键，注汽系统设计要求满足井口注入蒸汽干度≥95%。

（2）注汽井、生产井均采用双管柱完井，如图 4-4 所示，一根短注汽管柱的出口设置在水平段的脚跟处，另外一根长注汽管柱的出口端在水平段的脚尖处。循环预热时，蒸汽由长管柱注入，从短管柱返回，SAGD 注汽阶段，采用双油管同时注汽。双管平行井身结构更有利于热循环的进行，大大缩短循环预热时间，此外，注汽时还有利于蒸汽腔的均匀发育。长管柱需用隔热油管。

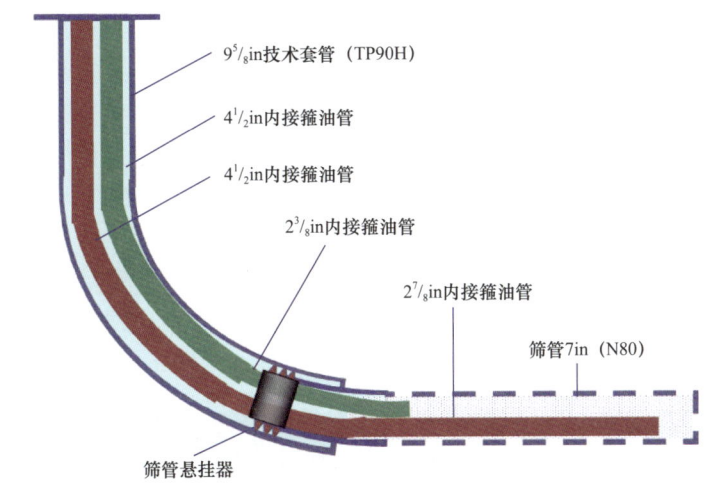

图 4-2 典型 SAGD 水平注汽井管柱结构示意图

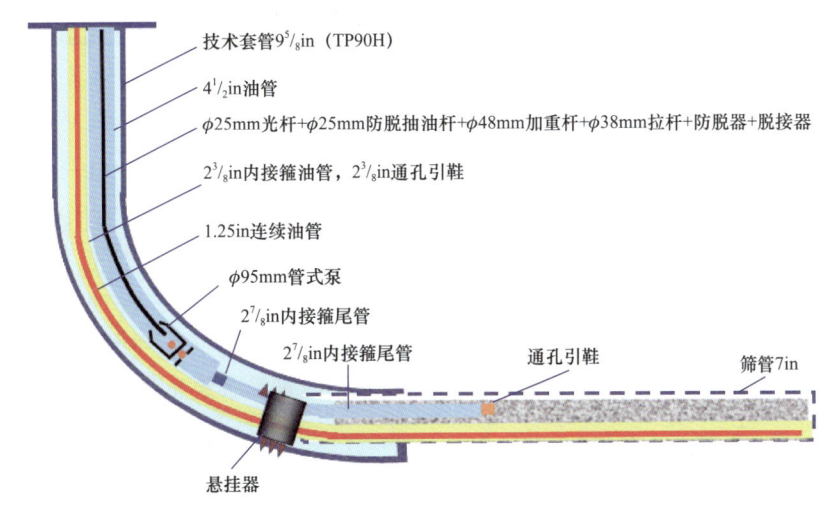

图 4-3 典型 SAGD 水平生产井管柱结构（下尾管）示意图

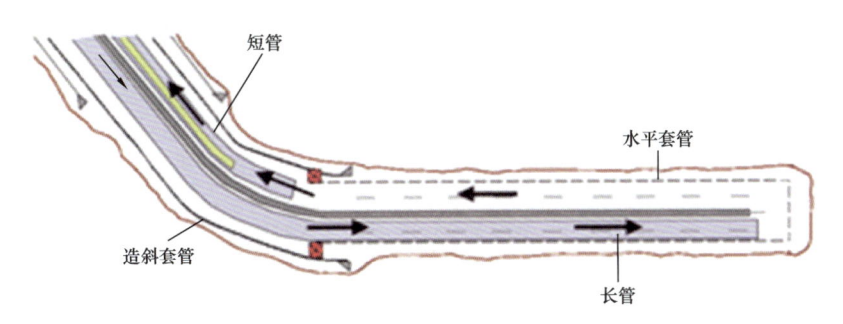

图 4-4 双管柱完井示意图

（3）隔热管柱耐温 300℃、耐压 15MPa，使用寿命 15 年以上。

（4）注汽井要严格等干度分配，并保证准确计量流量。

（5）举升系统要满足高温、高排液量需求，预计单水平井排液量在 150～500m³/d，预测蒸汽腔压力 2.5～3.5MPa，温度 224～242℃，生产井井底温度 185～220℃，产出液温度在 160~180℃；举升泵要求安装到倾角 40°~60° 处，距井底垂直深度 20~100m。建议泵选型时，泵效按 50% 计算。

（6）由于产出液温度较高，要保证泵筒内热水不闪蒸，必须控制油井井口回压，其压力控制值与油井产出液的温度相关，即井口控制回压大于井口温度此时所对应的饱和水蒸气压力 0.05~0.1MPa，高温产出液进入地面密闭集输系统进行处理。

（7）SAGD 的生产井要求安装双管柱井口，井口装置包括两个通道，一个通道可以悬挂 4.5in 油管，安装井下泵；另一个通道可安装 1.9in 导管和井下测温、测压装置。

因为油砂油藏埋深浅，地层松散胶结差，生产中有出砂的问题，而且还要注汽热采，考虑用割缝筛管，上部用液压式悬挂器坐封在技术套管上（图 4-5）。

图 4-5 SAGD 水平井完井示意图

割缝筛管完井方式是当前中半径水平井的主要完井方式之一。该完井方式既起到裸眼完井的作用，又防止了裸眼井壁坍塌堵塞井筒，同时在一定程度上具有防砂的作用，其防砂机理是允许被原油携带至地面中的细小砂粒通过，而把较大的砂粒阻挡在筛管外面，大砂粒在筛管外形成砂桥，进而实现防砂的目的。由于砂桥处流速较高，小砂粒不能停留在其中。砂粒的这种自然分选使砂桥具有较好的流通能力，同时又起到保护井壁骨架砂的作用。选择筛管种类的原则是根据产液量的要求，在保证筛管强度的前提下，尽量增加筛管的流通面积。

第二节　SAGD 采油工艺技术

可应用于 SAGD 采油工艺技术主要有气举、电潜泵、有杆泵、双作用泵和水力泵。气举是最早采用的举升方式，但是随着低压生产的提出，电潜泵越来越受到人们的广泛关注，并且开始了大量的现场试验和商业开发。表 4-1 列出了几种适应于 SAGD 举升方式的优缺点对比[19]。

表 4-1　适应于 SAGD 举升方式对比表

举升方式	优点	缺点
气举	排量大，耐高温，降低水力静压梯度，降低流体黏度	对生产速度控制不够灵活，井口流动气/汽液比高，不易于计量流速，产出乳化液处理困难
电潜泵	中高温操作（250℃），地面设施简单，排量大，低压生产，生产控制灵活（变速驱动装置），投资成本适中	温度出砂适应性差，修井作业频繁，气锁，寿命短

续表

举升方式	优点	缺点
有杆泵	耐高温，地面设施简单，成本低	排量小，偏磨，出砂影响大
双作用泵	排量大，适应于多相举升，低剪切	出砂影响大，新兴技术（不成熟）
水力泵	耐高温，使用动力液，避免了温度对电动机的限制	投资成本高，地面设施复杂，当气/汽油比较高时，影响大

一、有杆泵采油

有杆泵为细长圆柱体，内部有固定和可移动元件。有杆泵运行如图4-6所示。泵下入井的油管内，主要目的是从井下吸入流体并将其提升到地面。在下冲程时，游动阀打开并使游动阀组件被推到泵筒的底部。在上冲程中，游动阀关闭，使流体被举升到地面并充满泵筒以进行下一次冲程。

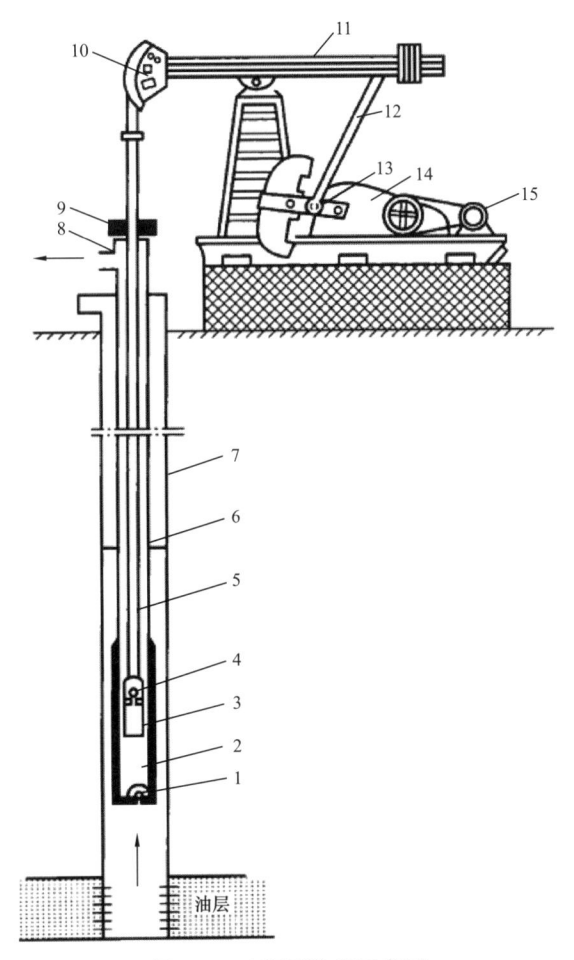

图4-6 有杆泵装置示意图

1—吸入阀；2—泵筒；3—柱塞；4—排出阀；5—抽油杆；6—油管；7—套管；8—三通；9—盘根盒；10—驴头；11—游梁；12—连杆；13—曲柄；14—减速箱；15—动力机（电动机）

产量由以下公式计算：

$$产量 = 冲次 \times 有杆泵柱塞面积 \times 冲程$$

其中冲次单位为次/min。

在重油中，根据泵的型号，冲程长度可达240～300in，井筒直径取决于管式泵（放置在管道末端）或杆式泵（可通过油管起出），一般尺寸范围为3.25～4.75in。冲次在很大程度上取决于流体的黏度，并且通常是稠油举升系统的流体速率限制之一。如果泵运行得太快，则杆柱可能会"浮动"，或者进入压缩状态，导致过快故障。重油的典型冲程速度为5～8冲/min。

有杆泵的一般特征如下。

（1）优点：

① 可处理高温（350℃）；

② 坚固且易于控制；

③ 相对于采购初始地面设备，替换井下泵相对便宜。

（2）缺点：

① 由于黏性流体的冲次限制使产量受限；

② 低进气压力下的气锁；

③ 大型地面设备；

④ 斜井适应性差。

二、金属螺杆泵采油

螺杆泵是正排量泵，目前主要在国外加拿大SAGD项目中应用较多，国内近年来也开展了试验。螺杆泵是由螺旋钢转子和具有由合成弹性体材料形成的双内螺旋的定子组成，连接在钢管壳体。在热采工艺中，通过液压成型制造金属定子。定子进入生产井油管底部，而转子连接到杆柱的底部。通过液压或直接驱动系统将杆串在表面上的旋转导致转子在井下的固定定子内旋转，使流体流到地面。该速率与泵速度成比例，最高可达500r/min。螺杆泵采油系统原理图如图4-7所示。

对于金属螺杆泵，定子完全是金属的，因此能够承受非常高的温度。如图4-8所示，通过液压成型制造金属螺旋型材。定子由9ft长的焊接在一起的3个元件组成。这里转子以正间隙配合定子。涂层具有耐高温和耐磨性能，但转子用作磨损元件。

金属螺杆泵的其他一般特征如下。

（1）优点：

① 可处理高温（350℃）；

② 成本适中，只需更换转子；

③ 在初始启动期间和长时间关机后，可处理大范围黏度的流体；

④ 可处理低注入压力；

⑤ 低剪切速率，易于处理乳状液；

⑥ 可以与循环预热一体化操作。

（2）缺点：

① 由于空腔之间的滑动和低体积率而导致的速率受限，更有效率的模型正在开发中；

② 在斜井中长时间运行时需要控制弯曲度（＜8°/30m）；
③ 新的技术缺少足够的运行数据。

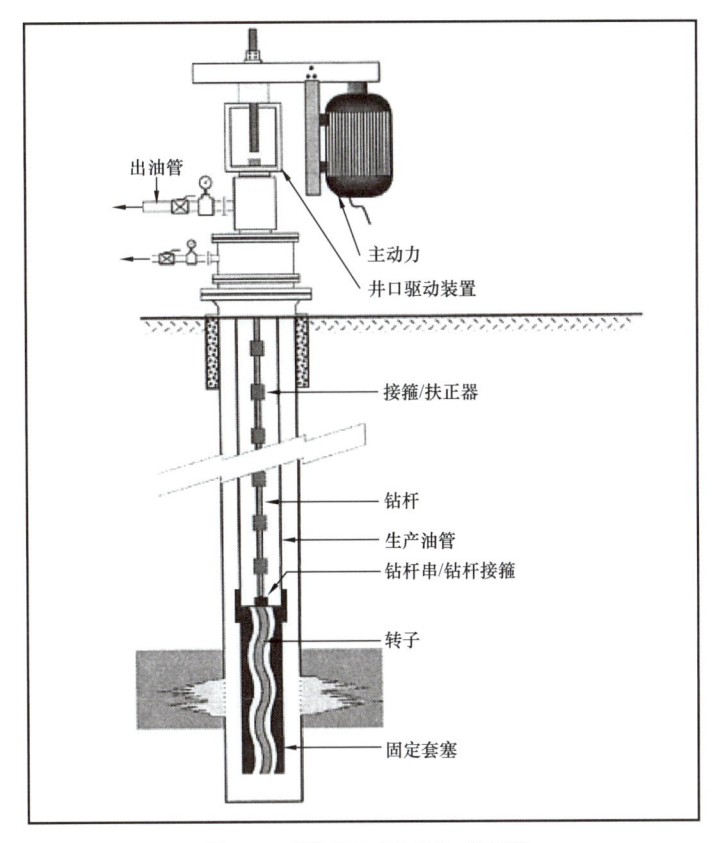

图 4-7　螺杆泵采油系统原理图

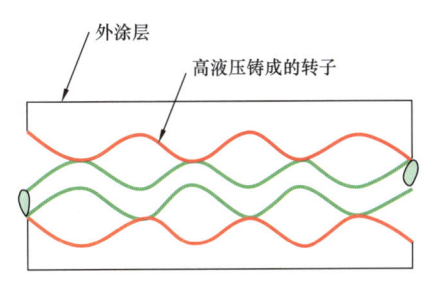

图 4-8　金属螺杆泵采油原理

三、电潜泵采油

电潜泵系统（ESP），采用离心泵技术，如图 4-9 所示。连接着长电动马达的泵由几个叶轮或叶片组成，可使流体在井内流动。整个系统安装在油管柱的底部。电缆在整个井内，将泵连接到地面电源。电潜泵通过叶轮在泵轴上（达 3600r/min）旋转，应用人工举升，利用离心力将周围的流体泵至地面[20]。

SAGD 行业的主要电潜泵采油供应商是斯伦贝谢公司、贝克休斯公司和哈里伯顿公司。电潜泵一般特征如下。

（1）优点：
① 可处理很高的流体流速；
② 易于控制且地面设备小；
③ 适用于倾斜井。

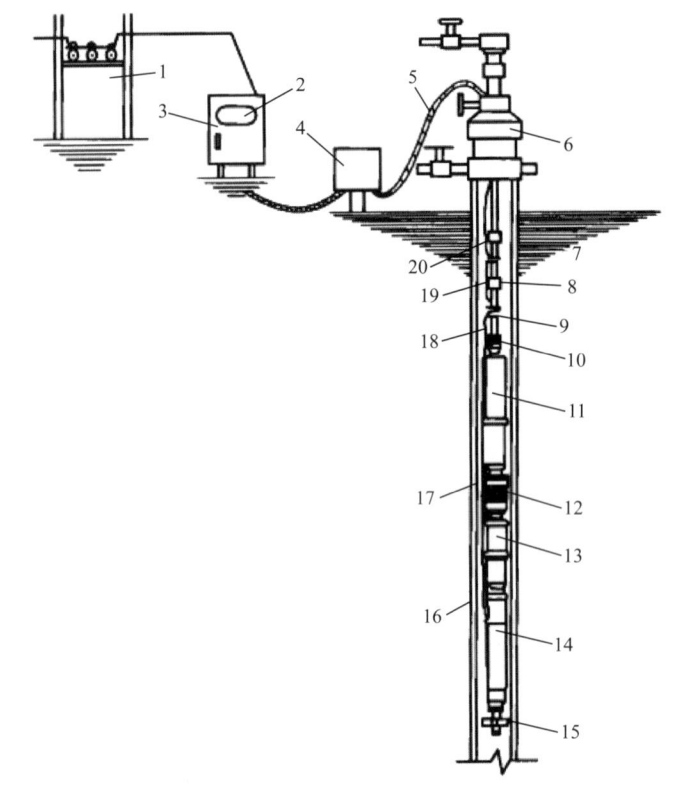

图4-9 电潜泵采油装置示意图

1—变压器组；2—电流表；3—配电盘；4—接线盒；5—地面电缆；6—井口装置；7—溢流网；8—单流阀；9—油管；10—泵头；11—多级离心泵；12—吸入口；13—保护器；14—电动机；15—扶正器；16—套管；17—电缆护罩；18，20—电缆；19—电缆接头

（2）缺点：
① 目前的温度限值为250℃（相当于4MPa），能够承受更高温度的模型正在研究测试；
② 电气绝缘寿命在额定温度以上每增加10℃减少一半；
③ 相对其他举升方式花费较高；
④ 预热循环后，需重新进行换泵作业。

1. SAGD井中采用ESP面临的挑战

众所周知，在较高温度条件下操作常规电潜泵将导致过早的故障。到目前为止，传统的电潜泵安装在注水井或相当浅的油井中时，世界各地都有非常好的运行寿命记录。然而，运行寿命和性能在井下温度（BHT）高于150℃，并且有高温水蒸气存在时，其性能将会严重降低。

SAGD井安装电潜泵受到以下挑战：高温、蒸汽闪蒸（与进气压力和温度关系相关）、温度波动、井眼轨迹偏差、高含水。

1）高温条件

井底温度较高的井运行的电潜泵具有许多工程挑战。在更高的工作温度下，必须考虑电潜泵系统中使用的各种材料的热膨胀。在这些较高的工作温度下，机油必须能够保持其介电强度和润滑性能。在常规电潜泵系统中使用的橡胶可能变得非常脆，并失去其性能。电缆和电磁线的绝缘材料也容易发生较高的退化并降低速度，造成设备运行寿命缩短的风险。谐波也是一个问题，因为这会影响电缆、电线终端和电动机。

电动机引线延长部分必须能承受所举升液体的温度，加上由设备产生的热量引起的温度升高。电动机将使围绕电缆的流体加热到进气口的上部。导体在电动机连接中也会发生升温。保护器将引起与泵推力负载相关的加热，电动机引线延伸也将受到泵引起的热量影响。

2）井下作业条件——压力和温度

离心泵的性能受到进入泵的流体中自由气体含量的影响。存在于第一级叶轮（前几级）中的游离气体占据可用空间并限制泵的体积效率。结果是由于泵性能的降低，产量下降。事实上，如果叶轮完全充满气体，泵将停止生产，这种现象通常称为气锁的情况。

当泵入口处估计的自由气体高于相应的级式处理的极限时，应使用气体分离器。

SAGD应用中生产的稠油含有少量的气体。如果泵入口压力低于井底温度下的饱和压力，井底条件下的液态水将会变成蒸汽。虽然水蒸气在井底条件下不像自由气体一样，但是水蒸气对泵的影响与气体的作用相似，会产生气体干扰或气体锁定。因此，要重点考虑井下条件避免液态水闪蒸成蒸汽，影响电潜泵性能。

图4-10中的图给出了具有等压线（恒压线）的蒸汽温度特定体积图。蓝色线表示饱和液体曲线；红色线表示饱和蒸汽曲线。两个曲线（饱和液体和饱和蒸汽）相交的点称为临界点。饱和液体曲线（蓝色）左侧的区域称为过冷液体区域，饱和蒸汽曲线（红色）右侧的区域称为过热蒸汽，绿色线表示等压线。

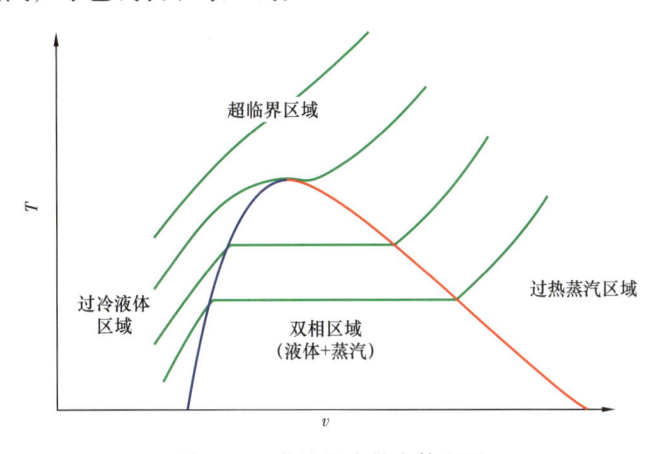

图4-10 蒸汽温度特定体积图

过冷液体区域也称为单相液体区域。两相区域（液体和蒸汽）由左侧的饱和液体线和右侧的饱和蒸汽界定。图4-11显示了蒸汽温度—压力关系，曲线左侧的区域表示过冷液体区域，曲线右侧是液体和气体共存的两相区域。

由于泵性能受到泵入口处气体或蒸汽的影响，井下作业条件应保证流体在单相液体区域（过冷液体）。例如，如果典型的井眼温度为210℃，相应的饱和压力为1.9MPa。使用安全系数确保水保持过冷。该安全系数低于泵入口压力下的液体饱和温度为 5~10℃，这意味着泵的进气压力必须在 2.1~2.3MPa 之间。

实际上，典型的电潜泵依赖于过冷温度监控和控制。因此，实时监测井下压力和温度条件非常重要。井下温度通常使用光纤技术和热电偶进行测量，井下压力使用气泡管以及电气谐振隔膜（ERD）工具技术测量。

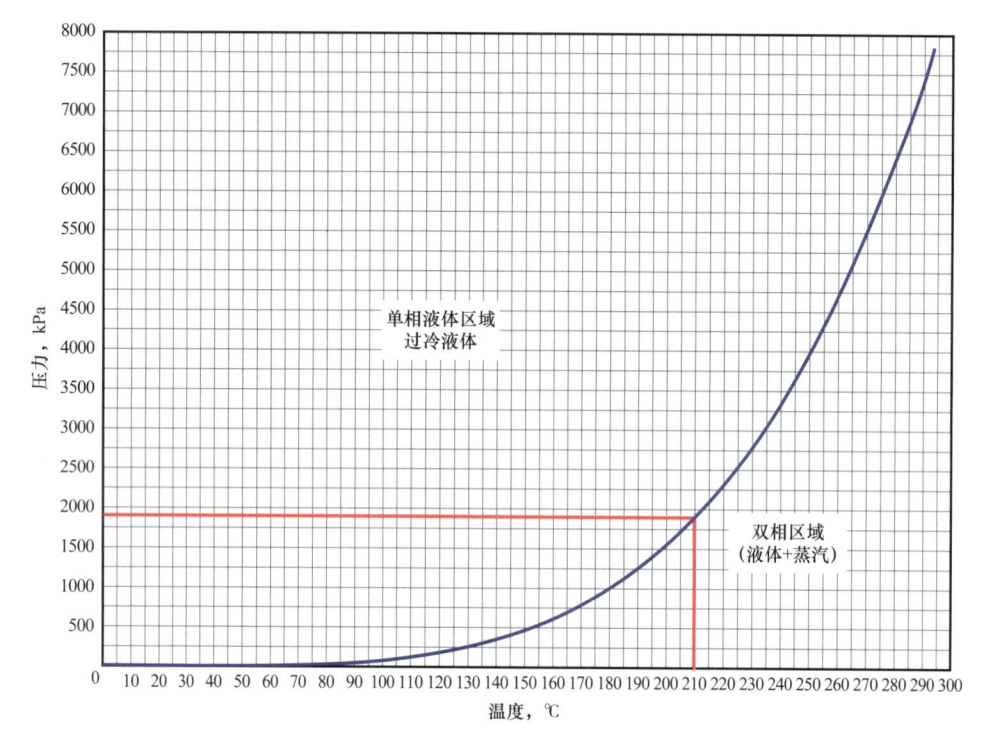

图 4-11 蒸汽温度与压力关系

2. 电潜泵的应用前景

电潜泵的性能证明了它是 SAGD 生产井非常有前景的举升技术。该技术的灵活性和稳定性较好，当电潜泵安装在井中时，中途井下作业后，采用电潜泵，产量恢复更快。更稳定可靠的生产和更容易的流量控制也是电潜泵在井中具有的优势。

电潜泵可将蒸汽腔的操作压力显著降低，提高油汽比，降低蒸汽耗量，进而提高经济效益。加拿大 SAGD 项目中通过应用电潜泵技术后，一些生产井的油汽比提高到 0.5 以上，展示了其良好的应用前景，目前，国外已大规模地将电潜泵设计并应用在 SAGD 技术中，但国内在电潜泵耐高温核心组件方面还有较大的差距，仍需进行试验和加强现场应用。

四、气举采油技术

气举采油技术是将气体（通常为甲烷）注入井眼中以降低流体的静水梯度，利用储层压力将流体举升到地面[21]。该过程如图 4-12 所示。

由于流体梯度的敏感性和蒸汽在管中气举效应的影响，对于热采井的气举设计比较复杂。大多数气举设计程序由于无法解释蒸汽影响效应，因此可能会过度预测克服梯度所需的气体量。许多用于热采工艺的气举系统由于用于密封心轴中阀的弹性环的温度限制，不使用传统的井下气举阀或阻塞装置。相反，提升气体在与生产管道同心配置的情况下通过穿孔管道或开口管道进入生产流程，而无环形隔离。类似地，由于弹性体的温度限制，封隔器不会放置在环形空间中。

受早期其他举升技术的高温局限性，国外很多SAGD项目（诸如Sunsor公司的MacKay River项目、Cenovus公司的Christina Lake项目、ConocoPhillips公司的Surmont项目、Nexen公司的Long Lake项目等）的井，很早就开始应用气举技术，气举工艺是早期唯一可行可选择的有效技术，同时，流体速率和温度超过现有常规泵的限制。使用气体举升在循环阶段之后，不需要执行换泵作业。气体举升工艺往往在较高的油藏压力和温度下运行（图4-11），这也利于举升率的提高。

气体举升技术的特征如下：

（1）优点：

① 高压气体运行成本低；

② 管道和喷嘴的成本低；

③ 可处理高温、高流速。

（2）缺点：

① 难以控制段塞流；

② 不适用于低压操作；

③ 为处理气体需在中央处理设施上花费更多。

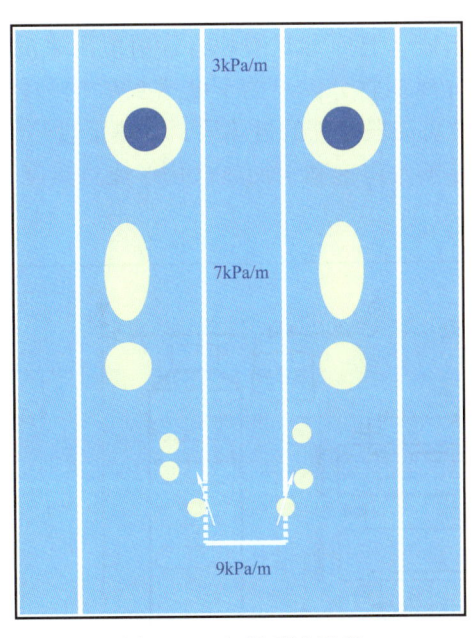

图4-12 气举采油原理

SAGD项目中气举过程中需要重点考虑油藏流体间歇流动，即一段时间流体主要是沥青，一段时间主要是水，再有一段时间又是沥青和水的混合物，这会导致黏度比变化范围大，同时还有液液或气液滑脱、不稳定和间歇性涌水等问题存在。国内目前在SAGD项目中，并没有应用气举技术，国外在SAGD生产中后期，一般会将气举采油转为有杆泵或者电潜泵举升技术。

第三节 SAGD 地面工艺技术

一、高干度锅炉技术

国内稠油油藏具有储层埋藏变化范围大、原油黏度高、地层能量低的特点，开发难度比较大。针对常规湿蒸汽携带热量低、沿程热量损失大等诸多缺点，采用过热注汽锅炉所生产的高压过热蒸汽注入油井，可提高蒸汽热利用效率，有效加热油层中的原油以降低稠油的黏度，增加稠油的流动性，能够极大地提高稠油的采收率。

高干度/过热蒸汽发生方面，目前比较成熟的有直流过热锅炉蒸汽发生技术和分段蒸发式循环流化床蒸汽发生技术。

1. 直流过热锅炉蒸汽发生技术

直流过热锅炉是为了生产过热蒸汽研发出的新设备，该技术在湿蒸汽注汽锅炉的基础上增加了"汽水分离器、蒸汽过热器、汽水掺混器、喷水减温器"等设备，有效防止了锅炉提高干度过程中的受热面结盐，实现了注汽锅炉回用净化采出水生产过热蒸汽，蒸汽过热度30℃。

工作原理：锅炉由辐射段、过渡段、对流段、过热段、分离掺混系统及辅机设备（包括：燃烧器、给水泵等）组成。其原理是锅炉将辐射段出来的75%干度的湿饱和蒸汽通过分离器进行汽水分离，分离后将分离出的干度达99%饱和蒸汽与含盐的饱和水分成两路，其中饱和蒸汽输入锅炉对流段底部的过热段，加热至过热后进入掺混器，与分离出的饱和水进行混合，利用过热蒸汽将饱和水加热汽化形成过热度5～30℃过热蒸汽。流程如图4-13所示。

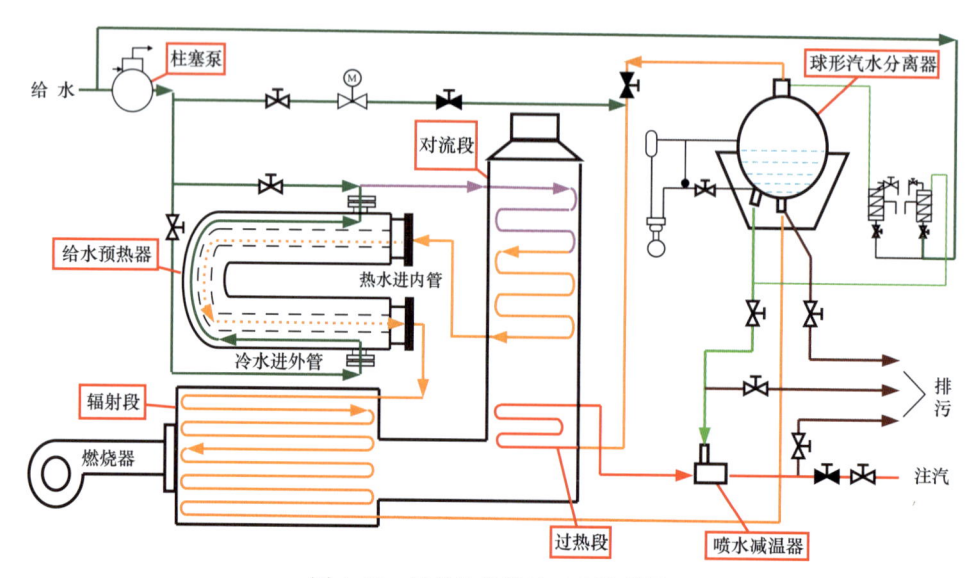

图4-13 过热注汽锅炉工艺流程图

2. 分段蒸发式循环流化床注汽技术

通过对锅炉汽水循环方式及防腐技术进行研究，采用130t/h循环流化床注汽锅炉生产过热蒸汽锅炉采用分段蒸发技术，锅炉出口蒸汽过热10～30℃。该种锅炉是为了适应燃料结构调整而研发的，燃煤循环流化床注汽锅炉的推广，既降低了稠油生产成本，也适当缓解了天然气供不应求的局面。该锅炉通过使用分段蒸发技术，实现了净化水的回用，解决了稠油采出水回用汽包注汽锅炉的问题。锅炉给水矿化度2000mg/L，远超电站锅炉给水标准的0.18mg/L。燃煤循环流化床注汽锅炉原理示意如图4-14所示。

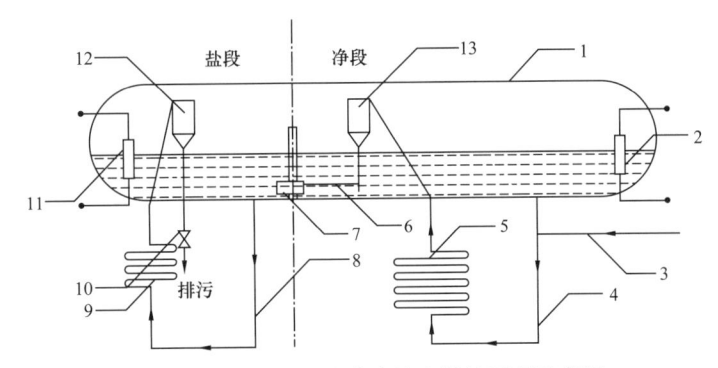

图4-14 燃煤循环流化床注汽锅炉原理示意图

1—汽包；2—净段液位计；3—自省煤器给水；4—净段下降管；5—锅炉炉膛上升管；6—净段排污；7—净段—盐段隔板和联通阀；8—盐段下降管；9—盐段蒸发受热面；10—盐段排污阀；11—盐段液位计；12—盐段汽水分离装置；13—净段汽水分离装置

二、等干度蒸汽测量分配技术

由于蒸汽是一种特殊的高温高压汽/水状态，目前的等干度计量蒸汽分配技术仍不成熟，当前主要探索了以下4种集中测量分配技术。

1. 声波测量法

声波测量法是根据声波在气/液两相流混合物中的传播速度明显小于纯液体或气体中的传播速度，并且气/液两相流中相应含量不同会引起声速的变化这一原理实现蒸汽干度计量。由于水和水蒸气的声速都会随温度和压力的变化而变化，因此，在工程应用中影响因素较多，计量误差较大。

2. 微波测量法

微波测量法是根据谐振腔内介质介电常数的变化会使腔内谐振频率发生变化来测量蒸汽干度的。由于湿蒸汽是气液两相混合物，并存在相变，当湿蒸汽经过微波谐振腔时，会导致介电常数发生变化，谐振腔就会受到微扰，频率发生偏移，一定压力或温度下，湿蒸汽介电常数与干度有关，进而确定蒸汽干度。在实际工业中，流体温度、压力的升高均会对该方法有较大影响，因此该方法对微波频率以及校准要求较高，但目前也有发电厂应用蒸汽管线中蒸汽干度测量。

3. 光学测量法

光学测量法是基于光的散射原理——光透过含有细微颗粒的均匀介质时，一部分光产生散射现象，另一部分光被颗粒吸收。该方法主要分为角散射法和全散射法两种。该方法对测量环境较为苛刻，必须保证光学窗口洁净，且还要耐温承压，这一点实际工业应用中很难满足。

4. 中子密度计测量法

中子密度计量法是将测量流量的装置与中子密度计相结合，来测量蒸汽干度的一种方法。利用减速器中心的快中子源来用于产生中子，产生的中子通过减速器进行减速，此过程中中子的动能转为热能，再通过准直器的作用，热中子准直地射向蒸汽管段。蒸汽管段壁是由中子能完全穿透的管壁材料构成，中子经过汽液混合物后，一些中子被吸收，还有一些被散射，传输出来的中子被探测器记录。最终，根据记录中子情况实现气液混合物干度的测量。虽然中子密度计测量方法便捷，但是造价非常昂贵，而且不能实时在线测量。

三、地面高温流体处理技术

对于 SAGD 开发技术来说，有效供应高质量蒸汽是保证 SAGD 高效开发的基础，在目前严格的节能环保政策下，有效循环利用 SAGD 开发过程中产生的高温热水尤为重要，因此需要发展高温热污水处理技术，MVC（Mechanical Vapor Compression）污水处理技术是一种比较有效的节能技术。

地面高温流体处理技术主要包括 SAGD 高温采出液油水分离技术和污水处理回用技术。

1. 高温采出液油水分离技术

SAGD 采出液和常规吞吐开发采出液相比，基本物性、油水乳化特性、脱水机理等方面都存在较大差异，油水分离困难。

结合 SAGD 采出液特点，提出"破胶失稳＋破乳脱水"的两段处理工艺，解决了 SAGD 采出液油水分离的难题。同时，通过室内实验，确定原油黏度和油水密度差的温度平衡点，通过控制各节点的换热温度达到最优的脱水温度，配合研发的适用于 SAGD 采出液的耐高温预脱水剂和高效正相脱水剂，实现了超稠油 4h 内脱水（含水＜1.5%）。典型脱水工艺流程如图 4-15 所示。

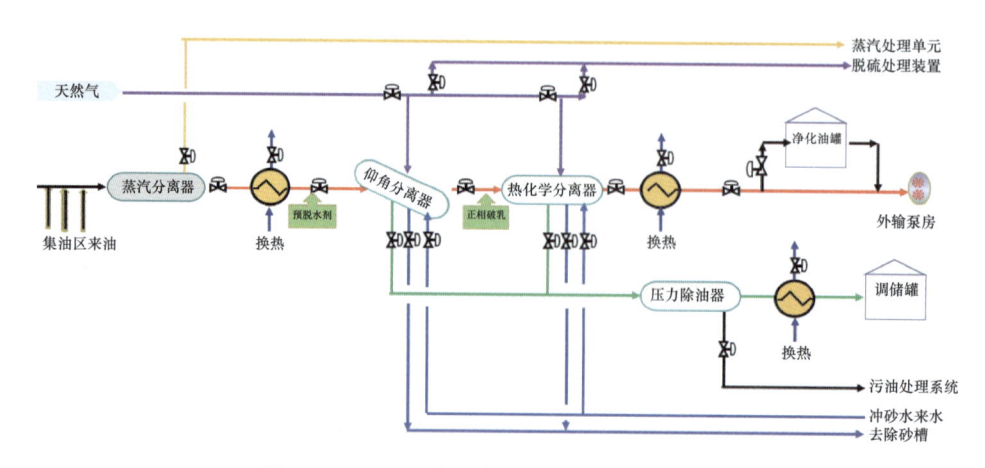

图 4-15 SAGD 高温密闭处理工艺流程示意图

2. 稠油污水处理回用技术

对于 SAGD 开发技术来说，有效供应高质量蒸汽是保证 SAGD 高效开发的基础，在目前严格的节能环保政策下，有效循环利用 SAGD 开发过程中产生的高温热水尤为重要，因此需要发展高温热污水处理技术，MVC 污水处理技术是一种比较有效的节能技术。

机械蒸汽再压缩是将从蒸发器出来的二次蒸汽，经压缩机压缩，蒸汽的压力、温度升高，热焓增加，然后送到蒸发器的加热室与料液换热，使料液维持在稳定的沸腾状态，而加热蒸汽本身则冷凝成水。燃煤锅炉排放的高含盐水首先进入 MVR 工艺段蒸发浓缩；产生的接近饱和状态的循环液送至强制循环结晶段，进一步被蒸汽加热汽化，浓缩为超饱和溶液及结晶盐后输送至离心机固化。MVC 除盐技术工艺流程如图 4-16 所示。

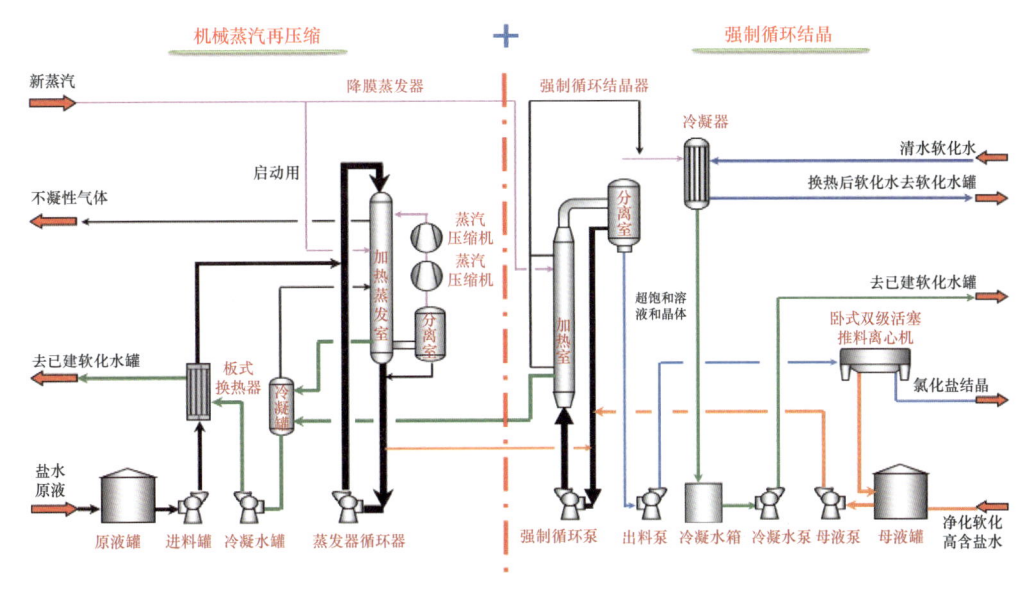

图 4-16　MVC 除盐技术工艺流程图

流程简述：燃煤锅炉排放高含盐水作为母液进入原液槽后进入板式换热器进行恒温在 95℃（95℃为平衡换热效果和后续冷却水使用量的最佳理论计算温度，实际运行温度可通过自动调节阀控制在 93~95℃之间即可），在进料泵加压后母液进入降膜蒸发器顶部布水器，经布水器均匀分配于各盐液通道板间壁面，形成薄厚均匀的液膜，液膜在重力的作用下向下流动。液膜在流动过程中与板另一侧蒸汽通道中蒸汽进行换热，被加热到 107℃达到沸腾状态并维持在沸腾状态匀速下流，进入强制循环分离室去沫作业和汽液分离。

母液在降膜蒸发器换热室和分离室经过多次的循环蒸发、汽液充分分离之后，水分被蒸发出去了。开车之初含盐浓度 3.3% 母液，随着水分的不断蒸发。当母液的浓度达到设定值时，蒸发系统进入稳定工作状态。此时，分离器底锥含少量盐晶的占总量 10% 的浓盐水被送至强制蒸发系统进一步循环浓缩，最终进入到离心分离固化流程，即强制循环结晶部分。

蒸发器排出的盐液经强制循环泵升压后，进入到强制循环加热室和分离室进一步强制浓缩，由于水分的不断蒸发，分离室内，浓盐水与结晶盐以混合态共存。分离室排出的含少量饱和盐水与盐晶的混合物经出料泵输送到卧式双级活塞推料离心机，离心机甩出的饱和溶液汇入到母液槽，经母液泵输送到强制循环分离室循环系统进一步排盐。

离心机排出的固体结晶盐的外运采用油田排砂系统、污泥处理系统相同的运输方式，即由卸盐斗收集后，再由专用车辆外运，便于车辆的统一管理和调配。

第四节 SAGD 监测工艺技术

跟踪监测注蒸汽过程中注入蒸汽在各井段的吸汽剖面及油藏开发区块内蒸汽腔扩展情况,对及时调整注采方案、改进注采工艺,从而改善 SAGD 注蒸汽开发效果是必不可少的。通过各注汽井、生产井及观测井进行动态监测的方法很多,但最主要的是注汽井的吸汽剖面或温度剖面、观察井的温度、压力数据及生产井的产液剖面、温度剖面。具备条件时,还要对多井组先导试验区或油藏区块进行蒸汽腔前缘的动态监测。根据这些实际监测资料,通过热采数值跟踪模拟,进行温度场、饱和度场及压力场的分析,再结合少数取心井的岩心分析,把油藏中纵向及平面上的油层动用程度及剩余油分布状况了解清楚,这就为整体上改善和提高油藏开发效果及开发水平创造了先决条件。

一、注汽井监测

注汽井监测主要是为取得注汽井井筒内压力、温度及蒸汽干度的变化情况,不同井段的吸汽情况。目前主要采用定点测试方法,应用高温压力、温度计或综合测试仪,测取井筒中各个位置的压力和温度。

二、生产井监测

生产井测取温度和产液剖面,主要是为了了解不同生产段温度和产液情况,与注汽井及观察井资料进行综合分析,掌握水平段动用程度、蒸汽腔发育情况和油层动用情况。

生产井监测资料的录取,在产液井黏度较低时,可采用稀油常规开发中的方法如同位素测井、介电常数测井、C/O 能谱测井等。但对 SAGD 生产井,其井筒管柱较复杂,产液温度较高并且原油较稠,所以一般采取耐高温热电偶监测温度。目前国内外均已研制出了利用光纤测取压力和温度的技术,由于毛细管采用不渗钢材料制做,因此可耐高温高压,耐腐蚀,挖掘拉力强,动态反映快。

三、观察井监测

观察井是专门进行压力、温度和含油饱和度动态监测的井,均为套管完井,不进行注汽和采油生产。温度观察井不进行射孔,压力观察井则射开油层,射开油层的观察井还可同时进行温度的观察,因此目前多采用射开油层的观察井。

观察井监测资料的录取主要采用热电偶来测取温度,可采用固定式;也可采用活动式,由于热电偶可设置多个监测点,因此可同时测取多个点的温度,也可获得不同时间的井筒温度剖面。压力的监测主要用压力计来测取,可测取不同时间的井筒压力剖面。含油饱和度的监测需采取套管测井方法,目前主要采用 C/O 比能谱测井,可测得不同时间观察井所在井点的含油饱和度剖面的变化规律。

四、四维地震监测技术

蒸汽腔的监测以高精度四维地震重复测量为主,辅以精细数值模拟研究和常规井点温度标定等技术组合。主要技术原理：根据地震波在地下传播速度及能量变化与岩石性质、流体成分、岩层温度等有密切关系，油藏含油饱和度、温度、孔隙结构及流体性质的改变会导致地震波场相应变异这一地球物理原理，检测分析研究注蒸汽热采过程中，不同时期、不同开发状态下油藏地震响应信息的变化，实现对蒸汽腔发育的监测了解。目前新疆某油田已经开展了四维微地震监测，实现了对地下蒸汽腔发育的监测。

第五章　超稠油蒸汽辅助重力泄油的增产调控

SAGD技术将重力泄油原理与水平井工艺相结合,已被证明为商业上就地开采重油和沥青最有前景和潜力的方法,对高质量油藏(油藏厚度较大等),SAGD技术采收率可达到地质储量的60%以上,油汽比可达到0.25~0.4。在具体的SAGD的过程中,往往因为地质及工程、工艺或者现场操作管理等方面的因素影响,各个井组或井对之间的生产效果差别很大,也容易造成生产区块短期内很难达到方案预测的开发指标[22-23]。在SAGD的全生命过程阶段,针对不同SAGD井对存在的问题,针对性地予以调控或操作,达到提高SAGD井对的生产指标,改善SAGD开发效果的目的。

第一节　影响SAGD开发效果的因素

在世界范围内针对SAGD技术已开展了大量的室内模拟及现场试验研究,对于影响SAGD开发效果的主要因素已形成共识。SAGD的开发效果受多因素的综合影响,影响因素主要包括油藏地质特征、钻完井工程和工艺及注采参数等多种因素[24]。

一、油藏地质特征的影响

影响SAGD开发效果的地质因素包括油藏埋深及温度压力系统、单油层厚度、渗透率和K_v/K_h(K_v和K_h分别为纵向和横向渗透率)、原油黏度及热敏感性、物性夹层及非均质性、地层倾角、岩石润湿性等。

1. 地层深度及温度压力系统

太浅或者太深的油藏都不适合采用SAGD技术开发。油藏太浅可能顶部盖层封闭性不好,同时对钻井等带来麻烦;油藏太深使得井筒热损失加大,井底蒸汽干度降低,致使蒸汽腔的发育程度差。从国内外已实施SAGD项目统计结果来看,除加拿大的UTF(只有150m)外,SAGD项目的油藏埋深都在200~700m。

温度压力系统对SAGD开发效果有一定的影响。原始油层温度高,原油黏度低,加热油层所需的热量相对要少,SAGD开发的油汽比就会很高。原始油层压力较高的油藏,一般需要通过蒸汽吞吐将地层压力降低到3~4MPa后,再进行SAGD开发。

2. 单油层厚度

单油层厚度是影响SAGD效果的关键因素。单层厚度太薄,顶、底盖层损失热量就会很严重,SAGD的油汽比低。单层厚度越大,峰值产油量和油汽比越高,开发效果越好。已在现场实施的SAGD项目,油层厚度一般在20~40m,最薄的油层也为10~15m。

3. 渗透率及 K_v/K_h

渗透率是影响 SAGD 开发效果的主要因素。研究和实践结果表明，要使蒸汽腔扩展良好，K_h 应大于 200mD，最好达到达西数量级；渗透率越高，产量越高，且达到产量高峰期所需时间越短。K_h/K_v 决定了蒸汽腔的水平和垂向扩展速度，K_v/K_h 最少也要大于 0.2 才能实现重力泄油。

4. 夹层及非均质性

夹层是影响 SAGD 井网部署和开发效果的重要因素。不连续分布的物性夹层对 SAGD 影响不大，蒸汽腔能够绕过夹层。对于渗透率高于 100mD 的物性夹层，高温高干度的蒸汽最终能进入夹层，使夹层失去封隔作用。但是对于夹层连续厚度大于 3m 以上时，尤其是夹层分布范围大于 1/2 水平井段长度时，对 SAGD 的效果还是有很大的影响。注汽井上部存在连续夹层，一定程度地延迟了对上部油层动用，降低了 SAGD 井对的上产速度和峰值产量，影响最终的采收率和油汽比。

油层的非均质性变化，同样对 SAGD 的开发效果有一定的影响。沿水平井段的渗透率的极差较小的 SAGD 井对，动用都较均匀，生产稳定且产量高，油汽比也显著增高，生产效果很好。非均质性增强，生产稳定性变差，采收率也会显著降低。

5. 原油黏度及其热敏感性

原油黏度不是 SAGD 成功与否的决定性因素，但原油黏度对温度的敏感程度对开发效果影响较大。当温度为 200℃，原油黏度降低到 10mPa·s 的数量级，即小于 100mPa·s 时，SAGD 开发都可以取得好效果。

6. 地层倾角

地层倾角对 SAGD 井网部署和生产效果均有较大影响，地层倾角大于 15°时，往往过早地出现位于上倾方向的生产井被位于下倾方向的注汽井的蒸汽淹没，发生汽窜，对 SAGD 生产效果和采收率产生很大影响。

7. 岩石润湿性

油藏岩石润湿性研究表明：亲油性岩石 SAGD 生产效果好，日产油高，油汽比高，最终采收率高；亲水岩石的生产效果差，因为亲水岩石油水界面处的水膜较厚，影响蒸汽腔对原油加热效果，另外，水膜增厚使孔道变窄，影响了原油在重力作用下向生产井的流动。

二、钻完井工程及工艺的影响

影响 SAGD 开发效果的钻完井工程及工艺因素也是多方面的，主要包括水平井轨迹、完井管柱结构等方面。

1. 水平段轨迹

注采水平井对的轨迹，即水平段的轨迹水平度和注采井对间轨迹的水平度和平行度。第一，水平段的轨迹对预热效果有影响。因为水平井段的轨迹水平度差异，将使海拔高点部位的热连通更快。如果水平井对间的轨迹平行程度出现问题，如个别部位出现水平段垂向距离过近或者过远，都会造成热连通效果的差异。水平段轨迹垂向距离偏小的井段，循环预热阶段就会过早地出现热点连通现象，而距离较大的区域仍无法形成热连通。第二，水平井段的轨迹同样对 SAGD 生产阶段的效果有一定的影响。当局部水平井间的距离过于接近或者生产井水平段出现的海拔高点位置，将是最可能的热点发育区。由于生产井水平段局部海拔位置过高，也将成为沿水平井段 Sub-cool 值（指生产井井底流压对应的蒸汽干度）的最低点，容易发生汽窜或者缩短汽液界面与生产井纵向位置的距离，造成生产的稳定性变差。

2. 完井管柱结构

水平井在预热和采油阶段采用不同的完井管组及管柱组合。

预热阶段的管柱结构为同井注采循环系统，有同心双管、普通双管（长短管）、打孔管等不同的管柱组合特征。各种管柱组合设计，对井筒内的蒸汽的干度、压力等参数的分布都有一定影响和控制，也控制水平井段内的热流体的流动方向等，这些参数的变化也影响着水平段不同部位与油藏的热交换的数量值。图 5-1 数值模拟预测的预热阶段采用打孔管组合的沿程环空蒸汽干度剖面。这个井组采用的是打孔管的结构，长管出口离脚尖 100m 左右。井筒数值模拟也显示，采用打孔管设计的水平井套管内沿程的干度急剧降低，影响连通效果。从转驱后模拟的情况，如图 5-2 所示，该井对的水平段的脚跟端蒸汽腔发育较均匀，水平段的脚尖位置难见汽，汽腔不发育，也应该与打孔管设计有一定的关系。

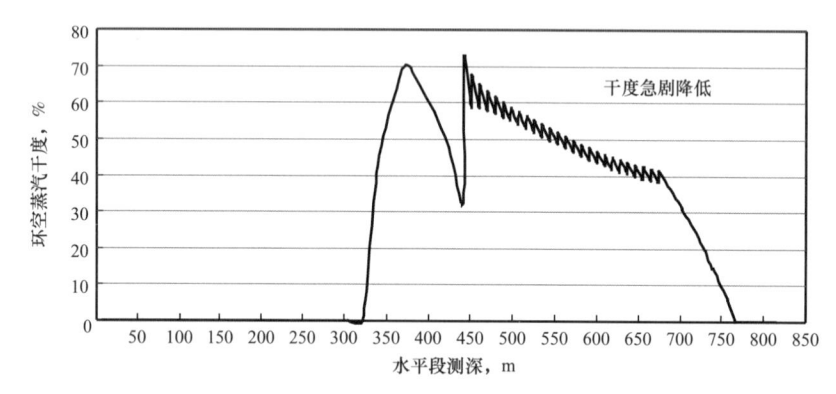

图 5-1 数值模拟预测的预热阶段采用打孔管组合的沿程环空蒸汽干度剖面

从以上分析可以确定，管柱结构是影响预热效果的重要因素之一，在预热阶段的调控技术对策设计方面，管柱结构的优化设计是一项重要的工作。

生产阶段随着生产作用机理的改变，需要对管柱结构进行调整。注汽井的管柱结构一般沿用预热循环阶段的注汽管柱结构，对于普通双管结构的注汽井，长管、短管都作为注汽管柱，根据生产要求，合理分配长短管的蒸汽量和比例。生产井则下入举升提液管柱。举升管柱的种类很多，为适应不同的产液量、温度等，分别有气举、电潜泵、有杆泵等多种生产管柱类型。提液管柱的结构设计、排量等因素都对开发效果和指标有着直接的影响。

三、注采参数

1. 预热阶段的注采参数

注采参数是影响连通速度和连通程度的关键参数。预热连通阶段主要参数是温度、压力、注汽量、干度等。数值模拟研究，蒸汽随着温度、压力的提高，也与预热连通的效果有正相关的关系，因此预热过程一般也趋向采用更高的循环注汽压力和更高的干度、温度、甚至是过热蒸汽。另外，注入和返回的流体量的差异等都影响着连通程度和达到目标连通程度的预热时间长短。

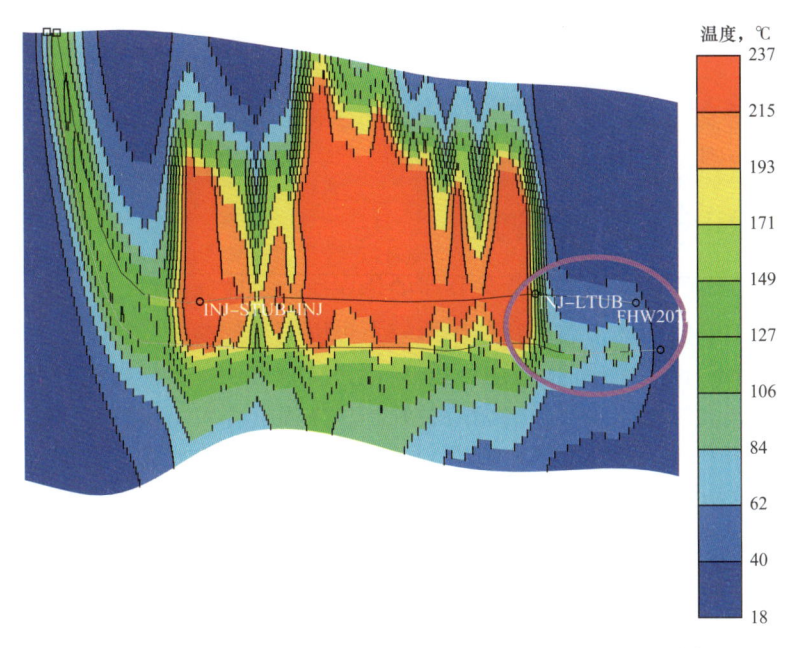

图 5-2　数值模拟预测 FHW-A 井组的蒸汽腔上升阶段的温度场图

2. 生产阶段的注采参数

进入 SAGD 生产阶段后，注采参数的重点是操作压力和 Sub-cool，当然蒸汽干度也是影响开发效果的重大因素。

蒸汽腔的操作压力对开发效果有着较大的影响。蒸汽腔的压力越高，注入蒸汽的速度、采出液的速度液越大，油汽比则相反。对于 SAGD 操作压力的策略是初期提高操作压力有利于加快蒸汽腔发育，实现快速上产，推荐初期操作小于油层破裂压力 0.5MPa。达到产油高峰后，受到储层物性影响，继续高操作压力生产，只能提高注汽速度和排液速度，含水升高，油汽比降低，热利用率下降，从经济开发角度考虑，应逐步降低操作压力。

Sub-cool 则是生产稳定性的代表参数，Sub-cool 是井底的测点温度压力与饱和蒸汽温度的差值，也是液面控制的主要因素。当 Sub-cool 小于 5℃：蒸汽腔接近生产井，容易突破，同时，注汽量较高，油汽比较低；当 Sub-cool 大于 10℃时：汽窜被抑制，注汽量减少，油汽比较高；大于 15℃以后，注汽量进一步减少，不利于蒸汽腔发育。因此，Sub-cool 一般建议控制在 5~15℃之间。

注汽速度主要受蒸汽腔大小、Sub-cool、操作压力和渗透率综合影响。在一定的 Sub-cool、操作压力下，生产井水平段以上油层厚度越大，渗透率越高，蒸汽腔扩展越快，蒸汽腔越大，注汽速度越高，反之越低。

对比蒸汽干度对 SAGD 开发效果的影响，蒸汽干度越高所携带的热焓值越大，SAGD 的效果越好。注过热蒸汽 SAGD 井组的日产油和油汽比都比注入湿蒸汽的井组更高，含水更低。

第二节 SAGD 的增产调控

通常意义上的 SAGD 的增产调控，应该根据 SAGD 操作过程的特点，从预热和正常生产这两个阶段，分别采取不同的调控技术和措施[25]。

一、SAGD 循环预热阶段的调控

SAGD 预热阶段的目标是造成注采井间的热连通。热连通的概念是指注采井间的稠油在热力作用下升温降低黏度，达到在微小压差下可以流动的能力的过程。预热阶段的热连通情况好，就能够实现水平段的最大限度的动用，同时蒸汽腔也能够得到良好的发育，重力泄油的作用区域大，生产效果一般相对较好。热连通效果较差的井对，注采井间存在明显的冷油区，位于上方的注汽井蒸汽腔中的原油，不能在重力作用下，有效地流到下方的生产井底，影响 SAGD 井对的生产效果。因此，做好 SAGD 正常生产前的预热连通工作，对提高 SAGD 开发效果具有重要意义[26-27]。

1. 预热连通状况的评估与判断

SAGD 井对的预热连通情况是一个动态过程，随着预热连通过程的继续，连通情况也是逐渐变化的。观测判断井对间热连通状况的方法，一般基于 SAGD 井组的动态监测资料，即井底的温度、压力监测系统。注汽井的温度、压力监测资料，一般能够说明蒸汽腔的发育过程及状况，生产井的温度、压力监测资料，能够说明生产井的水平段的动用状况等；两者对比分析，又可获得其他关于 SAGD 生产状况的适时监测资料。

通过井底长效温度观察资料点可以确定注采井对间的热场分布状况。SAGD 在完井过程中，一般在水平段位置设置有温度、压力观察点。在预热过程中，各个温度观察点，能实时将温度、压力数据传输到井口或数据收集系统。图 5-3 和图 5-4 是在预热过程中，SAGD 生产井内各个测试点的温度随时间变化剖面。图 5-3 中可以看到 A 点的温度、1/3 处的温度都比较高，是热连通作用的有效部位，而 B 点温度一直都比其他温度测点的温度低 100℃左右，表明在该点或者水平井段的脚尖部位，没有形成热连通。

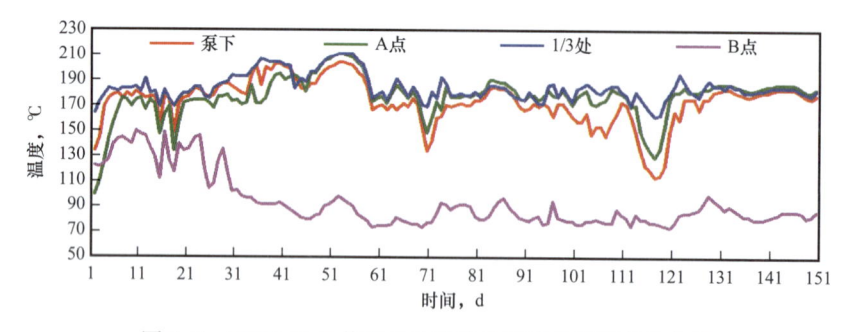

图 5-3 FHW-B-P 井预热阶段的各测量点温度变化曲线

由图 5-4 可以看出，FHW-B-P 井组预热阶段的各测量点温度，各个测点的温度都得到了明显的提升，温度接近 200℃，说明热的传递在注采井间已经达到目的。

数值模拟方法确定热连通状况。用数值模拟方法来预测、判断注采井间的热连通情况，也是一项必不可少的关键技术。通过 CMG 等热采数值模拟软件，数字化油藏和管柱结构参数，建立双水平井 SAGD 井对的灵活井模型。通过拟合现场的注采策略，来预测、分析注采井间的温度场变化、注采井间的原油黏度变化及可流动情况，综合判断注采井间的热连通情况。如图 5-5 显示的井间的热连通状况。

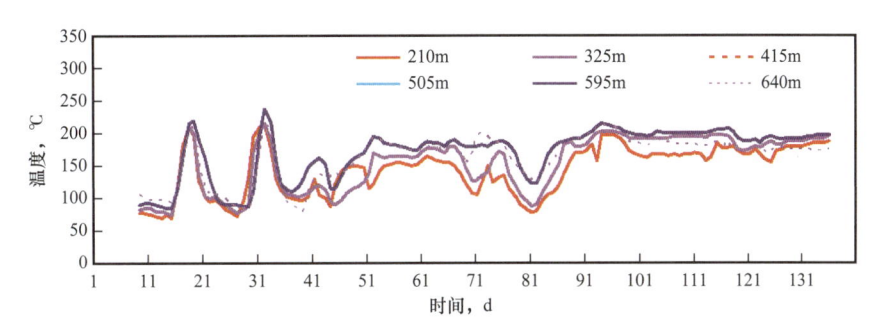

图 5-4　FHW-B-P 井预热阶段的各测量点温度变化曲线

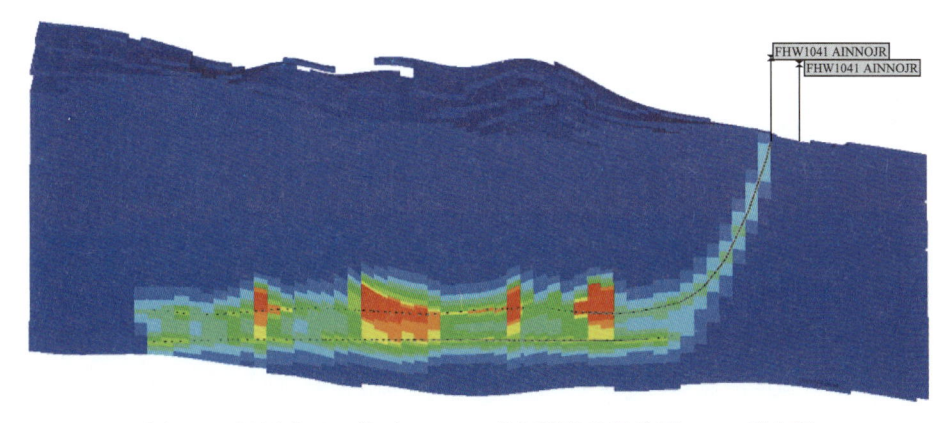

图 5-5　新疆油田 Z 井区 FHW-C 井组预热连通状况 CMG 拟合图

数值模拟方法的优点是能够适时，以时空连续性为维度，直观地反映井对间的动用和热场发育情况，确定井对间容易发生蒸汽窜流的位置。也能通过数值模拟研究，找到那些虽然实现了热能的有效传递，但是不能实现有效物质传递的连通部位。缺点是对设备、软件及人员的技术水平等方面要求高，在油田现场的设备、技术条件下，难于实时演绎连通状况。另外，由数值模拟方法获得的温度场等结果都是以间接的方式获得，需要进行综合校正，其结果的可信程度，也依赖于对三维地质模型与地下油藏的符合程度等方面主观因素。

测井温度剖面方法判断连通状况。对注采井对的井下水平段的温度剖面进行测井的温度测试，是另一种确定热连通的方法。以 FHW-D 井对为例：当上部注汽井注汽时，生产井关井（图 5-6）。在关井期间，测试生产井的井筒内的温度剖面。测试结果显示，测试时水平段的脚跟处的热连通较好。温度测试剖面的优点是能够连续测试沿水平段温度变化情况，用以判断某一时刻注采井间的热连通情况。不足之处是，测试不能随时进行，且成本较高，只能水平井停止注汽的焖井期进行测试。

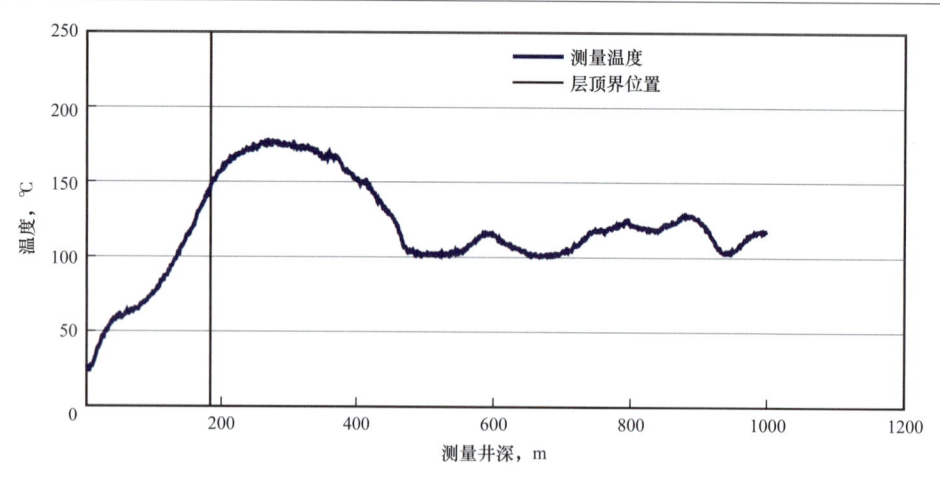

图 5-6 FHW-D 井对的井下温度测试剖面

2. 预热阶段的调控

基于预热阶段热连通的影响因素和监测技术分析，可以初步确定预热阶段的连通效果和问题，也可以根据实际情况采取一定的调控措施，来改善和促进热连通的效果。从本质上说，预热阶段的调控技术应主要从管柱的设计、注采方式、注采参数的优化上来做工作。

注汽管柱采用更好的隔热措施。注汽管柱的隔热性能对预热阶段情况影响较大。循环阶段管柱采用普通油管时，受井筒热损失的影响，当到达距 B 点时，环空内的蒸汽干度值接近于零。长油管筛管悬挂器以上采用隔热管，水平段内的干度提高 14～24 个百分点，可以确保 SAGD 全井段均匀受热。

调控注采管柱的组合方式及设计参数。因为打孔管结构在预热阶段和正产生产阶段的效果都不能满足要求，现场一般推荐采用双管结构的连续注汽与循环排液的方式。Z 井区采用长管注汽、短管排液的注汽方式，但是通过管柱结构的设计，也在一定程度上，改善了预热和正常生产效果。

动态调整注汽点位置。现场试验认为普通的平行双油管预热管柱是比较适合的预热管柱。但是不同的注汽点位置，也影响着水平段的连通状况。通过注汽点调整，可以明显改善热连通状况。但从注汽点的调控和优化选择来看，国外的经验和国内的实践，都建议选择长管在 B 点，即脚尖位置注汽，短管在 A 点附近，即脚跟部位采液的循环预热方式。

精细化循环预热的操作程序和优化各个阶段的注采参数。SAGD 预热阶段可以进一步细分为 4 个阶段，即井筒预热阶段、均衡提压阶段、稳压循环阶段、微压差泄油阶段。以上述阶段划分为基础，重点合理优化与调控各个阶段的注汽速度、环空压力，以及合理的增压时间。下面以新疆油田 Z 井区的先导试验区的 SAGD 井组为例，阐述预热阶段 SAGD 的注采参数调整策略。汽速度 60～80t/d，井对间的温度平稳上升，脚尖与脚跟蒸汽局部进入油层少，有利于均匀加热。井筒预热阶段，注入压力略高于油藏压力，环空压力以不高于油藏压力 0.5MPa，可以保证水平段温度上升平稳。当循环预热 100～120 天时，整个水平段井间原油黏度下降到 500mPa·s 以下，适合转入增压循环预热阶段。进入增压预热阶段后，需要在注采井间施加一定的压差，加快井间对流换热，达到更快加热井间油层的目的。环空压力同步升高 0.4MPa 左右时，井间对流加强，井间原油黏度均衡下降；超过

0.6~0.8MPa以后，井间对流过强，汽窜风险加剧。推荐环空压力升高0.4MPa左右，即环空压力提升到2.6MPa左右。增压完成后，进入稳压循环预热阶段，要控制好I井和P井间的压差不大于0.2MPa。直至井间达到一定的温度，原油黏度大幅度降低，原油出现可流动迹象时，由注汽井向生产井施加一个压差，使原油加速向生产井流动，进入微压差泄油阶段。在微压差泄油阶段，通过施加微压差可以加快井对间的热交换，更快地加热油层，使注采井间形成事实上的水力连通。现场试验中，建议在井间施加的压差不大于0.5MPa。

SAGD预热过程是注采井对间从部分连通，到连通井段长度、连通效果逐渐扩大变好的渐进过程，直至达到可以有效转驱的程度。

二、SAGD正常生产阶段的调控

1. 生产阶段划分

当SAGD井组完成预热，转入上注下采的模式后，就进入了正常生产阶段。因为SAGD的生产阶段的时间较长，且在各个时间点的生产特征也有较大的差别，各个阶段的主要问题和矛盾也不一样。国外及国内的专家学者，根据SAGD整个生产过程的特征，将SAGD生产过程划分为三个阶段：蒸汽腔上升、蒸汽腔横向扩展、蒸汽腔下降。

2. SAGD的生产效果分类

SAGD的生产管理是一项系统工程，为提高SAGD项目的整体开发效果，可以根据SAGD的阶段生产特征，对SAGD的生产开发效果进行科学的分类。根据分类，确定不同分类SAGD井组的效果好坏、潜力大小以及可能存在的问题，制订相应的调控和管理措施、政策，来大幅度地提高SAGD的开发效果。对于SAGD开发效果分类，不同专家的侧重点有一定的差别。李秀峦和席长丰等在进行新疆油田SAGD技术分类研究的过程中，重点采用了采油速度和油汽比两个参数进行分类。应用采油速度这个参数，可以去除SAGD井对控制储量大小对开发效果的影响，但在现场操作上、评价上不够直观。孙新革等油田现场主管生产的专家，建议采用最直观的日产油量和油汽比进行分类，也有一定的意义。通过对现场的生产一段时间的SAGD井组进行归类分析，发现的水平段的动用程度与生产效果关系密切。基于改善开发效果的目的，建议采用水平段动用程度和连通模式对SAGD进行分类。对动用程度或者说蒸汽腔发育状况的分析研究，也如在预热阶段一样，主要依据温度、压力监测系统、数值模拟、水平井测试，以及预先部署的温度观察井等获取的资料来综合判断。

I类，高产井组，均匀的箱形连通模式。沿水平井段的各部位的渗透率较高，预热后沿水平段的各部位温度测试比较均匀的平直箱形特征，对应网格点的流体流动速度也基本均匀，代表各个井段对产液的贡献差别较小。该类型的代表井的水平段的动用程度100%，开发效果好，采油速度快，油汽比高，为I类SAGD水平井的效果的高产井组。占比在15%左右。图5-7和图5-8为I类，高产井组吸汽产液剖面和温度剖面示意图。

II类，中产井组，半均匀的箱形连通模式。沿水平段的测温呈比较均匀的箱形，但沿水平段的各个部位的渗透率有一定差异，预热后流动速度一般呈现脚跟部位速度快，向脚尖部位逐渐降低。初期评价的水平段的动用程度虽然也达到100%，但贡献率在水平段的脚尖部位却很低。该种连通模式，是一种不稳定的连通模式，随着开发进程的推进，既可

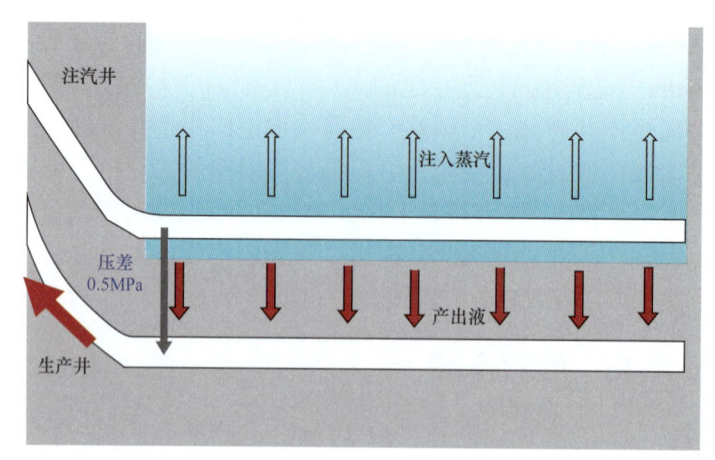

图 5-7　Ⅰ类，高产井组吸汽产液剖面示意图

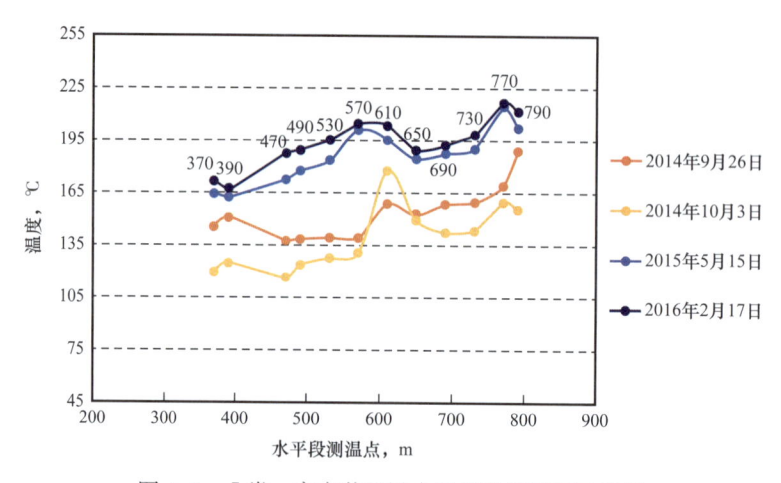

图 5-8　Ⅰ类，高产井组沿水平段温度剖面示意图

以有必要限制在脚跟部位的流动压差，增加脚尖部位的热连通效果，改善开发效果，逐渐变为高产井组。也可能原有的已经连通的部分，因为长期不流动而逐渐冷却下来，水平段不再吸收蒸汽，而温度降低下来，连通率也随之降低，产油量和油汽比也变得更差。井组的日产油量相对较高，采油速度中等，油汽比也比较高，为Ⅱ类中产井组。占比在 30% 左右。图 5-9 和图 5-10 是Ⅱ类高产井组吸汽产液剖面和温度剖面示意图。

Ⅲ类，中、低产井组，不均匀的热点连通模式。在开发过程中，很多井对表现为点状连通的特征，即在温度测试曲线上表现为局部的热点。热点现象不是在预热阶段就有的，而是随着从预热转入 SAGD 的进程而逐步发展为热点连通的状况。热点一般位于水平段的脚跟位置，长度不足水平段长度的 30%。这种模式连通状况的井对，一般表现为蒸汽腔的体积也较小，注汽量不高，产液量也相对较低，汽液界面的控制难度较大，经常发生汽窜或产液温度过高的现象，影响正常生产时率。统井组的日产油量低于平均水平，油汽比也相对较低，为Ⅲ类低产井组。统计上，占所有比例在 55% 左右。图 5-11 和图 5-12 是Ⅲ类中、低产井组吸汽产液剖面和温度剖面示意图。

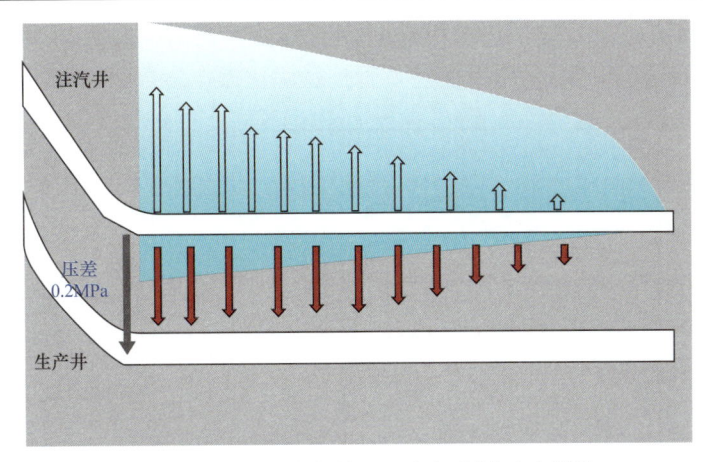

图 5-9　Ⅱ类，高产井组吸汽产液剖面示意图

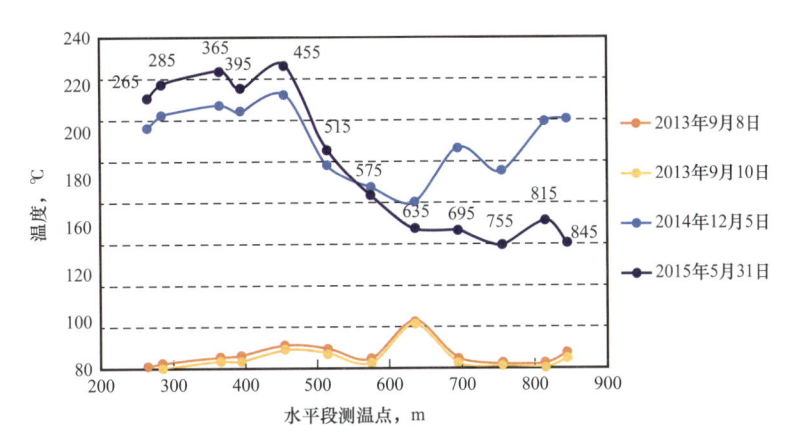

图 5-10　Ⅱ类，中高产井组沿水平段温度剖面示意图

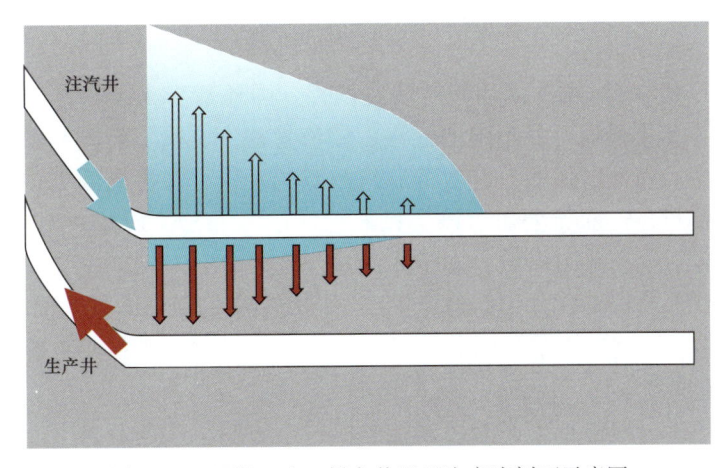

图 5-11　Ⅲ类，中、低产井组吸汽产液剖面示意图

3. SAGD 的生产阶段的调控策略

当水平段长度一定时，要想提高 SAGD 井组的日产量，就必须千方百计地扩大水平段动用长度和动用效率。根据统计，新疆油田风城地区 SAGD 井组，约有 2/3 的井对存在脚

尖部位动用较差的情况。针对预热阶段井间连通程度较差的，或者动用程度较差的现象，最合理、最直接的调控方法是采用更换井下管柱及优化操作参数两种方法。

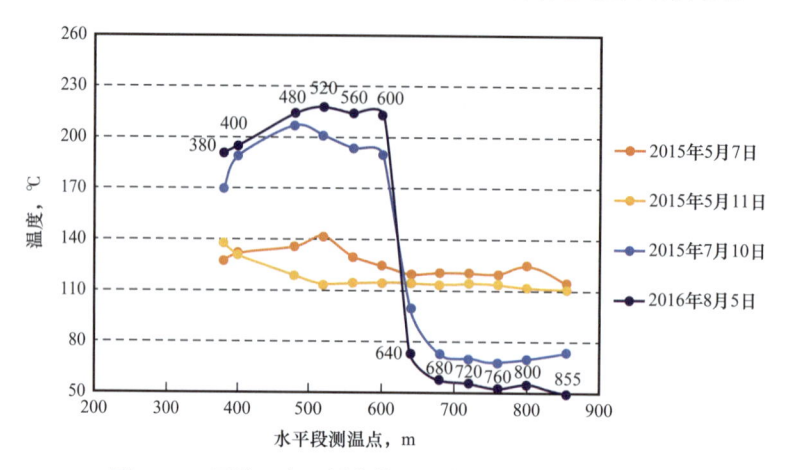

图 5-12　Ⅲ类、中、低产井组沿水平段温度剖面示意图

生产阶段的注采完井管柱的调整。一般可从 4 个方面做出：

第一是注汽井的主副管注汽量的分配与调整。对于 A 点附近小段连通或 A 点窜通的井组，从 B 点着手改善连通状况。主要措施以生产井 B 点注采为主，其中包括 B 点吞吐措施，从阶段操作结果来看，B 点采油试验对于强化后端连通有一定作用。

第二是生产井的主副管产能的分配调控。为了改善井间连通程度，生产井可以采取主副管同排的措施，重点加强 B 点的排液能力，可以达到了稳压注汽、扩大汽腔、产液量稳定上升、连续生产的目的。

第三是生产井举升管柱的优化与调整。在 SAGD 生产阶段，如果采油杆式抽油泵，因为入泵闪蒸量大，泵效低等情况，可以在泵下挂尾管至水平段，泵控制程度会得到显著提高。如对于汽窜联通段在 A 点附近的生产井，可以考虑筛管加内衬管，避开高温汽窜段，提高注汽热利用效率。

第四是井筒的 ICD 和 OCD 流动控制装置调控。国外基于 SAGD 水平段的非均质性研究，设计了基于注汽井和生产井不同的控汽、控液管柱，分段、智能地、精确地控制水平段的各个部分的注入和采出强度，有效抑制汽窜点的发生，并提高低贡献井段的吸汽与产液能力。据调研资料，Suncor 公司对该类控液管柱在多个 SAGD 井对上进行了现场试验，多数控液管柱应用于生产井，少量应用于注汽井。效果显示，一定程度上改善了 SAGD 汽窜的热点现象，实现了 SAGD 井组的稳定生产。该类装置的长期效果和潜在的问题等内容，因为资料有限，无从知晓。不过，随着技术的发展，该系列装置有可能是 SAGD 精细调控的一个重要发展方向。

注采参数的优化与调整是生产阶段调控的另一个方面，重点考虑生产过程中对注汽速度、压力、Sub-cool 等参数的调整。

由于 SAGD 循环预热结束后都不同程度存在点通或连通段短的问题，转生产后的突出矛盾是汽液界面难控制，易汽窜，注汽量无法提高，产液量较低。因此，改善井间连通是转 SAGD 初期的首要任务。在转 SAGD 生产初期，根据各井组热连通状况确定不同的调控方式，以恢复改善连通、扩大汽腔、阻汽排液、提高采注比为原则进行注采参数优化、管柱优化，实现SAGD生产平稳操作。

第一是注汽速度的优化与调整。在生产动态历史拟合基础上，对Z井区SAGD试验区SAGD井组的注汽速度进行了预测对比。总体效果表明，峰值注汽速度越高，汽窜概率越大，有效生产时间越短；峰值注汽速度越低，蒸汽腔扩展速度越慢，注汽质量越低，生产时间越长。FHW-A井组：分别模拟对比了该井组峰值注汽速度为100t/d、110t/d、120t/d、130t/d、140t/d和150t/d条件下的SAGD开发效果，从表5-1可见，当注汽速度高于140t/d以后，进一步提高注汽速度到150t/d，最终采收率反而降低，表明当注汽速度进一步提高以后，会增加汽窜风险，降低蒸汽热利用率，经济效益较差。考虑到现场注汽条件以及不同注汽速度对SAGD开发效果的影响，推荐FHW-A井组合理的峰值注汽速度140t/d。

表5-1 FHW-A井组不同注汽速度的SAGD生产效果对比

峰值注汽速度 t/d	有效生产时间 a	累计油汽比	最终采收率 %
100	17	0.26	42.5
110	15	0.30	46.3
130	14	0.30	48.4
140	13	0.32	49.7
150	11	0.27	43.7

第二是对操作压力的优化调整。国内外SAGD生产实践表明，操作压力影响规律为转SAGD初期—上产期：操作压力影响上产速度与峰值产量，操作压力越高上产越快；稳产期—末期：操作压力影响油汽比，操作压力越高油汽比越低。因此，SAGD生产操作压力调整策略：初期升压，中后期降压。但是需要针对不同井组进行单独的SAGD操作压力水平优化。初期采用高压定压操作方式，促使一定量蒸汽通过水平井段而不断加热井间地层，逐步改善井间热连通。通过这一措施，FHW-A井间连通性得到了明显改善，连通压差分别由最初的1.0MPa和0.7MPa降低为目前的0.3MPa左右。定压注汽与高压操作相结合。控制汽腔压力保持在2.0~2.6MPa（参考生产井井底压力，以注汽井套压代表汽腔压力），避免压力波动过大，原则上保证汽腔压力不超过3MPa。通过定压注汽与高压操作相结合，提高了汽腔扩展速度，增强了导流能力，进一步改善了井间的热连通。

第三是对Sub-cool优化与调整。SAGD生产过程中，一般要求Sub-cool稳定在一个适当的范围之内，来控制生产井的采出液量与汽液界面，以利于重力泄油，控制汽窜，提高采收率与油汽比。在生产动态历史拟合基础上，分别对SAGD试验区、井组的Sub-cool进行了预测对比，对比结果表明，Sub-cool越小，汽窜概率越大，有效生产时间越短。Sub-cool越大，蒸汽腔扩展速度越慢，生产时间越长。因为Sub-cool越大，采油井上方的液面越高，越利于控制蒸汽的突破，但是不利于泄油与蒸汽腔的发育，相应的产油量和油汽比降低。因此，针对不同井组进行不同Sub-cool的优化。如FHW-A井组：分别模拟对比了该井组Sub-cool为小于5℃、5~10℃、10~20℃和大于20℃条件下的SAGD开发效果。从表5-2可见，随着Sub-cool的逐渐增加，有效生产时间逐渐增长，峰值注汽速度逐渐减小，峰值产油逐渐减小，最终油汽比总体呈先上升后下降趋势，在 Sub-cool 为 5~10℃时达到最大值，最终采收率也呈现先上升后下降的趋势，在 Sub-cool 为 5~10℃时达到最大值。所以，推荐 FHW-A 井组合理的 Sub-cool 为 5~10℃。

表 5-2　FHW-A 井组不同 Sub-cool 的 SAGD 开发效果对比

Sub-cool ℃	有效生产时间 a	峰值注汽速度 t/d	峰值产油 t/d	最终油汽比	最终采收率 %
<5	10	150	56	0.30	41.92
5~10	13	140	45	0.32	49.78
10~20	16	114	41	0.29	47.25
>20	18	103	38	0.27	43.53

第四是注采压差优化与调整。由国内外 SAGD 生产实践可知，注采井间压差越小，汽窜的概率越小，但泄油能力越小，有效生产时间越长，注汽速度越慢。注采井间压差越大，泄油能力越强，但汽窜概率越大，有效生产时间越短。水平段动用程度越高的井组，井间生产压差可以适当放大，反之则要严格控制。因此，针对不同井组对注采井间压差的 SAGD 开发效果进行优化。同样对于 FHW-A 井组，分别模拟对比了该井组注采井间压差为 0.2MPa、0.5MPa、0.8MPa 和 1.1MPa 条件下的 SAGD 开发效果，从表 5-3 可见，随着注采井间压差的不断增加，有效生产时间不断缩短，峰值注汽速度和峰值产油不断提高，最终油汽比呈现下降趋势，最终采收率呈现先上升后下降的趋势，在注采井间压差为 0.5MPa 时达到最大值。所以，推荐 FHW-A 井组合理的注采井间压差为 0.5~0.8MPa。控制注采压差。正常生产时，注采压差（注汽井套压与生产井井底压力之差）尽量保持在 0.2MPa 左右。现场操作中，通过关生产井或降低采液速度来实现。操作方式以调整注汽速度和生产压力或抽油机冲次为主，必要时可短期关闭生产井。

表 5-3　FHW-A 井组不同注采井间压差的 SAGD 开发效果对比

注采井间压差 MPa	有效生产时间 a	峰值注汽速度 t/d	峰值产油 t/d	最终油汽比	最终采收率 %
0.2	15	123	40	0.32	49.20
0.5	13	140	45	0.32	49.70
0.8	11	157	53	0.29	48.03
1.1	10	165	59	0.27	44.72

第六章 超稠油蒸汽辅助重力泄油开发实例

自 1990 年加拿大阿尔伯达省工业界成立了 UTF 项目，目前加拿大 SAGD 商业项目项目已达 30 多个。1998 年中国石油开展 SAGD 先导试验，2005 年设立辽河油田 SAGD 重大开发试验，2008 年设立新疆油田 SAGD 重大开发试验，2009 年与 2012 辽河油田和新疆油田开始了 SAGD 工业化推广。这些项目的油藏各有特点，SAGD 开发过程中采取的众多技术和做法也值得学习，本章特选取加拿大和国内典型的 SAGD 项目予以展示。

第一节 加拿大 SAGD 应用实例

一、加拿大 SAGD 应用整体情况

加拿大油砂采用钻井开采和露天开采两种方式生产。当油砂埋深超过 75m 时采用钻井开采，小于 75m 时采用露天开采。钻井开采又分为钻井出砂冷采和钻井热采两种，钻井热采主要包括：蒸汽辅助重力泄油（SAGD）、蒸汽吞吐（CSS）、火烧油层、蒸汽辅助溶剂萃取（VAPEX）等，热采技术中 SAGD 开采方式应用最广。

国外采用 SAGD 技术试验已取得成功并得到工业化应用，这种技术在加拿大、俄罗斯和委内瑞拉等国家进行了大量的试验研究和矿场推广应用。加拿大油砂资源主要分布在西部阿尔伯达省的阿斯帕斯卡（Athabasca）、冷湖（Cold Lake）地区和匹斯河（Peace River）地区，其油砂储量占加拿大总油砂储量的 95% 以上，具有埋藏浅、规模大、分布集中的特点（图 6-1）。据阿尔伯达省能源管理局 2017 年相关资料，阿斯帕斯卡地区、冷湖地区和匹斯河地区沥青原始地质储量约为 $1.84×10^{12}$bbl，已探明储量 $1768×10^8$bbl，剩余探明储量 $1654×10^8$bbl，截至 2016 年底，累计产量 $114×10^8$bbl。目前在阿尔伯达省的油砂开采

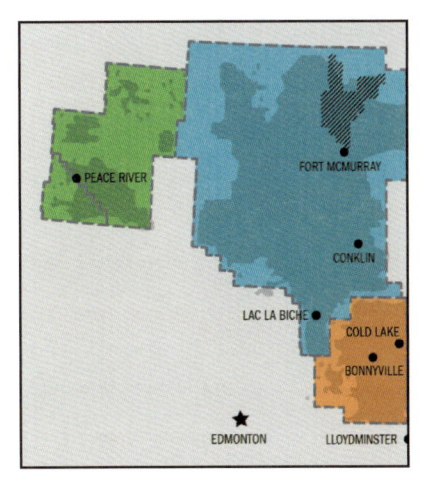

图 6-1 加拿大阿尔伯达省油砂资源量分布

中，采用SAGD方式开采的项目约占52%，SAGD方式开采的原油占总油砂开采原油量的40%。而在地下油砂开采技术中，SAGD技术占绝对主导地位，SAGD技术生产的原油占原位油砂开采总产量的81%，剩下的产量主要由注蒸汽吞吐（CSS）开采。

从1998年至2016年底，在加拿大的不同地区总计实施了29个SAGD项目，包括Encana公司的Mackay River项目，Suncor公司的Firebag项目，日本—加拿大油砂公司（Jacos）在Hangingstong的SAGD项目，加拿大自然资源公司（CNRL）的Primrose项目、Wolf Lake项目、Burnt Lake项目，OPTI公司与Nexen公司的Long Lake项目，ConocoPhillips公司的Surmont项目等。在这29个项目中，有22个位于阿斯帕斯卡区，有6个位于冷湖地区，有1个位于匹斯河区。现今共有22个项目正在运行生产（表6-1），有7个项目处于关停状态。

表6-1 2016年加拿大阿尔伯达省SAGD项目生产情况

公司	项目	投产年份	现状	技术	产量，10^4bbl/d
阿斯帕斯卡北部区					
Husky Energy	Sunrise	2015	进行中	SAGD	3.39
Southern Pacific	STP-McKay	2012	暂停	SAGD	—
Suncor Energy	Dover	2014	进行中	SAGD	—
	Firebag	2004	进行中	SAGD	20.49
	MacKay River	2002	进行中	SAGD	3.39
Sunshine Oilsands	West Ells	2015	进行中	SAGD	0.03
阿斯帕斯卡南部区					
Athabasca Oil	Hangingstone	2015	进行中	SAGD	0.83
BlackPearl	Blackrod	2011	进行中	SAGD	0.05
Canadian Natural	Kirby	2013	进行中	SAGD	3.94
Cenovus Energy	Christina Lake	2002	进行中	SAGD	1.65
	Foster Creek	2001	进行中	SAGD	16.27
	Grand Rapids	2011	暂停	SAGD	—
CNOOC	Long Lake	2008	进行中	SAGD	3.46
	Kinosis	2012	进行中	SAGD	
Connacher	Great Divide	2007	进行中	SAGD	1.01
ConocoPhillips	Surmont	1997	进行中	SAGD	10.16
Devon Canada	Jackfish	2007	进行中	SAGD	11.94
Grizzly Oil Sands	Algar Lake	2014	暂停	SAGD	—
Japan Canada	Hangingstone	1999	暂停	SAGD	0.83

续表

公司	项目	投产年份	现状	技术	产量,10⁴bbl/d
Laricina Energy	Germain	2013	暂停	SC-SAGD	—
	Saleski	2011	暂停	SC-SAGD	—
MEG Energy	Christina Lake	2008	进行中	SAGD	8.01
Statoil	Leismer	2010	进行中	SAGD	2.38
冷湖地区					
Baytex Energy	Gemini	2014	进行中	SAGD	—
Husky Energy	Tucker	2006	进行中	SAGD	—
Imperial Oil Limited	Cold Lake	2010	进行中	SA-SAGD	15.89
OSUM Oil Sands	Orion	2007	进行中	SAGD	0.81
Pengrowth Energy	Lindbergh	2012	进行中	SAGD	1.53
匹斯河地区					
Andora Energy	Sawn Lake	2014	暂停	SAGD	—

据阿尔伯达省能源管理局 2017 年 1 月资料统计[28]，这些正在运行的项目在 2016 年第四季度总平均日产量约为 120×10⁴bbl，折合约 6566×10⁴t/a。其中在 Fort McMurray 地区以北共有 5 个 SAGD 项目在运行，1 个项目暂停，总平均日产量约为 27.3×10⁴bbl。阿尔伯达省 Fort McMurray 地区以南共有 12 个 SAGD 项目在运行，5 个项目暂停，总平均日产量约为 75.4×10⁴bbl。在 Cold Lake 地区的 6 个项目在运行，其中的 3 个 SAGD 项目的总平均日产量为 18.2×10⁴bbl。匹斯河区有 1 个 SAGD 项目，处于暂停状态。

二、Suncor 公司的 Mackay River 项目

MacKay River 项目是由 Petro-Canada 公司 2002 年实施的 SAGD 油砂开采项目，2009 年 Petro-Canada 公司与 Suncor 公司合并，此后由 Suncor 公司继续开发至今。本节主要介绍其 SAGD 油藏管理方面所取得的经验以及操作过程中的主要做法[29]。

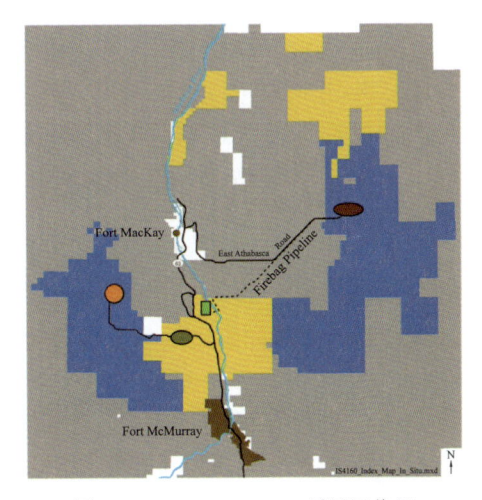

1. 地质概况

MacKay River 项目区位于加拿大 Athabasca 油砂区 Fort McMurray 西北方向约 60km 处（图 6-2），临近 Suncor Dover 项目区，目前项目开发面积约为 63.5km²。

MacKay River 项目的主要产层是下白垩统 Mannville 组的 McMurray 段砂岩，McMurray 段分为上下两部分，下部分是以河道砂为主的河流相沉

图 6-2 MacKay River 项目区位置

积,并与下伏泥盆系碳酸盐岩呈不整合接触,上部分是以河道沉积为主的混合河流—潮汐沉积。McMurray段上部盖层为Clearwater组的Wabiskaw段。

储层单元由河道砂、砂质的非均质层和角砾岩堆叠而成,根据目视泥指数(visual mud index,VMI)对项目区域内储层进行划分,共分为6类:(1)F1(砂岩)=0～5%;(2)F2(砂质IHS)=5%～15%;(3)F3(IHS)=15%～30%;(4)F4(泥质IHS)=30%～70%;(5)F5(泥岩)=70%～100%;(6)F6(角砾岩)。其中,IHS为倾斜或夹层形式的砂和页岩。项目区域的储层主要指F1、F2和F6,也包含夹层厚度小于2m的F3—F5。

项目区北部局部地区储层上部存在天然气,几乎不存在顶水,连续储层的厚度一般大于15m,目前开发的区域储层厚度大部分在25m以上。储层向北部和南部方向变薄,并夹杂着页岩层。储层埋深相对较浅,沥青层顶部距离地表只有75m,在干净、均匀、堆叠的河道及河口砂中存在着高达37m厚的连续沥青产层。储层中页岩、碎屑角砾岩含量多达25%,在越靠近开发区域的边缘,储层越变得泥质化,且夹层越多。储层的物性特征见表6-2,平均孔隙度为31.1%,平均含油饱和度86%,质量最好的砂岩中可能会出现孔隙度在35%以上且饱和度高达90%的情况。储层温度大约在16℃,沥青的黏度大约在1000000mPa·s,具体的储层参数见表6-2。

表6-2 储层物性特征

类型	参数	类型	参数
储层孔隙度,%	31	初始压力,kPa	400
黏度,mPs·s	1000000	初始储层温度,℃	6～7
平均孔隙度,%	31.1	净砂层厚度,m	15～30
水平渗透率,D	1.7～8.5	埋深,m	98～145
垂直渗透率,D	1.1～6.5	储层深度,m	109
平均含油饱和度,%	86	平均储层厚度,m	>25

2. 开发历史

MacKay River项目第一期开始于2002年,A、B、C、D这4个井排(Pad)采用100m井距,共建成25个井组,2002年9月投产,至2003年3月项目生产逐步稳定,注汽量与产油量都保持快速增长的趋势,注汽量增长至5900m³/d左右,产油量增长至2000m³/d以上,瞬时汽油比(iSOR)由5降至2.5左右。2003—2006年先导试验区产量已上升至3500m³/d。

第二期工业化推广从2006年开始,Pad 22(E和G两个井排,14个井组)开始投产,2007年第三期Pad 23(F井排,7个井组)投产,2008年10月至2011年6月,项目区陆续开始了第四阶段的生产建设,先后建设了4个井排(OO、H、QQ、NN)10个井组(OO1-OO3、H1-H4、QQ2-QQ3、NN1),井间距减小至75m。截至2016年8月31日,整个项目共建设有10个Pad,总计137井组,有7个Pad(Pad 20—Pad 25、Pad 824)共98个井组正在生产,注汽量增长至17000m³/d,产量增长至6000m³/d,iSOR在3左右。

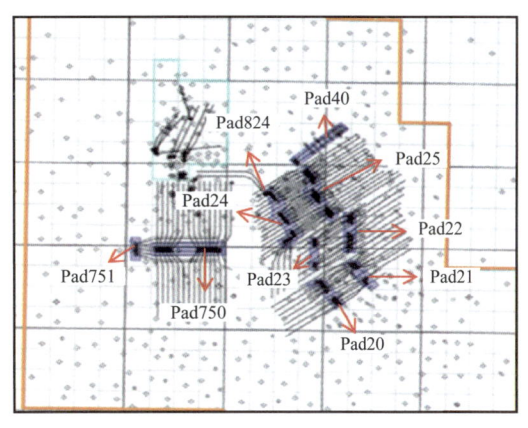

图 6-3　MacKay River 项目区井位分布图

在 MacKay River 项目注采管柱不断尝试新工艺，水平段筛管由初期 ϕ177.8mm 变为 ϕ244.5mm，随着管径扩大，注汽管柱由单管注汽变为双管注汽。2016 年后试验新型注采管柱，注汽井改为同心管注汽，生产井电潜泵放置在长管内下入跟端。

1）初期注采工艺（2002—2010 年）

注汽井完井方式：导管（ϕ339.7mm）+套管（ϕ244.5mm）+悬挂器（ϕ114.3mm× ϕ73mm）+单根长油管（ϕ73mm）+筛管（ϕ177.8mm）[图 6-4（a）]。在循环期间蒸汽从长油管管柱注入，在井的趾端进入环空，并通过环空返回地面，生产阶段转为长管注汽。

生产井完井方式：导管（ϕ339.7mm）+套管（ϕ244.5mm）+筛管（ϕ177.8mm）+长油管（ϕ88.9mm）+短油管（ϕ88.9mm）+气举管（ϕ19.1mm）+连续监测油管（ϕ25.4mm）[图 6-4（b）]。在循环期间蒸汽从长油管循环，然后蒸汽通过短油管从跟端返回到地面，生产阶段转为长短管汽举同采。

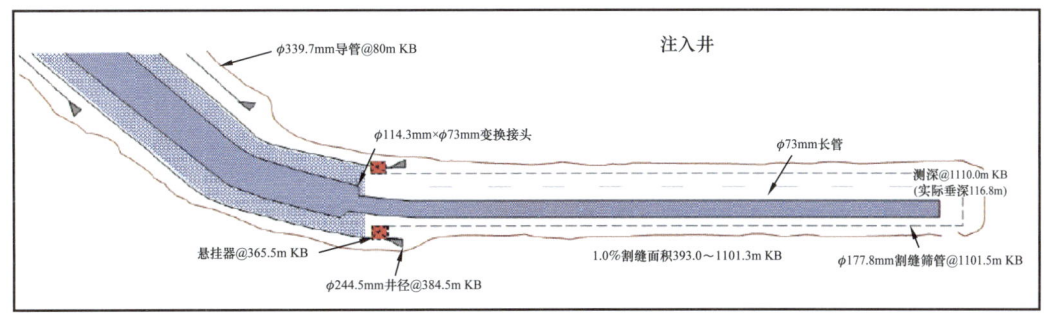

(a) 前期注汽井完井方式

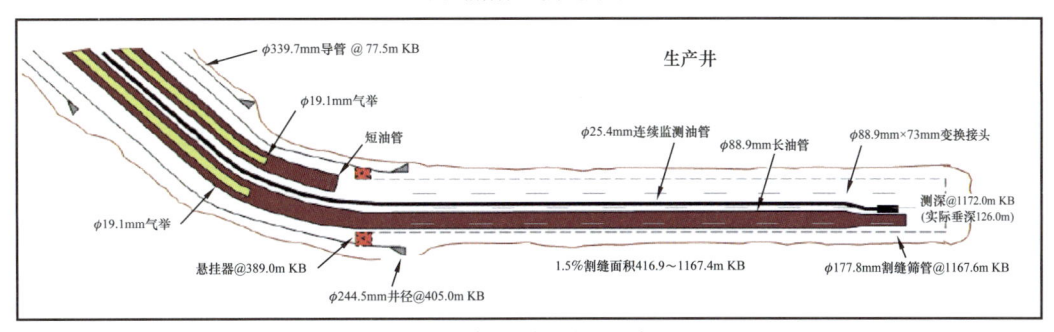

(b) 前期生产井完井方式

图 6-4　MacKay River 项目初期注采工艺

2）后期注采工艺（2011年至今）

注汽井完井方式：表层套管（ϕ473mm）+套管（ϕ339.7mm）+短油管（ϕ114.3mm）+长油管（ϕ114mm）+筛管（ϕ245mm）+筛管悬挂器［图6-5（a）］。阶段5的全部注汽井都通过偏心双管柱完井。目前，Suncor公司MacKay River所有的生产井也都采用偏心双管柱完井方式。

生产井完井方式：表层套管（ϕ473mm）+套管（ϕ340mm）+筛管（ϕ244.5mm）+筛管悬挂器+短油管（ϕ114mm）+长油管（ϕ114mm）+气举管（ϕ44.5mm）+监测导管+监测管+注气管［图6-5（b）］。

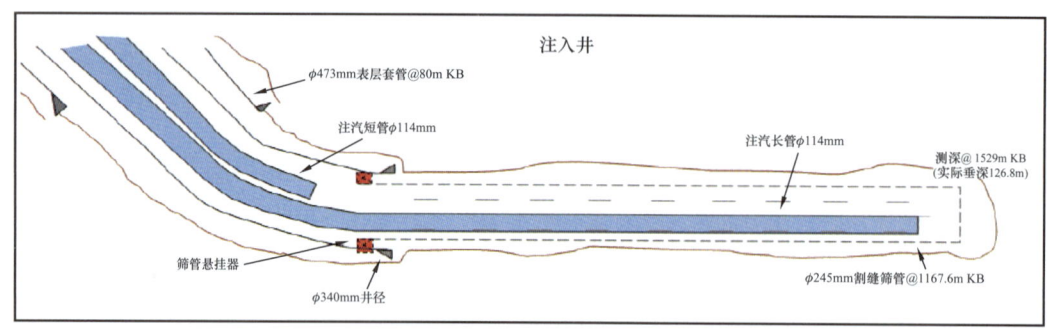

(a) 后期注汽井完井方式

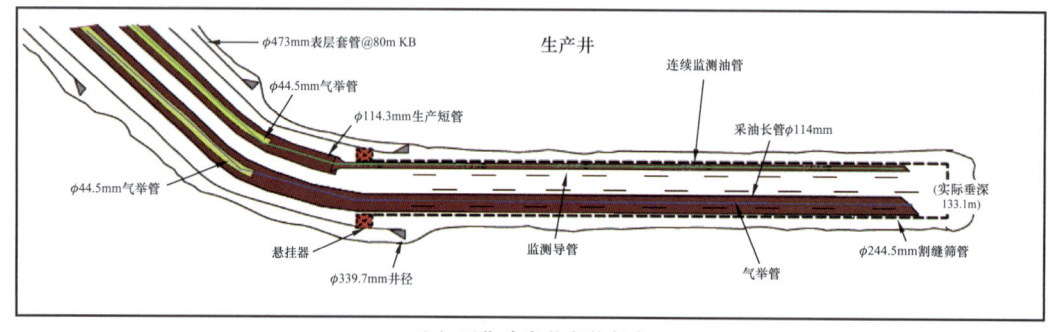

(b) 后期生产井完井方式

图6-5 MacKay River 项目后期注采工艺

因为其完井成本低、天然气充足、工艺简单这几方面原因，该项目以气体举升为主。除采用气举方式，自2007年开始，基于提高采收率、储层压力低、减少对地表压力约束的依赖等原因，在个别井中应用ESP和PCP等举升方式。但通过试验发现电潜泵并不能增加额外价值且改装费用高，因此一直没有大面积使用。

3. 开发效果分析

1）整体情况分析

MacKay River项目估算的动用原始地质储量（OBIP）为$0.44 \times 10^8 m^3$，预测最大采收率为65%，至2016年9月采出程度为44%，累计产油$0.195 \times 10^8 m^3$，平均产油速度4.0%，从开发效果和经济效益均取得显著效果。但不同排对生产效果差异较大，单井组高峰期平均日产油量在50~150t，平均日产油量100t，累计汽油比为2~4.4，平均值2.8（表6-3）。

表 6-3 不同井排的产量及采收率情况统计（截至 2016 年 8 月 31 日）

井排	投产时间	储量 10^4m^3	累计产油量 10^4m^3	累积汽油比 cSOR	瞬时汽油比 iSOR	预测采收率 %	采出程度 %	采油速度 %/a
A	2002-9	238.9	103.1	4.4	5.2	47	43.2	3.1
B	2002-9	331.9	266.4	2.2	7.7	82	80.3	5.7
C	2002-9	423.8	347.1	2.2	2.3	89	81.9	5.8
D	2002-9	274.1	192.3	2.4	3.2	85	70.2	5.0
E	2006-1	372.8	228.2	2.1	4.2	70	61.2	5.7
F	2007-9	361.6	234.2	2.4	5	81	64.8	7.2
G	2006-1	415.5	188.8	2.4	3.4	54	45.4	4.2
H	2009-2	175.6	43.1	3.3	4.3	47	24.5	3.2
NN	2008-12	701	147.1	2.7	2.3	58	21	2.7
OO	2008-10	525.1	78.4	3.2	2.9	52	14.9	1.9
QQ	2008-11	558.1	118.4	2	2.7	55	21.2	2.7
824	2015-10	68.4	0.7	4.5	2.5	60	1	1.2
累计/平均	—	4446.8	1947.8	2.8	3.8	65.0	44.1	4.0

MacKay River 项目中所有的不同井排的井对生产效果差异较大（图 6-6）。不同井排下的地层条件有一定的差别，以 A、B、C、D 四个井排为例，A 井排水平井从跟端到趾端产层厚度（黄色区域）变薄，靠近趾端发育角砾岩；B 和 C 井排产层均为较纯净的砂岩，C 井排产层厚度比 B 井排产层厚度大；D 井排水平井跟端产层为厚度较大的较纯净的砂岩，到趾端则发育倾斜的砂泥岩薄互层（图 6-7）。不同井排地下地层条件差异较大，主要表现在岩相和产层厚度的差异，这导致不同井排采收率有较大的差异。

2）典型井组分析

（1）井排 A（低采油速度）。

MacKay River 项目中 Pad 包括井排 A，总共有 7 个井组，分别命名为 A1—A7，井间距为 100m。该 Pad 于 2002 年 9 月 12 日开始注入蒸汽，9 月 23 日开始蒸汽循环，11 月 13 日，第一口井转 SAGD 生产，12 月 18 日，所有井组都转 SAGD 生产模式。循环阶段采取注汽井和生产井同时注汽循环预热的模式，平均蒸汽循环时间为 70 天，注汽速率为 80m³/d，最大注汽压力 1750kPa（图 6-8）。

A 井排在 2002 年 9 月至 2005 年 3 月，为产量上升阶段，产油量一般与注汽量保持相同的变化趋势，注汽量稳步增加，由 500m³/d 左右增加至 1900m³/d 左右，产油量由 250m³/d 左右增加至 610m³/d 左右，iSOR 由 8 左右降低至 3.5 左右，期间累计产油 36.9×10⁴m³，采收率为 13.2%。

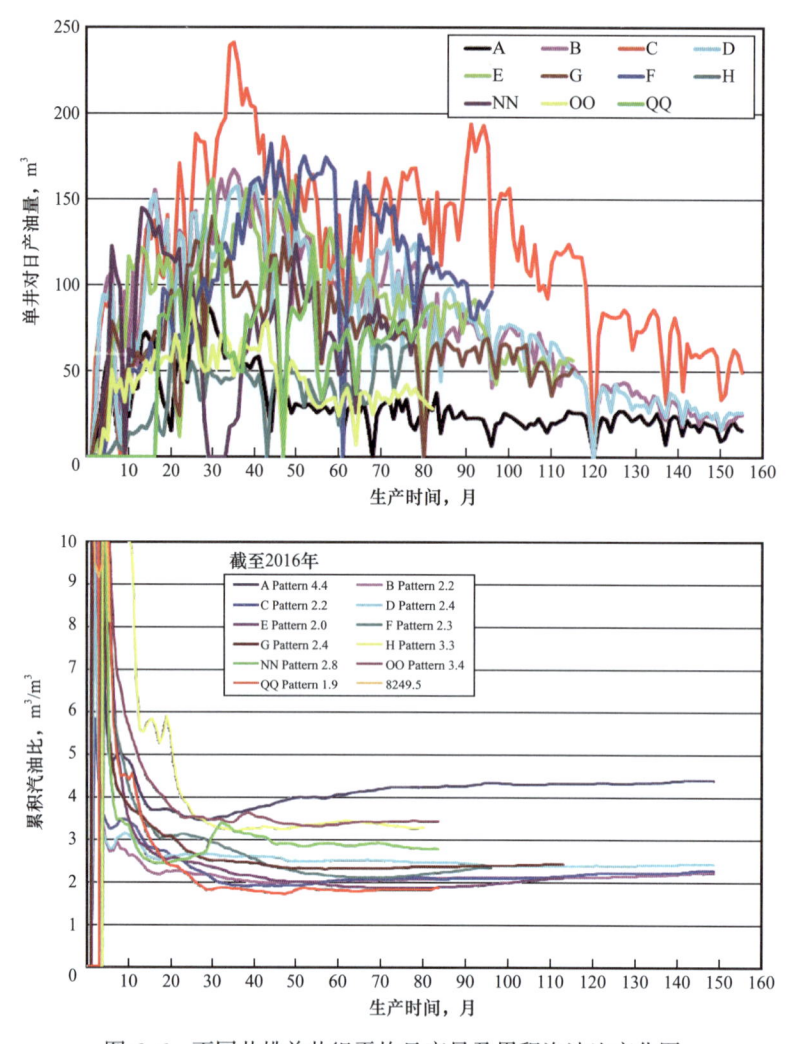

图 6-6　不同井排单井组平均日产量及累积汽油比变化图

2005年3月之后，井排A进入产量递减开发阶段，注汽量与产油量整体保持降低的趋势。井排A的产油量缓慢下降，虽然在2006年1月注汽量有过较大幅度的增长，增长至2050m³/d左右，但是并没有带来产油量的提升，产油量降低至250m³/d以下，iSOR由3.5快速增长至6.5左右。开采14年间平均采油速度3.1%，井排A目前的采出程度为43.2%，整体维持低速开采。

井排A目前的采收率跟同时开始生产的其他井排相比，单井组日产量平均值最低约20m³/d，预测最终采收率也是最低仅47%，累积汽油比最大，达到4.4。可见井排A的生产能力最差，主要原因是该井排相比其他井排，地质条件较差，净砂比为91%，含油饱和度82%，孔隙度为31%，均低于项目区的平均值。另外，井排A较纯净的砂岩层厚度比（岩相F1）为79%，生产井趾端发育角砾岩，角砾岩比例占15%，远远高于其他的井排（1%~4%）。井排A总体地层条件不好，这是影响最终采收率的主要因素。

（2）井排C（高采油速度）。

井排C包含6个井组C1—C6，整个开发阶段保持快速高效开采，是目前采出程度最高的井组。该Pad于2002年9月开始注入蒸汽，11月转SAGD生产，井排C估计的地质

储量为 $423.8\times10^4\mathrm{m}^3$，最大采收率为 89%，至 2016 年 9 月累计采油 $347.1\times10^4\mathrm{m}^3$，采收率已经达到 81.9%，累积汽油比为 2.2（图 6-9）。

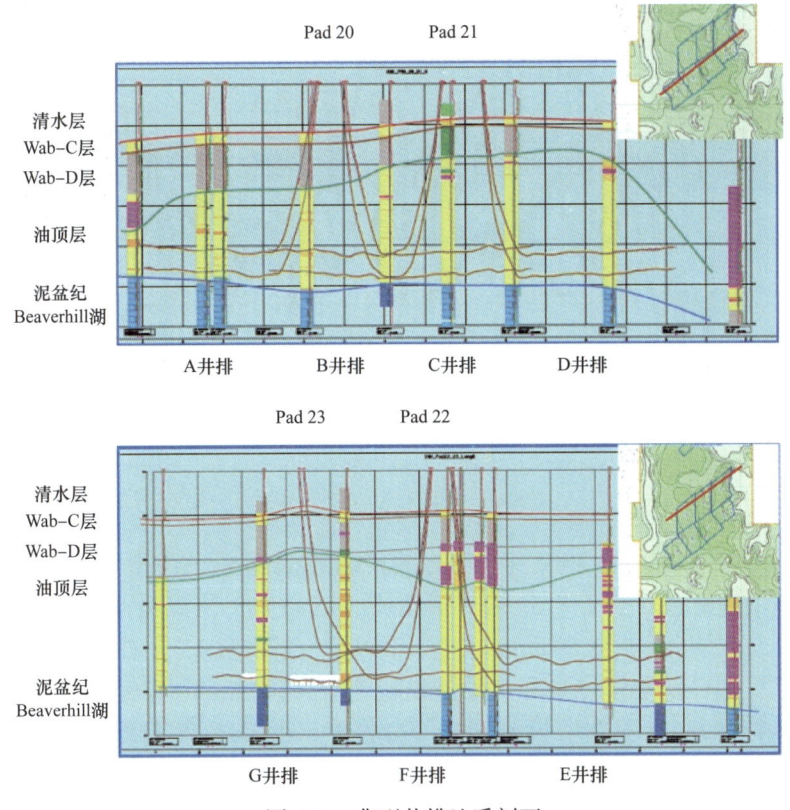

图 6-7 典型井排地质剖面

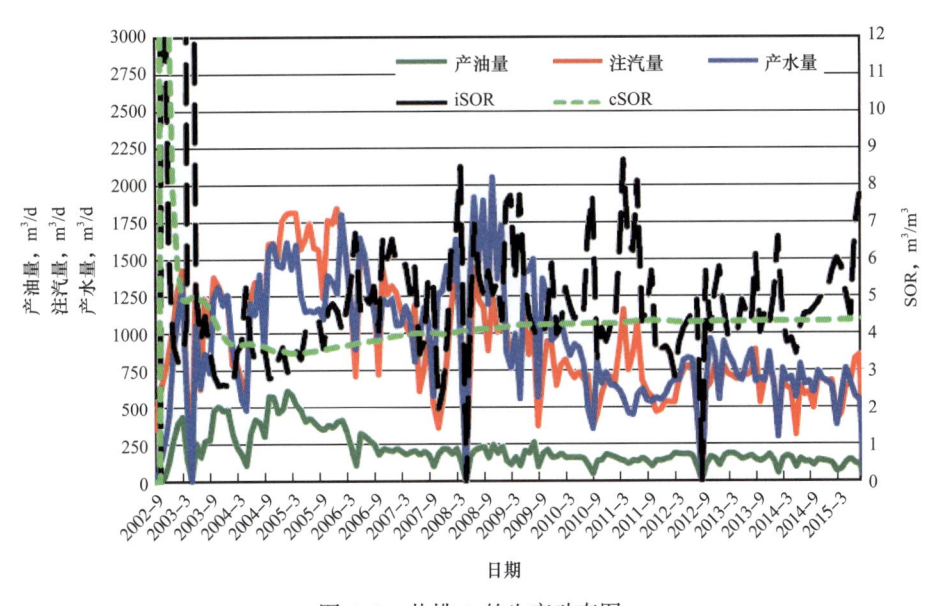

图 6-8 井排 A 的生产动态图

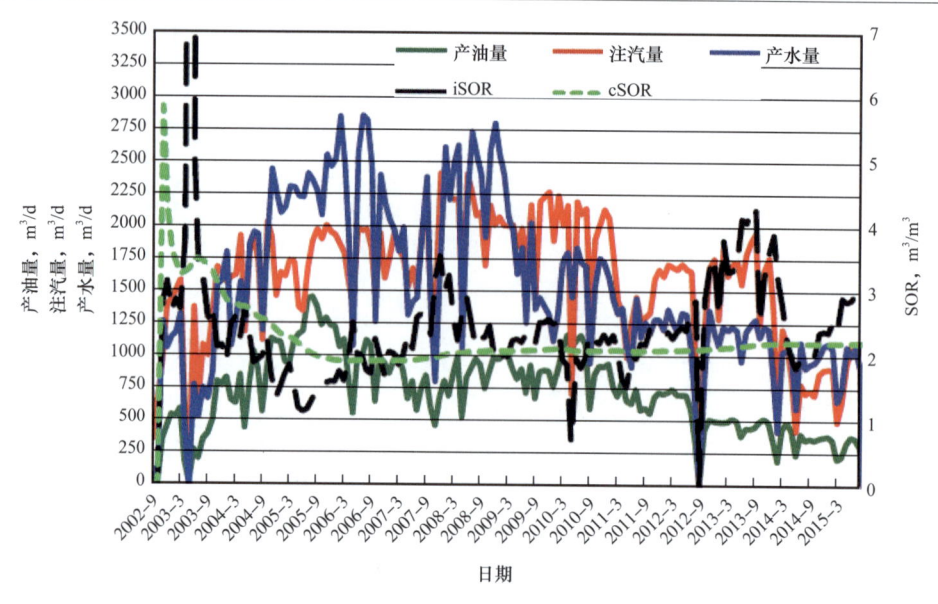

图 6-9 井排 C 的生产动态图

井排 C 在 2002 年 9 月至 2005 年 9 月，为产量上升阶段，为期 3 年，2002 年 11 月至 2003 年 3 月，井排 C 注汽量和产量保持快速增长的趋势，注汽量由 700m³/d 左右增加至 1590m³/d 左右，产油量增加至 590m³/d 左右，iSOR 一直保持在 3 左右波动，变化幅度很小。2003 年 5 月起井排 C 稳定注汽量和产油量稳定增长，注汽量由 1400m³/d 增长至 2200m³/d 左右，产油量由 400m³/d 左右增长至 1150m³/d 左右，iSOR 逐渐降低至 1.5 以下。在 2005 年 9 月产油量达到生产高峰，约 1490m³/d。该阶段期间累计产油 7.58×10⁴m³，采出程度为 15.4%，上升阶段 5%。

2005 年 9 月至 2010 年 9 月为稳定生产阶段，历经 5 年，产油量整体稳定在 750~1000m³/d，注汽量在 2000m³/d 以上，瞬时汽油比为 2~3，该阶段期间累计产油 193.9×10⁴m³，采出程度为 62%，高峰稳产阶段产出程度为 46.6%，高峰期采油速度 9.32%。

2010 年 9 月之后井排 E 进入产量递减开发阶段，产油量整体保持持续降低的趋势，至 2016 年 9 月，产油量从 750m³/d 降低至 280m³/d 左右，注汽量从 2010 年 9 月的 2000m³/d，下降至 2015 年 9 月 850m³/d，生产后期瞬时汽油比从 2.2 上升至 3.0，其中有一年时间瞬时汽油比在 3.0~4.0 之间，阶段产出程度 19.9%，采油速度平均为 4.0%。

井排 C 其平均单井组日产量平均值最高 150m³，远高于其他井排。目前采收程度最高达到 81.9%，预测最终采收率也是最高达到 89%，累积汽油比仅为 2.2，可见井排 C 的生产能力最好，主要原因是该井排相比其他井排，地质条件最好，油层厚度大，净砂比为 95%，含油饱和度 82%，孔隙度为 32%。另外，井排 C 的产层为较纯净的砂岩，含少量的倾斜的泥质夹层，纯净的产层厚度比（岩相 F1）为 95%，而角砾岩及倾斜的夹层（岩相 F4—F10）均为零。井排 C 良好的地质条件是其各项采收参数均非常好的重要原因。

4. MacKay River 项目开发经验总结

1）生产前期与中期经验

循环预热阶段的预热效果影响着生产效果效果，MacKay River 项目初期采用相对快速启动方式，强调短时间内快速启动，用较高的注汽速度加热近井地带油藏，循环 30 天后注采井间施加压差促进联通。经过一段时间摸索后提倡循环期内实现水平段均匀加热，注入速度维持在 2~3m³/d，保证蒸汽到达井底时也为蒸汽。通过井下压力与温度监测管线记录下不同时间段温压变化情况，调整井底流压（Flowing Bottom Hole Pressure，FBHP）使得注汽井和生产井之间的压差 Δp 控制在 50kPa 以内。

稳产阶段一直注重储层的保护，严格管控生产阶段汽腔的压力。MacKay River 项目油藏的埋深在 98~145m 之间，平均埋深为 109m，储层压力 300~500kPa，平均压力 400kPa。项目中的操作压力主要是由盖层基底的埋深决定，通过一个测量的盖层破裂压力梯度为 21.5kPa/m 和一个适当的安全系数决定。2002—2010 年，盖层破裂压力梯度取值为 21.5kPa/m，产层顶部埋深为 100m，安全系数为 0.9，则最大操作压力为 $21.5\times100\times0.9=1935$kPa。2011 年之后，是以 Wabiskaw D 盖层底部深度为准，盖层破裂压力梯度取值为 21kPa/m，安全系数为 90%。2014 年之后允许的最大操作压力（MOP）遵循相关文件的规定，允许的井底最大操作压力是裂缝闭合压力的 80%。井底流压是通过蒸汽注汽压力来控制，通过降低蒸汽注汽压力使得井底流压小于最大操作压力。

MacKay River 项目的初始设计是所有的 SAGD 生产井都采用气举的方式生产，依据有三个方面：（1）气举的完井方式成本相对较低；（2）气举可以回收气体然后用于产生蒸汽；（3）项目区井底地层条件相对比较好，无顶水和边水的影响，井的性能较好。实践证明，气举在 MacKay River 项目中是一种非常可靠的采油方式。据 2013 年资料显示，在该项目中，78 个井组中有 76 个井组的生产井采用气举都非常成功，气举采油在 MacKay River 项目中取得的经验包括：新井需要更多的天然气用于举升，新井由于启动和提高产量的速率较慢，因此稳定连续的运行对于实现产量上升十分关键；气举生产中保持稳定的注汽压力是保持产量的关键，维持同一个 Pad 压力维持相近的操作压力也十分关键。

MacKay River 项目中从 2007 年开始也进行了机械举升工艺的试验，主要目的是试验低压下的生产能力，机械举升包括电潜泵（ESP）举升和金属螺杆泵（PCP）举升。电潜泵和螺杆泵的有效运行时间相对比较成功，基本都在 1 年以上，最好的能达到 2 年以上。电潜泵和螺杆泵举升对井初始生产速率比较低的时候还不太合适，因为泵较高的体积效率会造成井底液量不足，易形成气窜，可以通过降低泵的体积效率或者换更小功率的泵来解决这个问题。实践表明，高压操作下电潜泵的运行效果比低压条件下好，因此，较低的注汽压力对于电潜泵的运行仍然是一个挑战。该项目试验表明井下机械举升方式无明显优势，而且改造井下泵成本很高；另外，由于 MacKay River 项目区供电不足，对电潜泵和螺杆泵的运行也会产生严重的影响。

2）生产后期经验

在 MacKay River 项目生产一段时间之后，随着蒸汽腔的增长，原地沥青被不断地采出，采收率增大，逐渐出现生产速率下降、汽油比上升的现象。对于某一特定的区域，由于沥青被大量采出，如果再持续的注入蒸汽已经显得十分不经济了，然而地下大部分储层温度仍然很高，并且这部分热量是可以被利用。那么如何经济有效地开采，如何有效利用储层中的热量，如何在不同阶段的蒸汽室之间进行平衡操作，这显得十分重要，需要制订现场沥青生产的后期阶段所需的策略。

采用注入非凝析凝气（NCG）或 NCG 和蒸汽注入的混合物可以更好地维持产量下降阶段（wind-down）的蒸汽腔压力，能更有效地利用原地热能，延长经济有效生产时间。为了进行非凝析气（NCG）注入试验，Suncor公司进行了前期的调研工作，具体内容包括：（1）NCG应用井组筛选；（2）用于wind-down阶段NCG的类型；（3）NCG注入速率；（4）NCG与蒸汽注入量的比例关系；（5）NCG注入对相邻SAGD模式的影响；（6）NCG在SAGD使用的商业性评估以及NCG回收率。2008年开始早期的准备工作，包括数据采集、数值模拟以及注入设备的设计。2009年主要进行了技术评估、工程建模和设备费用评估等工作。2010年筛选出已进入递减阶段的井排B中进行NCG注入试验（图6-10）。2012年2月B3，B4和B5井组中开始注入甲烷气体，至2014年6月期间注汽量由800m³/d降低至250m³/d，但注NCG气量由15000m³/d增加至26000m³/d，其中单井组允许的最大注入速率为10000m³/d，单井组平均注汽速率为5735m³/d。产油量依然非常稳定，保持在250m³/d左右的水平，SOR继续减小，变化幅度较大，由2.5降低至1.5左右。先导试验B3、B4和B5井组在注NCG试验的生产动态结果显示，注NCG试验对产油量并没有明显影响，产油量不随NCG气量的增加而增加，但是注NCG对井组的瞬时汽油比有重要影响，瞬时汽油比明显降低。B4井组水平井跟端和趾端的两口观察井OB7和OB9温度曲线表明，注入NCG之后，注入NCG之后的温度要比注入NCG之前要低，蒸汽腔温度下降了10℃左右。降低蒸汽的条件下注NCG气体可以保持汽腔的压力，但汽腔的泄油面温度会降低，为了不影响产量需要确定合理气体注入浓度。

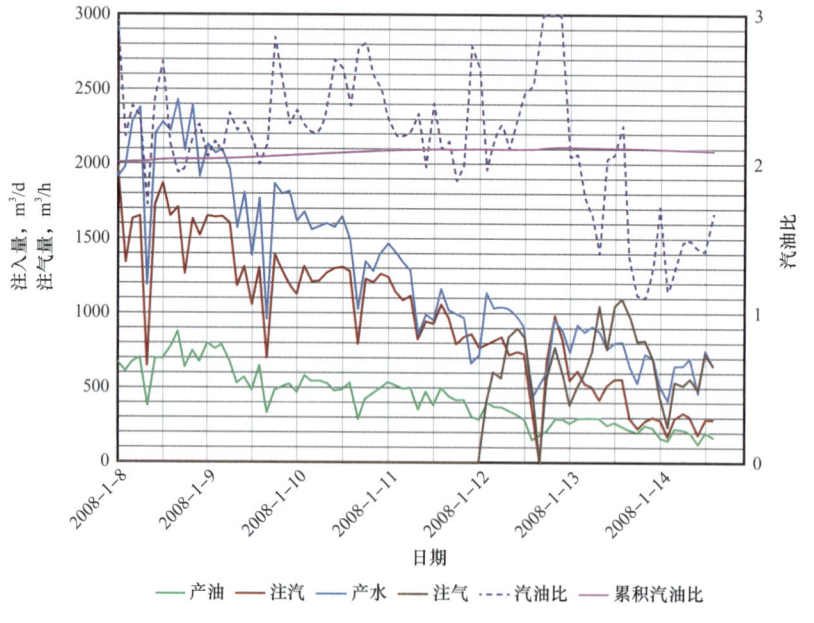

图6-10 Suncor公司Mackay River项目井排B生产历史曲线

3）SAGD井废弃策略

在MacKay River项目中，也存在一些问题井需要废弃，适当的废弃一些问题井是降低风险的一项重要措施。这些废弃井的问题表现在：（1）产量递减至没有效益时而废弃；（2）固井质量差，影响地表安全；（3）井筒完整性存在问题。

MacKay River项目区的问题井废弃策略为：首先在当前开发区和石油租赁区确定所有要被废弃的井。2010年由于井筒完整性问题以及历史生产情况比较差计划废弃3~4口水平井，Pad 20—Pad 25在未来5年内也面临个别井组废弃的问题，其中Pad 20和Pad 21是采出程度最高的，B 井排和 C 井排个别井组产量会被废弃。

对于废弃井组的潜力挖潜也试验了部分井组，C2 井组自 2011 年起就停产了，C3 和 D4 井组产量非常低。2016 年，项目区共钻了 2 口加密井 C2IPB 和 D4PB，其中在 C2I 注汽井套管中侧钻出加密井 C2IPB，在 C2P 和 C3P 之间 40～50m，从 D4 井组生产井套管侧钻出加密井，加密的井在 D3P 和 D4P 之间横向距离约 50m，垂向上加密井要低于原生产井 2～3m，这种布井方式不仅动用了 SAGD 井间热油，水平生产井下方 3m 厚的地窖油也得到了开采。钻加密井 D4PB 前几年该井在到达日产量最高峰后就一直处于整体下降的趋势，低至 10m^3/d，加密后产量量基本约为 80m^3/d（最高有达 180m^3/d），增产效果明显。

4）常见的工程问题及应对措施

在 MacKay River 油砂开发项目中，遇到了很多问题，这些问题主要是工程方面的原因所致，包括井下割缝堵塞、筛管损坏和表层套管泄漏等问题，Suncor 公司针对这些问题也做了大量的调控措施，取得了一定的改善效果。

项目区有 12 口生产井被认为是割缝结垢后造成了堵塞。Suncor 公司决定采用将酸液混合物进行割缝清洗的处理方法，其中有 9 口井酸洗后生产速率明显提高，井底压力从处理前的 800kPa 增大到 1200kPa，另外 3 口井酸洗没有起作用。生产井 E4 在 2010 年 3 月进行 5 天的酸洗后，产量在短期内迅速提升，从之前的 180m^3/d 增长到 310m^3/d。生产井 G3 在 2010 年 5 月进行 3 天的酸洗后，产量从 90m^3/d 增长到 200m^3/d 左右。

在循环蒸汽和 SAGD 操作过程中发现出砂现象，导致无法正常循环和维持井的正常生产。主要由于筛管悬挂器损坏、割缝损坏或者设计的割缝大小不合适。生产井 Pad25 NN-1 井组于 2009 年 2 月开始生产，生产初期产量上升较快，但是在 2009 年 6 月突然产出砂和蒸汽，取出完井管柱发现长管柱距离跟端 100m 处砂蚀严重（图 6-11），经检测后发现在测深 480m 处筛管损坏，后对筛管损坏部分进行修补，该井在 2009 年 8 月重新生产，已经恢复到损坏之前的水平。2010 年 12 月又出现筛管损坏，2011 年 3 月取出完井管柱发现长管柱 1109m 处有洞，4 月再次进行修补，2011 年 7 月产量恢复到正常值。

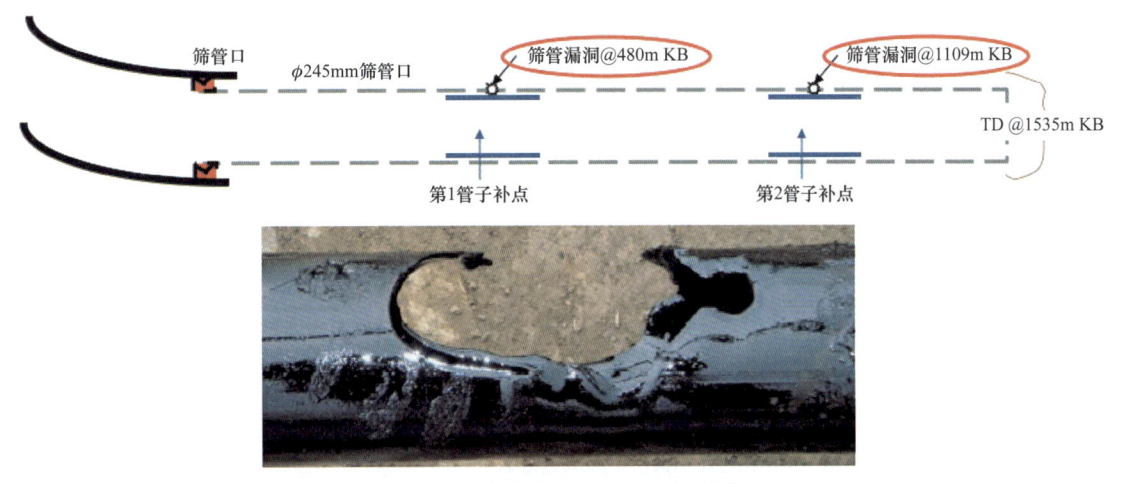

图 6-11 损坏的 Pad 25 NN-1 筛管

长期高温高压之下，表层套管外的水泥环封堵性能降低将导致表层套管泄漏气体的问题，该地区有 6 口井发现这种问题。2010 年 4 月，Pad 22 G2 井出现表层套管泄漏现象，取出注汽管柱后用声波测井和水泥胶结测井方法分析井下泄漏点，分析表明泄漏点出在 Wabiskaw D 盖层下方。2010 年 5 月安装气体泄漏监测仪器，该井在 6 月 4 日至 7 月 30 日恢复蒸汽注入，但是套管泄漏一直没有停止，最后决定尝试用水泥封固。2010 年 8 月和 10 月进行第一次水泥封固，在 McMurray 顶部 Wabiskaw D 盖层下方套管上射孔并注入水泥，SCVF 有所减轻但是情况仍然很糟糕。2011 年 6 月在 Wabiskaw A 进行第二次水泥封固，气体泄漏的情况得到好转。

三、ConocoPhilips 公司的 Surmont 项目

Surmont 项目为 ConocoPhilips 公司经营的项目，最初在 1997 年建设了小规模的 SAGD 先导试验区，这个试验区是 Albert 地区最早的 SAGD 试验区之一。区域储层条件明显差于 Suncor 公司的 Mac Kay River 项目。本节主要介绍其 SAGD 油藏管理方面所取得的经验以及操作过程中的主要做法[30]。

1. 地质概况

Surmont 位于阿尔伯达省东北部 Athabasca 油砂区 Fort McMurray 东南方向约 65km 处，占地面积约 567km²（图 6-12）。

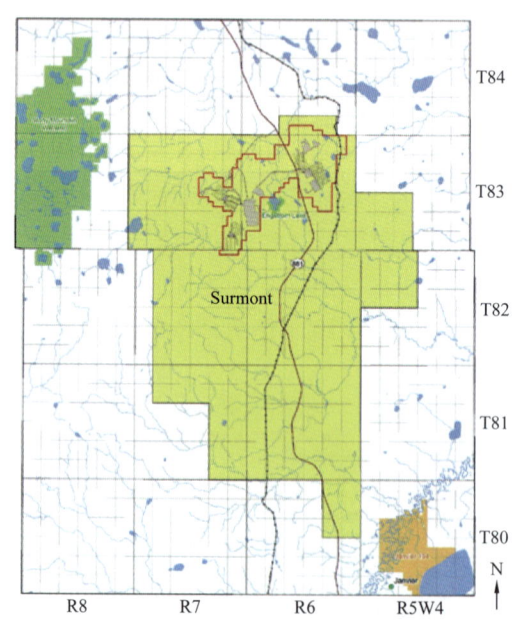

图 6-12　Surmont 项目位置

Surmont 项目开发层系为 McMurry 组，上部普遍发育顶水和气顶。McMurry 组位于泥盆系不整合面之上，其上部被 Wabiskaw 地层所覆盖。河道砂、砂质砂泥互层和角砾沉积为主要储层单元。泥质砂泥互层和废弃河道淤积为非储层。从泥盆纪到 McMurray 组顶部，沉积物向上逐渐变细。属于河流—河口滨海沉积环境，McMurray 组可以被分为上、中、下三个部分，上部是混合的潮坪沉积环境，由粉砂和页岩夹层组成，存在气顶和顶水区，中部属于河道细粒砂岩沉积，下部为粗—细粒的分选差的河道砂（图 6-13）。

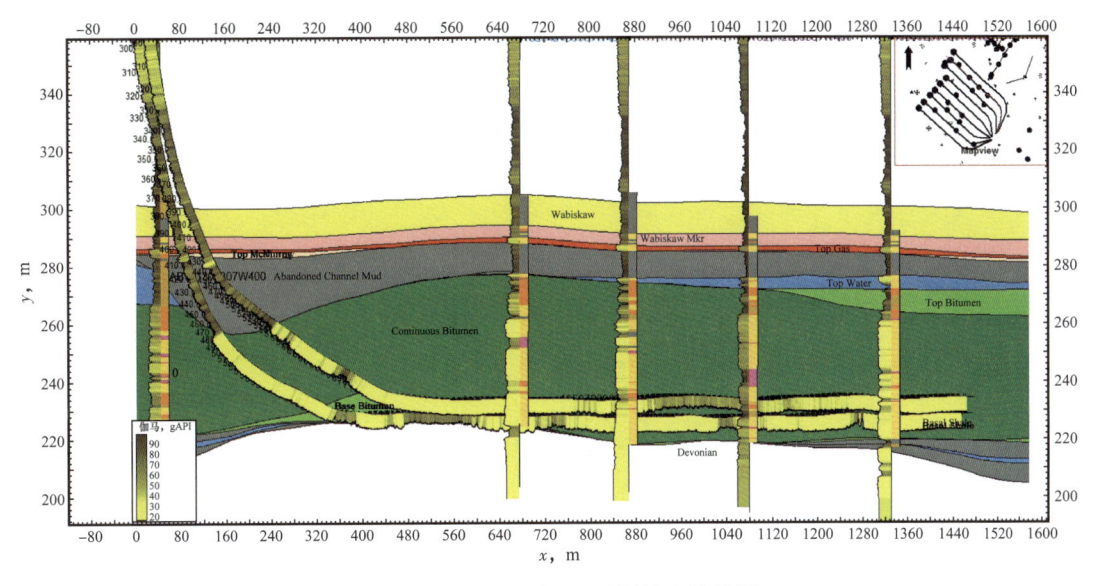

图 6-13 Surmont 项目区地层综合柱状图

从 Surmont 试验区附近的一些井中得到的油藏温度平均在 16℃（井底温度测量）。Surmont 项目区储层存在丰富且分布广泛的顶水（厚度高达 12m）及气顶（厚度高达约 11m）。油藏关键参数见表 6-4。油藏深度在 400m 左右，平均水平井长度在 1100m 左右，平均净油段厚度约为 30m，平均孔隙度约为 36%，平均渗透率为 3～10D，平均沥青饱和度为 75%，原始地层压力为 2050kPa，原始地层压力下的原油黏度为 1000000mPa·s。

表 6-4 Surmont 项目油藏关键参数

参数	数据
黏度（原始地层压力下），mPa·s	1000000
平均沥青饱和度，%	75
平均渗透率，D	3～10
平均孔隙度，%	36
平均净油段厚度，m	30
原始地层压力，kPa	2050
油藏埋度，m	400

2. 开发历史

Surmont 项目原始地质储量估算大于 200×10^8 bbl。1996 年，加拿大阿尔伯塔省能源部的油砂研究部门（AEUB）对 Surmont 项目区油砂矿能否使用 SAGD 工艺开采进行了初步的评估。通过该评估认识到，SAGD 技术不能直接用于 Surmont 油砂开采，需要进一步研究和计划。虽然 SAGD 的一些相关技术已经取得专利，但是针对 Surmont 项目区油砂的开发，仍存在许多特殊的问题待解决，最主要的问题是确定储层顶部蒸汽贼层对 SAGD 生产的影响，这儿蒸汽贼层的定义为，那些高含气或含水并且出现在沥青储层内或附近的渗透性区域。

Surmont 项目在 1997 年启动先导试验,以评估 SAGD 采收方法在商业开采和评估贼层影响方面的可行性。试验使用了三个 SAGD 井组(分别为 A、B、C 井组),这三个井组至今仍在生产和进一步试验新技术。先导试验一共有 3 个水平井组,并配有 10 口观察井(图 6-14)。

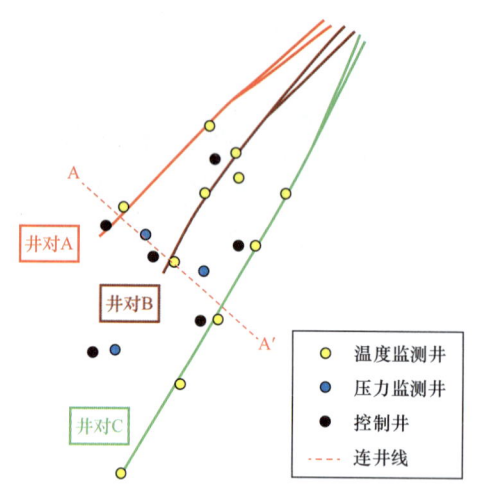

图 6-14　Surmont 项目 SAGD 先导试验区

Surmont 项目后续进行了两个阶段的开发,第一阶段的建设始于 2003 年,总共包括三个 Pad,分别命名为 Pad 101(分为 Pad 101N 和 Pad 101S)、Pad 102(分为 Pad 102N 和 Pad 102S)以及 Pad 103(图 6-15)。2007 年 6 月首次注入蒸汽,2007 年 10 月开始商业生产。Surmont 项目第二阶段从 2010 年早期开始建设,2015 年 8 月开始循环蒸汽,9 月开始产油,至 2016 年 2 月 29 号共有 7 个 Pad 开始生产,总计 45 个井组转为 SAGD,产量持续上升。

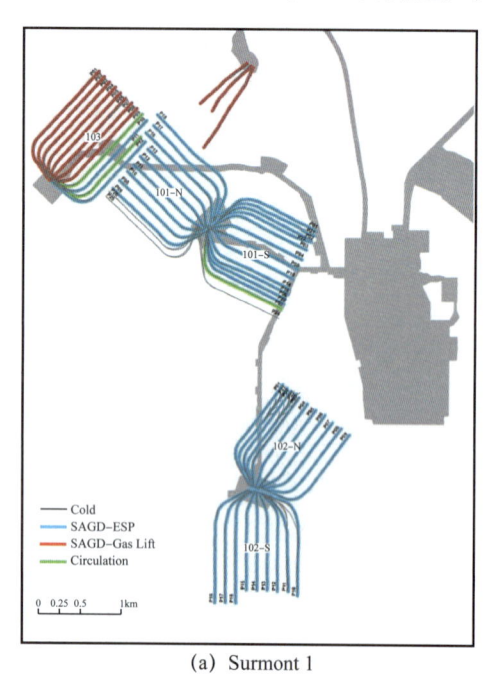

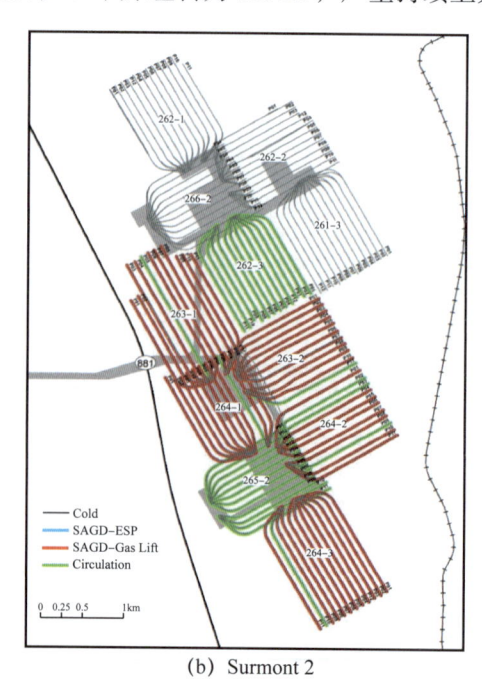

(a) Surmont 1

(b) Surmont 2

图 6-15　Surmont 项目工业化生产井位图

Surmont 项目中的注汽井主要有两种完井方式：平行双管注汽井和同心双管注汽井。这两种井的井身结构设计如图 6-16 和图 6-17 所示。通过对所有井的统计分析，Surmont 项目第一阶段 Pad 101 和 Pad 102 采用了 20 口同心双管注汽井和 18 口平行双管注汽井，Pad 103 的 12 口井全部采用同心双管注汽井，其中一半的注汽井安装 FCD，第二阶段 81 口井全部使用同心双管注汽井。从两种井身结构的应用上可以看出，同心双管注汽井的井身结构更具优势，在 Surmont 项目的第二阶段完全取代了平行双管注汽井的井身结构。

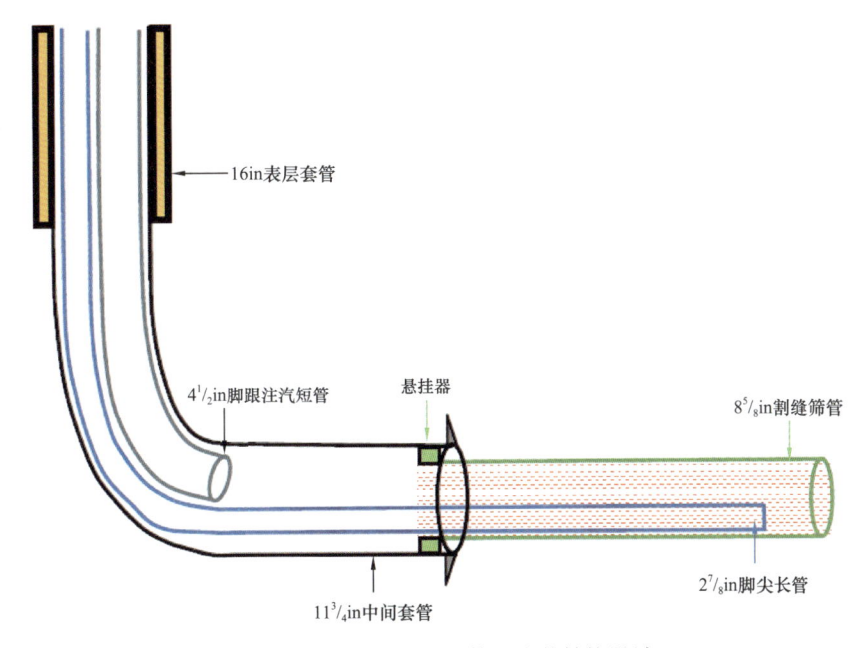

图 6-16　典型的平行双管注汽井结构设计

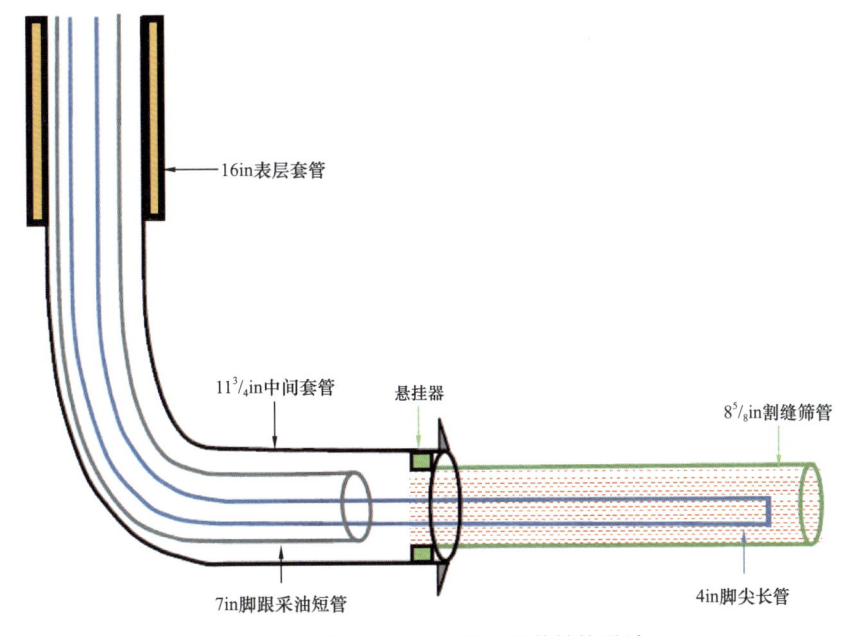

图 6-17　典型的同心双管注汽井结构设计

Surmont 项目平行双管注汽井井身结构为：16in 表层套管，$11\frac{3}{4}$in 中间套管，$8\frac{5}{8}$in 割缝筛管，$4\frac{1}{2}$in 跟部管柱，$2\frac{7}{8}$in 趾端管柱。

Surmont 项目同心双管注汽井井身结构为：16in 表层套管，$11\frac{3}{4}$in 中间套管，$8\frac{5}{8}$in 割缝筛管，7in 跟部管柱，$4\frac{1}{2}$in 趾端管柱。

通常在 SAGD 的初期使用气举的完井方式，随着流体的采出，地层压力逐渐降至低于气举的有效生产压力时，改为使用电潜泵，而对于可能是低产能井和有可能出砂的井则使用螺杆泵。Surmont 项目的气举经验始于先导试验区，工业化第一阶段井组初期采用平行双管或同心双管采油气举工艺，汽腔扩展大后改为电潜泵生产，而第二阶段后生产初期采用同心管气举采油，生产短管 7in 延伸到水平井脚跟处，内置 4in 的长管至脚尖，管内有用于气举的连续油管（图 6-18）。

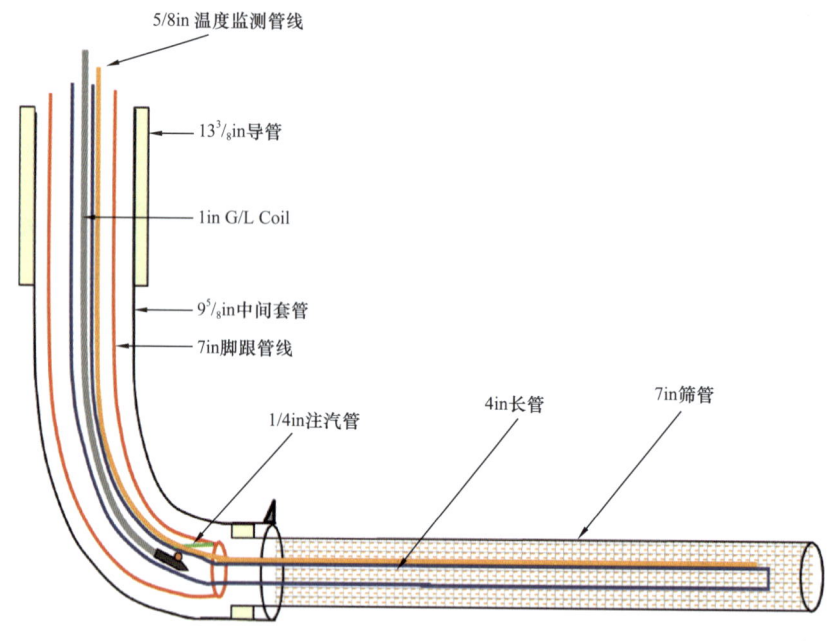

图 6-18 典型的气举生产井结构设计

用于热力 SAGD 应用的电潜泵可以设计不同的大小来满足某些特定的井的产能，但其最高工作温度有限制，操作阶段温度通常需要低于 215℃ 且费用比较高。Surmont 项目通常安装 500 系列的泵，但由于套管限制（casing restrictions）也会安装 400 系列的泵。典型的电潜泵生产井完井结构如图 6-19 所示，包括 $13\frac{3}{8}$in 的表层套管，$9\frac{5}{8}$in 的中间套管，7in 的筛管，$3\frac{1}{2}$in 的跟端生产管柱，电潜泵安装在其尾端，电泵上有温度和压力感应器，紧靠着电潜泵管柱的是电潜泵电缆、3/8in 的生产油管、$2\frac{1}{4}$in 的监测压力和温度的管线，$2\frac{1}{16}$in 的导管，导管内部有 40 个点 LxData 公司的光纤测温管线。

3. 开发效果分析

1）整体情况分析

2016 年公布的 Surmont 项目总生产能力为 22488m³/d，累计产量为 1119×10⁴m³，先导试验阶段的三个井组的整体采收率为 26.3%（A、B、C 三个井组的采收率分别为 43%、48% 和 7%），第一阶段的整体采收率为 24.8%，第二阶段的整体采收率为 0.45%，Surmont

项目未来开发潜力巨大，ConocoPhillips 公司计划于 2020 年开始进行第三阶段的建设。

Surmont 项目先导试验阶段三个井组的油藏参数见表 6-5，油藏平均孔隙度约为 32%，平均含油饱和度为 82%~84%。井组 A 和井组 B 于 1997 年开始运行，井组 C 于 2000 年开始运行。井组 A 和 B 水平长度为 350m，井间距为 80m。井组 C 靠近 A，水平长度为 700m。试验区设计产油量 200m³/d，实际产油量在 100m³/d。其中 2007 年时井组 C 注汽井出现了筛管故障，阻碍了井身跟部的蒸汽腔发育，导致该井组在 2014 年 1 月被关闭。至 2016 年 4 月，三个井组原始地质储量总计 2421×10³m³，累计产量 638×10³m³，采出程度为 26.3%，蒸汽注入量约为 320m³/d，产量约为 100m³/d，汽油比 3.33（图 6-20 和图 6-21）。

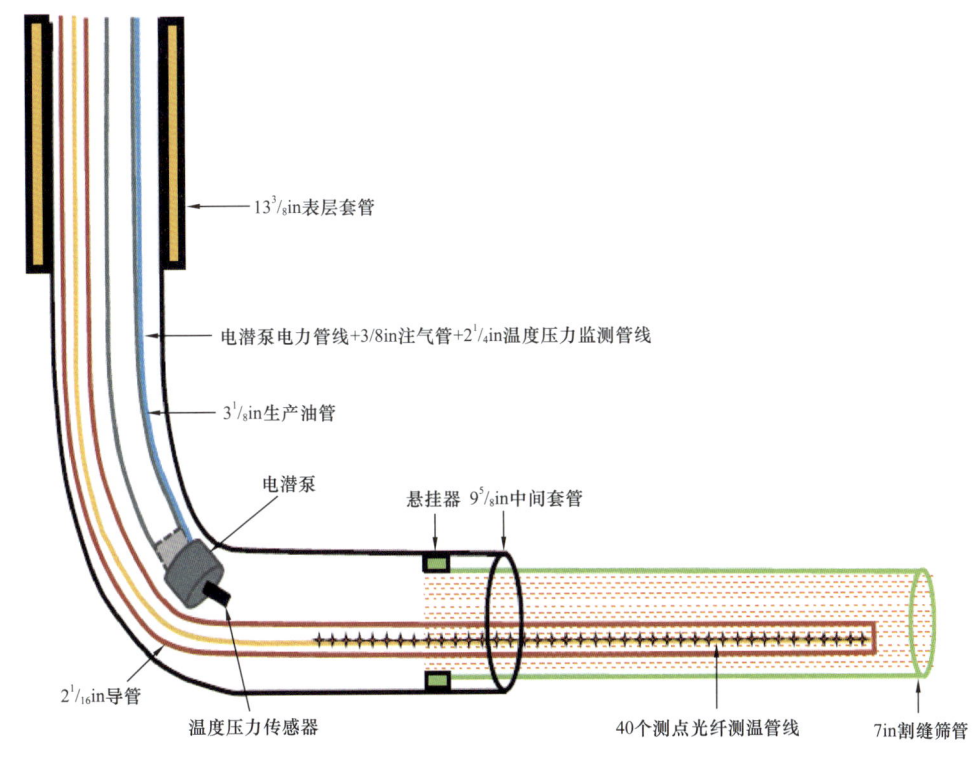

图 6-19 典型的电潜泵生产井结构设计

表 6-5 Surmont 项目先导试验区井的相关参数（截至 2016 年 1 月底）

井位	平均孔隙度 %	平均含油饱和度 %	累计产量 10³m³	原始地质储量 10³m³	预期采收率 %	采出程度 %
Pair A	33.1	82.9	261	609	50	43
Pair B	33.0	82.2	288	597	50	48
Pair C	33.3	84.1	89	1215	50	7
总计/平均	33.1	83.0	638	2421	50	26.3

注：OBIP=$HA\phi S_o$，整个项目中的该值每年都会根据前一年进行重新计算（基于新钻的井组）。

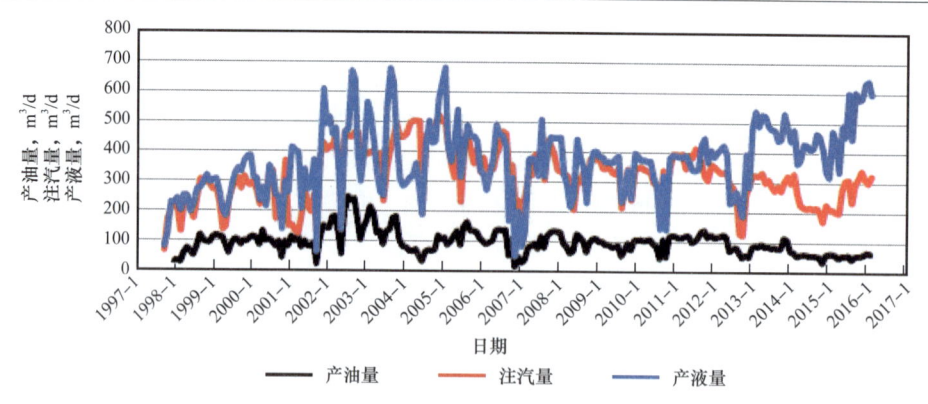

图 6-20 Surmont 项目先导试验区历史动态生产曲线

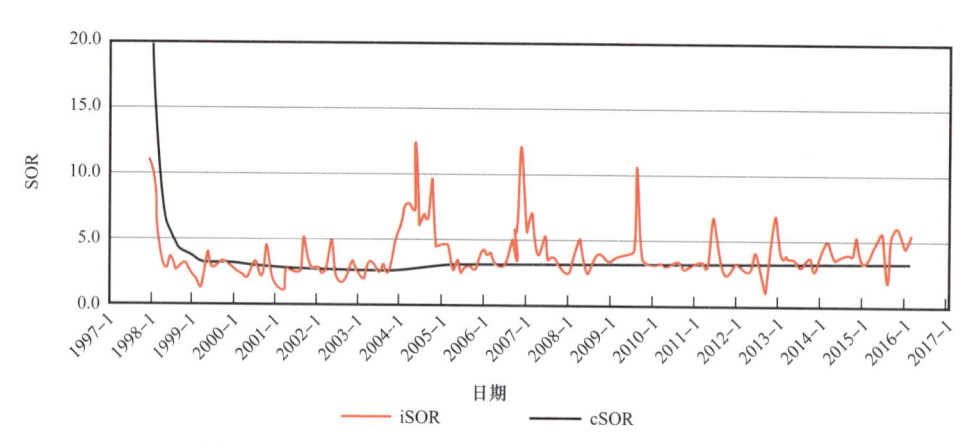

图 6-21 Surmont 项目先导试验区 iSOR 和 cSOR 的变化

Surmont 项目第一阶段三个 Pad 的油藏参数见表 6-6，油藏平均深度约 250m，平均孔隙度约为 32%，平均含油饱和度为 80%，平均水平和垂直渗透率分别为 4624mD 和 3853mD，原始地层压力为 1720kPa 左右。至 2016 年 1 月，三个 Pad 原始地质储量为 41314×10³m³，累计产量 10274×10³m³，采收率为 24.8%（表 6-7）。

表 6-6 Surmont 项目第一阶段油藏参数

Pad		埋深 m	孔隙度 %	含油饱和度 %	水平渗透率 mD	垂直渗透率 mD	原始地层压力 kPa
Pad 101	101N	370～410	33	82	4342	3603	1690
	101S		33	81	5418	4550	1684
Pad 102	102N		33	81	4866	4078	1735
	102S		31	74	4043	3331	1800
Pad 103	103		32	84	4451	3705	1691
平均值		400	32	80	4624	3853	1720

表 6-7　第一阶段各个 Pad 的生产情况（2016 年 1 月）

井位	累计产量 $10^3 m^3$	汽油比	原始地质储量 $10^3 m^3$	预期采收率 %	采出程度 %
101N	1878	3.2	7817	50	24
101S	2874	2.8	8842	50	32.5
102N	2115	2.4	6998	50	30.2
102S	3299	2.4	7481	50	44.1
103	108	5.0	10176	50	1.1
总计	10274	2.5	41314	50	24.8

2）典型井组分析

（1）先导试验区井组分析。

井对 A 的生产动态如图 6-22 所示。A 井对累积汽油比 4.32，日产油 40~50t，采出程度 43%。井组 A 于 1997 年开始运行，初期注汽压力较高，井底流压保持在 3500kPa 以上，最大超过 4000kPa，1999 年开始，注汽压力逐渐降低，至 2000 年，井底流压降低至 2800kPa 左右。从 1998 年至 1999 年末，井组 A 注汽速率逐渐增大至 150m³/d 左右，沥青的产量稳步上升至 70m³/d 左右，产水量与蒸汽量注入量曲线基本保持一致，累积汽油比逐渐降低至 2 左右。

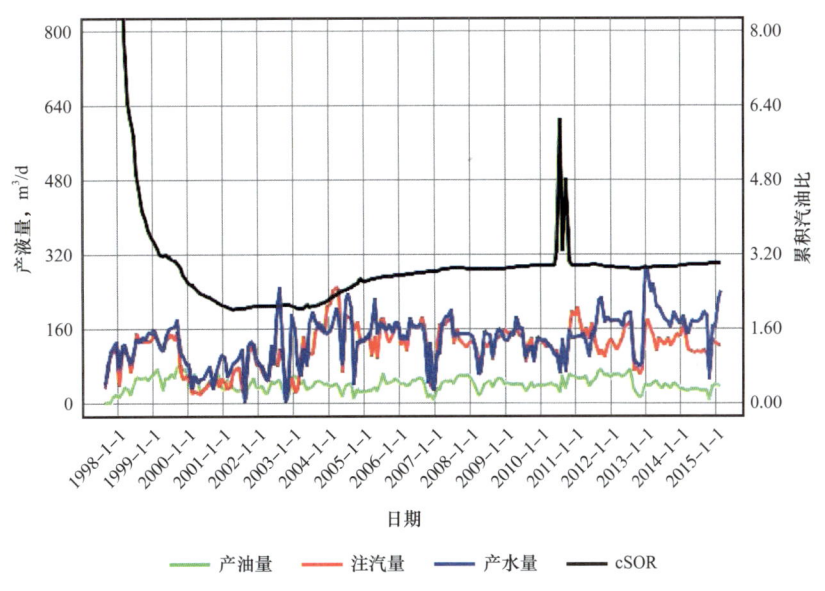

图 6-22　Surmont 项目先导试验区井对 A 生产曲线

2000 年初，注汽速率骤降至 70m³/d 左右，井底流压降低至 2000kPa 左右，沥青产量降低至 50m³/d 左右，累积汽油比在 2 左右。至 2003 年初，注汽速率保持缓慢增长的趋势，但井底流压降至 1500kPa，沥青产量在 50m³/d 左右小幅度波动，累积汽油比稳定在 2 左右。

2004 年 6 月由于杆泵运行故障，其结果是注入的蒸汽量急剧减少，沥青产量下降。

2005年4月，安装了斯伦贝谢公司的电潜泵，产量出现明显提升，但是该电潜泵运行20个月后发生故障。2007年1月，对电潜泵进行更换，此期间产量略有下降，安装之后恢复生产，产量迅速提升，后期压力长期稳定在1600kPa，操作趋于稳定。2013年顶部的气顶和顶水对试验区井组影响逐渐加剧，产水量增加至180~200m³/d，水油比从2012年开始逐年升高。

试验区为了减低热损失，将蒸汽腔压力下降至1500kPa，如果蒸汽腔的压力降至贼层压力之下，将会发生水侵，带来的后果是产水率逐渐增加，水油比的增大。表6-8展示了2009—2015年先导试验区蒸汽注入量与汽油比、水油比的关系，从2009年开始，蒸汽腔开始大面积地与贼层接触，导致这一阶段的水油比较大，特别是2011年至2015年，水油比呈现出快速增大的趋势。

表6-8 2009—2015年Surmont先导试验区生产数据

年份	沥青产量，m³/d	蒸汽注入量，m³/d	汽油比	水油比
2009	91	320	3.52	3.47
2010	117	354	3.03	3.2
2011	119	367	3.08	3.20
2012	82	262	3.20	4.44
2013	89	304	3.42	5.52
2014	56	224	4.00	7.69
2015	67	320	4.78	9.0

据2015年9月先导试验区4D地震监测剖面资料，井组A和B中，发育中的蒸汽腔已经到达贼层区上方，蓝色虚线上方为贼层区（图6-23）。很明显，井组A中蒸汽出现较多漏失（蓝色面积代表蒸汽腔发育到达的位置），井组B稍弱。井组A的累积汽油比值（4.32）要比井组B（3.71）大，表明井组A的蒸汽损失量更大，在产出等量的油时，A井组所消耗的蒸汽量必然比井组B多。

（2）井组101N。

2007年7月，101-10井、101-11井、101-12井、101-13井、101-14井对循环预热，循环3~4个月转入生产阶段，初期维持高压生产，注汽量2000m³/d，产油量上升至850m³/d，产水量1500~2000m³/d，含水率70%。2012年7月开始，蒸汽腔与顶水接触，产水量随之上升，采用电潜泵低压生产后汽油比从2.8下降至1.2，产油量从600m³/d上升至1000m³/d（图6-24）。在Pad 101S井的顶部存在废气泥质河道，该河道的存在对蒸汽腔的发育有重要的影响，该河道的存在会阻碍蒸汽腔的发育向上突破。该河道顶部存在顶水，一旦蒸汽腔突破该河道，与上覆储层发生作用，会导致上覆顶水的侵入，对油藏产生不好的影响，如图6-25所示。

该河道在101-P12井地区下切最深，对蒸汽腔的影响最大。2009年6月，通过地震监测，发现101-P12井地区蒸汽腔发展，与上覆储层接触。为了避免对生产的影响，立即将101-P12井关井，同时逐渐降低附近井组的生产压力，其中101-P13井降压最为明显，降压达1000kPa以上。压力的降低，有效地控制了蒸汽腔进一步向上覆储层扩展，因此，在

2010年2月，101-P12井重新开井。由于操作压力的降低，气举生产存在一定的困难，因此，101-P12井、101-P13井、101-P14井在2010年6月安装了电潜泵，操作压力进一步从3000kPa降低至2100kPa，101-P10井和101-P11井于2012年4月安装了电潜泵，电潜泵有效地维持了低压操作中的生产，至2014年底压力进一步降低至1500kPa（图6-26）。

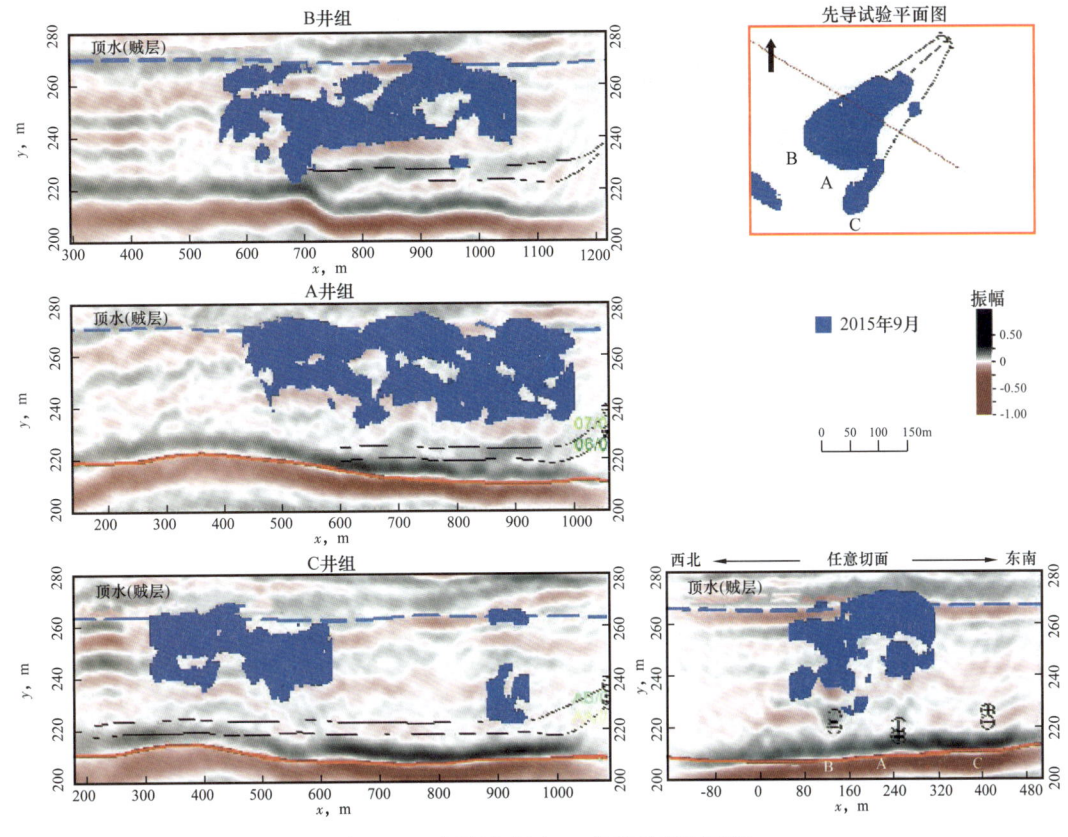

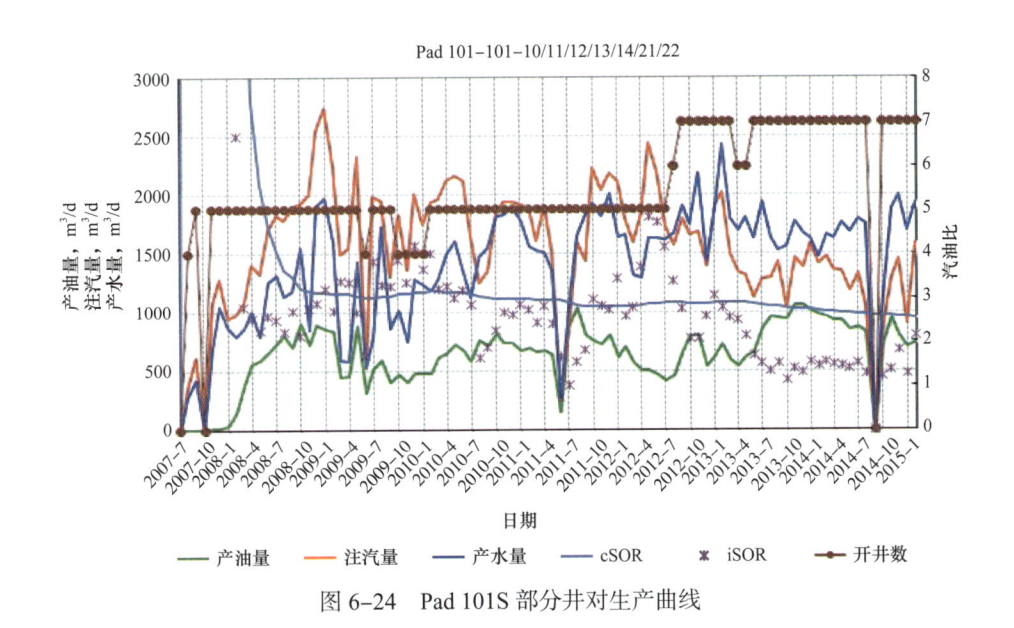

图6-23 先导试验区4D地震监测剖面图

图6-24 Pad 101S部分井对生产曲线

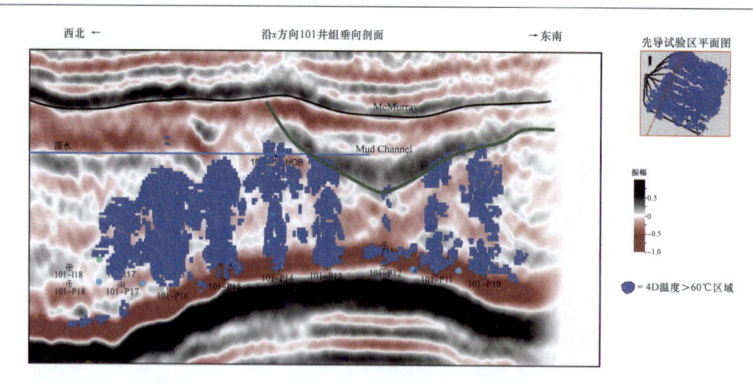

图 6-25　Pad 101S 井顶部废弃泥质河道及蒸汽腔发育情况

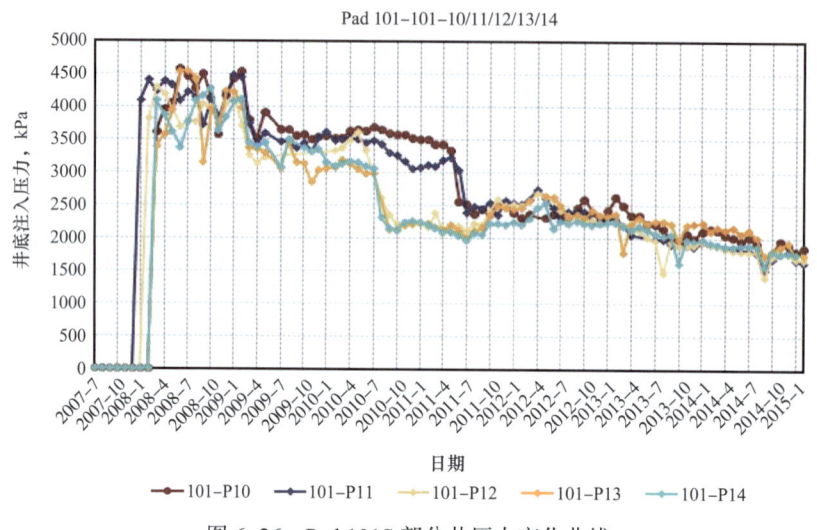

图 6-26　Pad 101S 部分井压力变化曲线

4. Surmont 项目开发经验总结

1）顶水油藏的蒸汽腔压力

由于 Surmont 项目区沥青储层顶部存在贼层，如果贼层和蒸汽腔接触，会导致蒸汽的漏失或者顶水侵入蒸汽腔中造成产水率变大。Surmont 项目的先导试验表明，生产情况对蒸汽的注汽压力很敏感，过高的注汽压力会导致蒸汽过早地突破到顶水，压力太低又会导致顶水侵入到蒸汽腔中，造成产水变大。

通过改变注汽压力和对蒸汽腔的控制来达到最优的蒸汽腔操作方案。通常的方案是，刚开始的时候使用相对较高的注汽压力，当蒸汽接近顶部贼层的时候，使用较低的注汽压力，当压力降低至与贼层压力相近时（可能发生水侵），再通过增加注汽量来调整蒸汽腔的压力，使得蒸汽腔的压力与贼层保持一定合适的压力差。在此压差范围内生产，既可避免蒸汽的大量漏失，也可以避免大范围的水侵入。2007 年开始，先导试验蒸汽腔压力保持在与贼层 400~500kPa 的压差下发育稳定，工作压力保持在 1600kPa 左右的条件下。

2009 年至 2015 年，生产压力一直保持在 1600kPa 左右，但是从 2011 年开始，井组 A 和 B 的产水率开始大幅度的增加，水油比由 3.2 增加至 9.0。鉴于此种情况，井组 A 和 B 中换上了更大的泵，2015 年 4 月开始蒸汽注入量从 200m³/d 增加到了 300m³/d，井底流动压力增加到了 1700kPa。注汽压力和注汽量提升后，产油趋于稳定，含水率上升的趋势也得到遏制。

2）稳定操作对改善生产效果很重要

先导试验区的注汽量和沥青产量发生多次急剧的波动，主要由于阶段性的限制汽量会导致含水降低，阶段性增汽操作增加了产出液的含水，瞬时汽油比随之大幅度波动，这也会给产出液的处理和整个系统的水循环带来困难。

稳定操作是改善开发效果的关键，这需要一个长期稳定的策略，而在局部升压和降压过程中尽可能温和的改变注汽量。商业化开发区采用了非常明确和严格的压力和温度调控策略。生产初期高压 3.5~4.5MPa，采用气举升产，增大蒸汽腔发育速度，尤其是垂向速度，克服油层非均质性。高峰稳产期压力从 3.5MPa 降至 1.5MPa，提高热利用效率，最大化油汽比。衰竭结束期压力进一步降低，维持能满足地面系统的最小井底压力，最大化油汽比。

3）合理的 Sub-cool 控制和举升能力的提高是 SAGD 高效生产的关键

通过在 SAGD 生产井中监控 Sub-cool，以避免生产水平井的蒸汽的闪蒸，Surmont 项目定义了井筒 Sub-cool 和油藏 Sub-cool 的两个概念（图 6-27）。

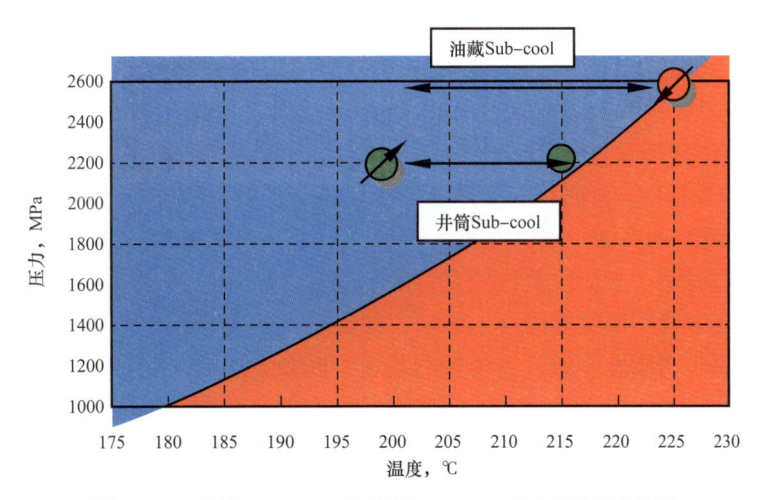

图 6-27 井筒 Sub-cool 和油藏 Sub-cool 目标温度示意图

井筒 Sub-cool：生产井的井底流压下的饱和温度与生产流体的最高温度的差值。适用于 ESP/PCP 井，井筒 Sub-cool 的目标是 8℃。

油藏 Sub-cool：注汽井的井底流压下的饱和温度与生产流体的最高温度的差值。适用于气举井，由于考虑到注汽井和生产井之间的不确定压力差 Δp，油藏 Sub-cool 目标增加到 20℃。

受气举举升效率低的影响，稳定生产控制条件下，气举沿斜直井段的压力梯度损失为 6~7kPa/m，井筒易闪蒸，因此需提高油藏 Sub-cool，降低生产井井底温度，进而提高斜直段生产稳定性，较大油藏 Sub-cool 会导致热利用效率低。采用 ESP 等泵抽生产，能够大幅降低沿斜直段压力梯度损失（降到 3kPa/m），有效避免斜直井段沿程蒸汽闪蒸，保证生产稳定性，因此可以提高生产井井底温度，最小化两井间温度差（油藏 Sub-cool），降低热损失，提高热利用效率。2010 年工业化区使用电潜泵推广后，2012 形成稳定的调控策略，最热点油藏 Sub-cool（井间温度）控制到 20℃以下，或者生产井井筒 Sub-cool 控制到 8℃。工业化第一阶段 Pad 101 和 Pad 102 井对的 36 个井组，2009 年瞬时汽油比为 3.06，2014 年瞬时汽油比降低至 2.38。需要指出的是电潜泵的应用对于 SAGD 稳定生产至关重要。

4）蒸汽腔的监测与调控

Surmont 地区在多次采集到了高度可重复的四维地震勘探，并在整个开发区作为蒸汽腔监测的重要手段。将四维地震监测结果与连续测定的观测井中油藏压力、温度数据进行对比校准，提高预测精度。同时四维地震可估算不同水平段的蒸汽腔的体积和采收率，这些结果有助于提高数值模拟过程中的预测精度。此外，由于水平段蒸汽腔扩展不均匀，这些产能不佳的井会对整体项目的经济性产生负面影响，这些井组的蒸汽的利用率低导致了操作中汽油比（SOR）较高。采用四维观测，则能够通过优化井的操作策略来改善蒸汽腔扩展的均匀性，并且通过有效的控制跟端和趾端的注入和生产速率来改善开发效果。

Pad 101S-P16 井自 2007 年投产以来，蒸汽腔的发育遇到了一些问题，主要表现在井的趾端蒸汽腔发育非常不均匀。从图 6-28 中不同时间对该井蒸汽腔的地震检测资料可以看出，2009 年 3 月 4D 地震监测剖面显示，该井跟端蒸汽腔逐渐扩大，但是趾端蒸汽腔发育很小。2010 年 10 月 4D 地震监测资料显示，该井跟端蒸汽腔已经具有相当的规模，逐渐靠近贼层区，但是趾端蒸汽腔发育很小，基本还在管柱周围，并且连续性较差，该现象一直持续到 2012 年 3 月，其主要原因在于地层的非均质性比较强。鉴于上述问题，ConocoPhillips 公司提出针对性的措施，2013 年通过增加趾端管柱的注蒸汽量来增加趾端注汽压力，该措施明显地改善了蒸汽腔的发育情况，趾端和跟端的蒸汽腔发育差异性减小，到 2015 年，趾端蒸汽腔发育面积在逐渐增大，均一性得到改善。

5）其他工艺技术的应用

蒸汽腔的监测表明：水平段蒸汽腔发育的不均匀性较为普遍，这主要受井身波动、循环预热、注汽和采液中液压梯度等因素的影响，同时蒸汽腔发育的非均匀性主要还是因为不同的井对所在地层的非均质性所致。流体控制装置（FCD）的原理主要是为水平井完井管柱中的某一点提供额外的附加压降，来补充流体流经非均质油藏或者井筒内由于自身能量损失时产生的压降。Surmont 是在热采中第一个使用 FCD 的项目，一期和二期工业化井组中共有统计中 38 口井应用了 FCD 技术，其中 4 对井应用在注汽井筒中，34 对井应用在生产井筒中，因为生产水平段压力降不均匀性更容易导致水平段动用不均。Pad 102N 中的 9 个井组中 102-06 采用 FCD 生产管柱，这个井组在生产同样的时间段内产量和汽油比明显好于其他井组，该井组与有类似地质条件的井组 101-04 和 101-05 比，其生产情况显然更好。

在 Surmont 项目的工业化第一阶段，为了更好动用的井对中间区域储量，同时应对蒸汽腔发育不好或者不均匀的问题，康菲公司采取的措施是"打加密井或鱼骨井"结合"优化 SAGD 操作"来改善这些井组的蒸汽腔的发育问题（图 6-29）。2012 年在 Pad 101 南部 10 井、11 井、12 井、16 井、17 井和 18 井之间打加密井 101-P21 井、101-P22 井、101-P19 井、101-P20 井。井组 10、11、12 蒸汽腔也快速发展，通过打加密井带来的产量增长很明显，单井组大约增加了 50m³/d。Pad 102 中井组 01 和 02 面临着蒸汽腔发育不连续、不均一的问题，在 2013 年 8 月，针对这些问题，康菲公司开始打多层裸眼鱼骨加密井 102-21 井和 102-22 井，鱼骨数大约 14 个，每个分支中放置了流体控制装置（FCD），采用螺杆泵生产，2014 年、2015 年的地震监测资料显示，两口井的蒸汽腔发育有所改善。

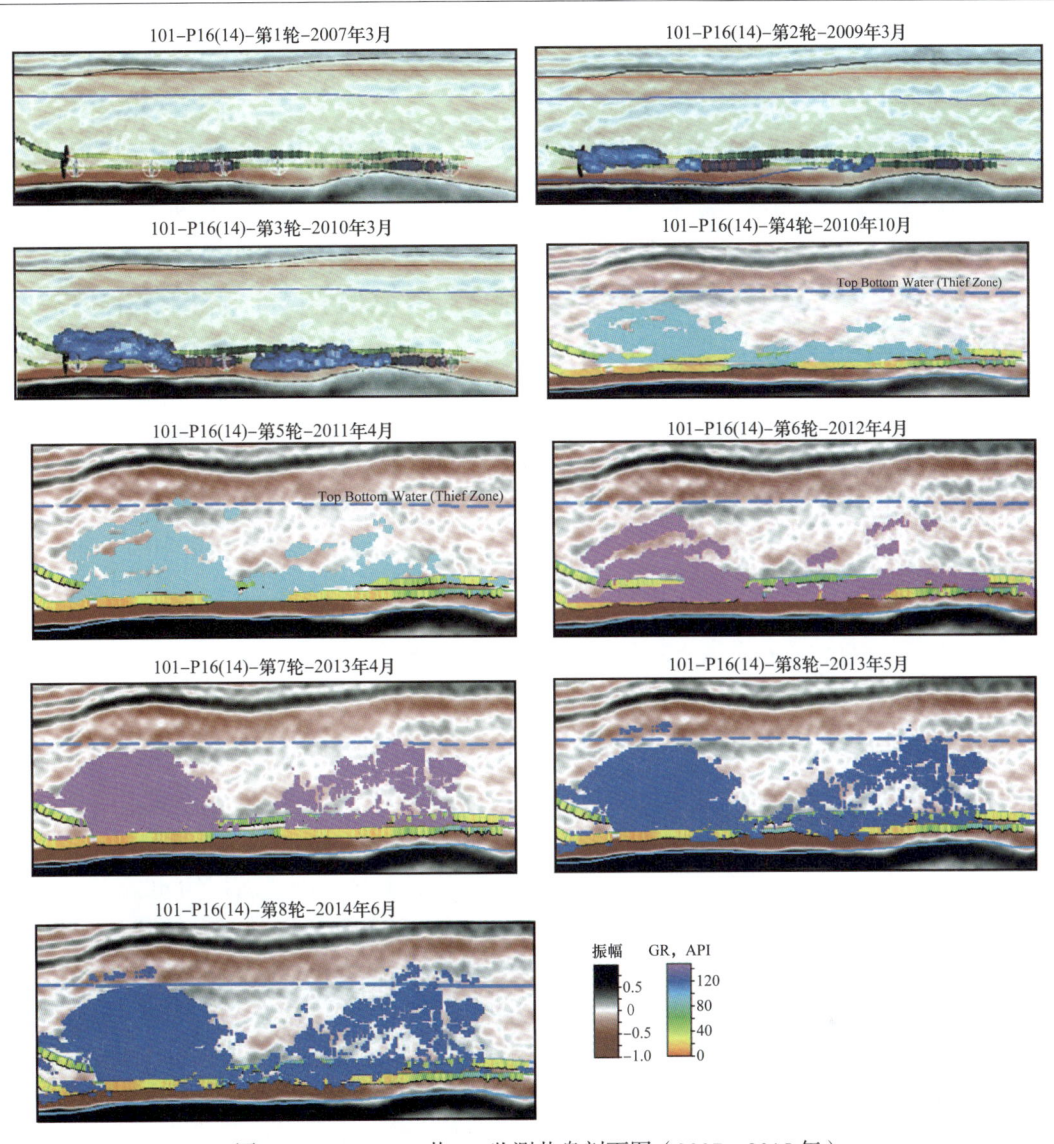

101-P16(14)-第1轮-2007年3月	101-P16(14)-第2轮-2009年3月
101-P16(14)-第3轮-2010年3月	101-P16(14)-第4轮-2010年10月
101-P16(14)-第5轮-2011年4月	101-P16(14)-第6轮-2012年4月
101-P16(14)-第7轮-2013年4月	101-P16(14)-第8轮-2013年5月
101-P16(14)-第8轮-2014年6月	

图 6-28　101-P16 井 4D 监测井身剖面图（2007—2015 年）

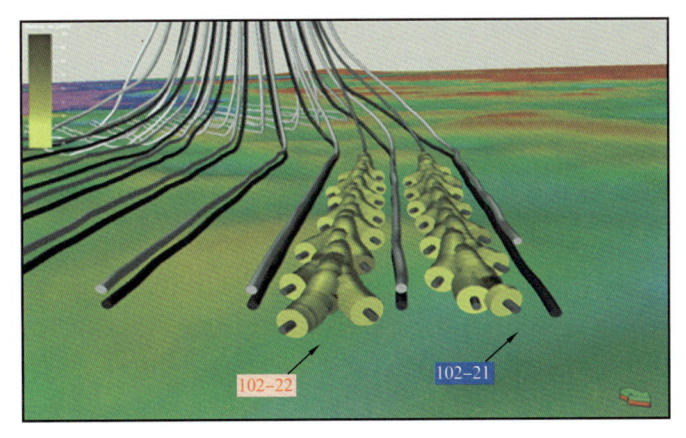

图 6-29　鱼骨加密井的结构设计

第二节　辽河油田杜 84 块直井水平井组合的 SAGD 试验

中国超稠油开发开始于 20 世纪的 90 年代中期，辽河油田杜 84 块馆陶组油层超稠油首先投入蒸汽吞吐开发，并取得比较好的开发效果。蒸汽吞吐的采收率比较低，在 17%～20% 之间。蒸汽吞吐开发后，由于超稠油原油黏度比较高，加热半径有限，井间冷油区仍然存在大量的剩余油。为进一步提高采收率，在开展大量室内研究的基础上，中国石油天然气股份有限公司于 2005 年在杜 84 块的馆陶组油层开展了直井与水平井组合的 SAGD 重大开发试验，并取得了好的开发效果。

一、项目基本情况

1. 地理位置

杜 84 块隶属于辽河油田曙一区，曙一区位于辽宁省盘锦市东郭苇场苇田大队西南约 3km。区内地势低洼，一般海拔 2.6m，全区为苇塘所覆盖。区内公路纵横交错，交通十分便利。工区四季分明，常年温度在 −25～35℃，每年 11 月下旬至次年 3 月为冰冻期，冰冻深度为 1.0m 左右；7～8 月为雨量集中期，平均降雨量 600mm，属半温暖、半潮湿性气候。

2. 杜 84 块主要地质特点

曙一区构造上位于辽河盆地西部凹陷西部斜坡带中段，东邻曙二区和曙三区，西部为欢喜岭油田齐 108 块，南部为齐家潜山油田，北靠西部突起，构造面积约 40km^2。沉积基底为元古宇（Pt）变余石英岩夹薄层深灰色板岩，其上为新生界断陷湖盆形成后沉积的一套以陆源碎屑为主的半深湖至滨浅湖相砂泥岩互层沉积体和陆上冲积扇沉积。

曙一区超稠油累计探明含油面积 23.6km^2，探明石油地质储量 18308×10^{4}t。杜 84 块探明含油面积 5.6km^2，探明石油地质储量 8309×10^{4}t。油藏埋深 550～1150m，目的层包括沙三上亚段、沙一 + 二段和馆陶组三套地层，这三套地层属于不同沉积类型，且均以角度不整合接触。沙一 + 二段和沙三上亚段两套地层合称为兴隆台油层，沙一 + 二段进一步划分为 5 个油层组，即兴Ⅰ—兴Ⅴ组，沙三上亚段为兴Ⅵ组；馆陶组称馆陶油层。

馆陶油层集中分布在杜 84 块，其构造形态为倾向南东的单斜构造。岩性主要为砂砾岩、砾岩、中粗砂岩和细砂岩呈不等厚互层，是由多个正旋回组成的，旋回下部较粗，馆陶组油层主要为中粗砂岩和不等粒砂岩，其次为砾岩、砾状砂岩和细砂岩等，粒度中值平均为 0.42mm。

杜 84 块馆陶油层孔隙度为 36.3%，渗透率为 5.54D，为高孔隙度、高渗透率储层。馆陶油层渗透率变异系数为 0.47，突进系数为 1.7，级差为 15。非均质性属于中—弱，并且自下而上非均质性变强。层内垂直渗透率与水平渗透率的比值一般在 0.67～0.82。

馆陶油层内部没有纯的泥岩隔夹层，只存在物性夹层。夹层岩性主要为砾岩或含泥砂砾岩，物性较好，平均孔隙度 34.9%，渗透率 1.745D。这种夹层厚薄不均，一般在 0.2～1.5m 之间，物性夹层一般为油斑级，对油气运移有一定的抑制作用，但不起遮挡作用。

馆陶油层平面上呈椭圆形，油层由中部向四周减薄，直接与边水接触。纵向上，油顶埋深在530～640m，油层和顶水之间没有纯的泥岩隔层（图6-30）；整个油层在空间形态呈近似馒头状。单井解释油层厚度最大达151.5m，有效厚度为136.6m；边部油层较薄，最小为7.2m；平均油层有效厚度为78.6m。

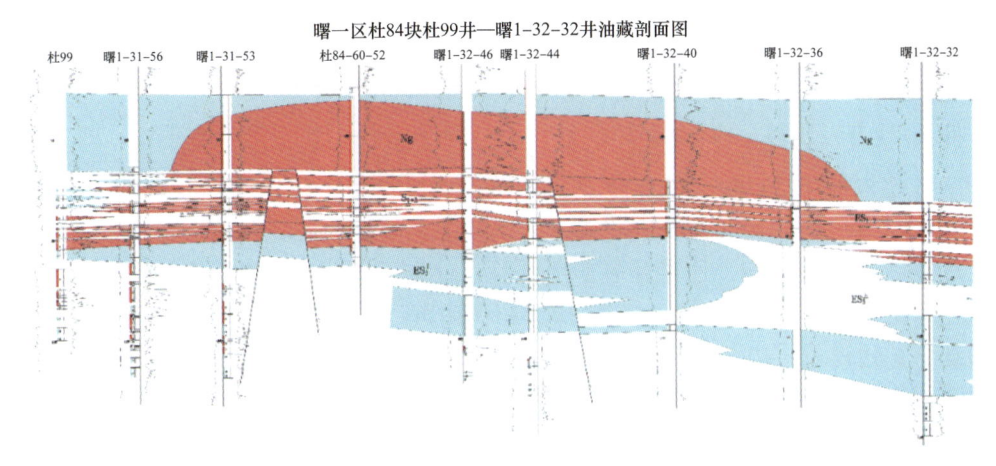

图 6-30　杜84块油藏剖面图

馆陶油层原油属超稠油，20℃原油密度为1.001g/cm³，50℃地面脱气原油黏度是23.19×10⁴mPa·s，胶质+沥青质含量为52.9%；凝固点27℃；含蜡量2.44%。馆陶组地层水总矿化度为932mg/L，水型是$NaHCO_3$型。馆陶油层压力系数为1.003，折算原始地层压力为6.0～6.5MPa。地温梯度为3.4℃/100m，折算油层温度是28～32℃，该油层为正常的温度压力系统。馆陶油层为高孔、高渗透—特高渗透，巨厚块状边、顶、底水超稠油油藏。表6-9是杜84块馆陶油层的主要油藏参数表。

表 6-9　杜84块馆陶油层主要油藏参数

主要油藏参数		数值
油藏埋深，m		530～640
有效厚度，m		106
净总比，%		>80
储层物性	粒度中值，mm	0.42
	孔隙度，%	36.3
	渗透率，D	5.54
原油物性	20℃密度，g/cm³	1.007
	50℃黏度，10⁴mPa·s	23.191
	凝固点，℃	30
	含蜡量，%	2.44
	胶质+沥青质含量，%	52.9

续表

主要油藏参数	数值
原始地层温度，℃	30
原始油层压力，MPa	6.02
油藏类型	块状边顶水油藏

3. 杜 84 块开发历程

曙一区超稠油于 20 世纪 80 年代进行的蒸汽吞吐试采，已证实具有良好的产油能力，但由于受当时对超稠油蒸汽吞吐生产规律认识及工艺条件的限制，蒸汽吞吐试采没有取得实质性进展。90 年代中期，通过开展多项试验，攻克了超稠油越泵加热、举升等一系列工艺难关，认识超稠油产能及吞吐生产规律，超稠油蒸汽吞吐试采获得了成功，1998 年开始按照边认识、边评价、边部署、边开发的滚动开发原则陆续投入开发，回顾超稠油开发及技术发展历程大体归纳为三个阶段：

第一阶段，热采技术攻关阶段（1996—1998 年）。

在前期试验攻关的基础上，1996 年在杜 84 井区兴隆台油层采用隔热系数高的真空隔热管和电加热技术进行蒸汽吞吐试验。试验证明只要提高蒸汽干度，保持较高的井筒温度，采用蒸汽吞吐开采超稠油是经济有效的。

1996—1998 年主要是在试采产能较高的杜 84 块开展了 5 项试验：一是 1996 年在曙 1-35-40 井东，部署了一对双水平井开展 SAGD 试验；二是 1996 年在曙 1-35-40 井西采用 70m 井距部署了 15 口直井进行蒸汽驱试验；三是 1996 年在该块的东部采用 50m 井距部署了 9 口直井准备开展火烧驱试验；四是 1997 年在曙 1-35-40 井和 34-550 井之间进行直井蒸汽吞吐扩大试验，划分两套开发层系、采用 70m 井距部署了 172 口直井；五是在火烧驱井组附近采用 70m 井距部署了 10 口水平井进行蒸汽吞吐试验。随着对超稠油开发机理认识的不断深入，认识到蒸汽驱、火烧驱不适合超稠油的开发，因此两项试验仅进行到蒸汽吞吐阶段，未开展蒸汽驱、火烧驱试验；SAGD 试验由于工艺技术条件不具备，试验失败；直井与水平井的蒸汽吞吐试验均取得成功。当年完钻各类井 203 口井，年产油 26.6×10^4t，采油速度 1.9%。并且于 1997 年 6 月在杜 32 断块区的杜 229 井开展了蒸汽吞吐试采，同年 9 月又对杜 813 块的曙 1-7-02 井进行了蒸汽吞吐试采，均获得了较好的效果。

该阶段通过室内实验研究、专题研究和矿场试验，总结出了超稠油合理射孔原则、注汽工艺、排液、防排砂等蒸汽吞吐系列技术，获得良好的效果，1998 年年产油 32.64×10^4t，至此拉开了超稠油产能建设的序幕。

第二阶段，应用蒸汽吞吐技术滚动开发阶段（1999—2002 年）。

随着对曙一区超稠油储量及产能的落实，在超稠油主体部位蒸汽吞吐试验取得较好效果的情况下，于 1999 年开始陆续编制了杜 84 井区兴隆台油层及馆陶组油层布井方案、杜 32 断块区兴隆台油层的开发方案和杜 813、杜 212 井区的油藏评价方案。在这些方案的指导下，通过对超稠油的系统评价，使开采技术在蒸汽吞吐参数优化、分选注、组合式吞吐、综合防治砂和水平井开发等方面取得进一步的完善，成功地实现了超稠油的规模开发。经过 4 年的产能建设，在曙一区超稠油主体部位杜 229、杜 84 块完钻开发井 861 口，建产

能 177×10^4t/a,2002 年曙一区超稠油年产达 200×10^4t 以上。

第三阶段,提高超稠油采收率技术攻关阶段(2003 年至今)。

曙一区超稠油经过九年的蒸汽吞吐开发,虽然取得了较好的开发效果,但随着开发进程的不断深入,暴露出来的矛盾也比较突出,一是蒸汽吞吐开发方式的采收率比较低,根据预测蒸汽吞吐采收率小于 25%;二是在蒸汽吞吐方式下边底水油藏的边底水侵入比较严重;三是直井蒸汽超覆现象严重。四是老区随着吞吐轮次的增加,周期产量递减,油汽比降低。进一步提高蒸汽吞吐采收率和转换超稠油开发方式迫在眉睫。

这一期间重点发展和攻关的技术有组合式蒸汽吞吐技术,水平井吞吐技术以及蒸汽辅助重力泄油(SAGD)开采技术,其中组合式蒸汽吞吐技术、水平井吞吐技术取得较好效果,SAGD 技术展现了良好前景。

在总结前期双水平井 SAGD 试验失败教训,加强 SAGD 室内基础理论研究与调研的基础上,认识到杜 84 块馆陶、兴Ⅰ和兴Ⅵ油层适合采用直井与水平井组合的蒸汽辅助重力泄油研究。2005 年勘探与生产分公司,决定在杜 84 块馆陶组油层开展 4 个井组的直井、水平井组合 SAGD 先导试验,为超稠油开发方式转换和提高采收率提供依据。

截至 2004 年底共完钻各类井 220 口,蒸汽吞吐开发投产 208 口,开井 182 口,日产油 1251t,平均单井日产油 6.9t,累计吞吐 1635 井次,平均单井吞吐 7.9 井次。累计注汽 311.1×10^4t,累计产油 214.2×10^4t,累计产水 249.7×10^4t,累计油汽比 0.69,累计回采水率 80%,采油速度 1.74%,采出程度 8.2%。

二、直井水平井组合开发方案设计要点

先导试验区位于杜 84 块馆陶油层的北部(图 6-31)。试验区内构造简单,倾角 2°~3°,区内无断层;油层连续分布,无隔夹层,油层埋深 530~640m,平均厚度 91.7m;为高孔、特高渗储层,孔隙度 36.3%,渗透率 5.54D,50℃时原油脱气黏度 23.2×10^4mPa·s,胶质+沥青质含量为 52.9%。原始地层压力为 6.3MPa,地层温度 30℃,先导试验区含油面积 0.15km^2,地质储量 249×10^4t(图 6-32)。

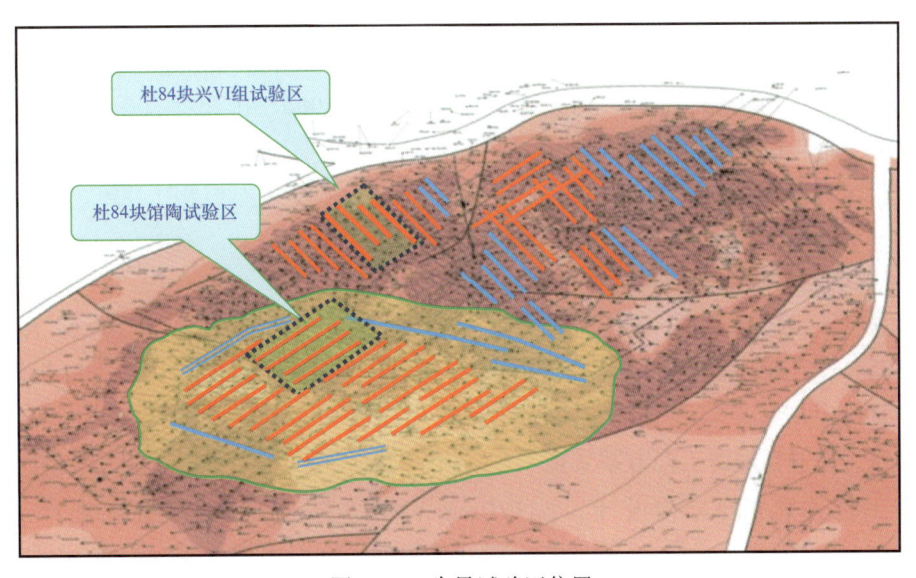

图 6-31 先导试验区位置

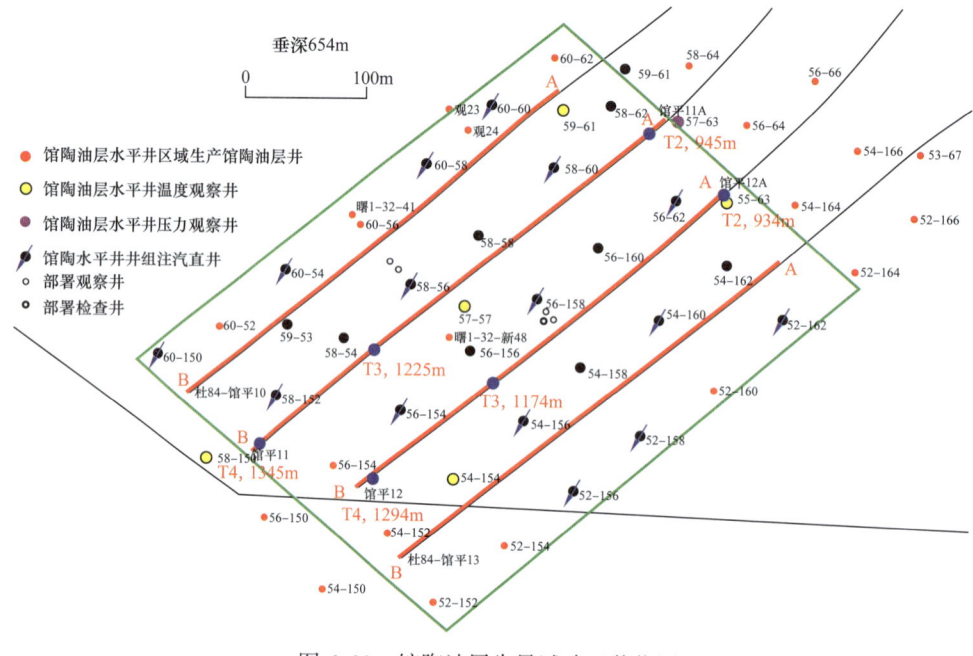

图 6-32 馆陶油层先导试验区井位图

T2、T3、T4——温度监测点深度位置

1. 井网部署

先导试验区采取直井与水平井组合 SAGD 开发方式，水平井部署在直井井间，射孔井段的侧下方，与直井射孔井段距离为 5m，注采井距为 35m，水平井井距为 70m，水平段长度为 350~400m。这样部署的优点是吞吐预热阶段能够有利于挖潜剩余油，同时方便后期转 SAGD 开采。

根据方案设计结果，馆陶油层先导试验区部署水平井 4 口，水平井段长度为 350~400m，观察井 7 口（含 1 口检查井），直井转注汽井 16 口，利用老井转观察井 9 口。

2. 注采参数优选

注采参数设计井底蒸汽干度大于 70%、注汽压力 4~6MPa、单井注汽速度大于 100t/d，根据水平段长度：馆陶油层单水平井所需注汽量 250~350t/d、排液量 300~400t/d、产油量 75~100t/d，油汽比 0.25~0.33，采注比 1.20 以上。

3. 试验区开发指标预测

馆陶油层方案设计水平井 4 口，注汽井 16 口，观察井 15 口，检查井 1 口，其中新部署观察井 6 口，新部署检查井 1 口，吞吐预热 2~3 轮后转入 SAGD 生产，生产期 15 年，阶段注汽 379.8×10^4t（80% 注入地下），阶段产油 94.3×10^4t，阶段产水 299.3×10^4t，阶段油汽比 0.25，采注比 1.25，阶段采出程度 37.87%，最终采收率 56.1%，较吞吐提高采收率 27.1%（表 6-10）。

4. 钻井、采油与地面工程方案要点

钻井工程方案井身结构设计为 ϕ339.7mm 表层套管 + ϕ244.5mm 技术套管 + TP100H ϕ177.8mm 割缝筛管（水平段），要求水平段轨迹纵向上误差不超过 ±2m，平面误差不超过 ±4m。

表 6-10 馆陶试验区指标产量预测表

类型	累计注汽 10^4t	累计产油 10^4t	累计产水 10^4t	油汽比	回采水率 %	采出程度 %
已吞吐	46.32	31.52	39.35	0.68	84.95	12.66
SAGD 预热	27.8	18.38	24.01	0.66	86.37	7.38
SAGD 阶段	379.8	94.30	299.3	0.25	78.8	37.87
合计	381.32	139.76	358.37	0.37	93.98	56.1
直井吞吐到底	123.1	72.2	113.8	0.59	92.45	29
对比	258.22	67.56	244.57	−0.22	1.53	27.1

直井注汽要求高干度注汽，井口注入蒸汽干度≥95%，采用真空隔热管，保证井底干度≥70%；举升系统满足 SAGD 阶段高温、高排液量需求，采用 22t 塔架式抽油机 120mm 耐高温抽油泵。由于产出液温度较高，要保证泵筒内永不闪蒸，井口控制回压大于产出液温度饱和水蒸气压 0.05～0.1MPa。安装产出液换热器，保证产出液 200℃温降到 120℃以下进入集输系统，热能用于采油站伴热。

5. 操作程序

先导试验的操作程序如下：

（1）完善 SAGD 注采井网。根据油藏工程方案及钻井方案在直井井间钻水平井，同时完善注汽井的射孔井段。

（2）吞吐预热。先导试验区属于中深层油藏，初始地层压力较高，虽然直井已经进行了蒸汽吞吐，但井间地层压力并没有下降很多。由于水平井部署在直井井间，没有形成热连通，而 SAGD 阶段需要在低压下操作，因此预热方式采取直井与水平井共同进行蒸汽吞吐，以达到转 SAGD 的条件。

转 SAGD 的条件是：① 地下温度场形成；② 地层压力降到 3～4MPa；③ 注采井之间形成热连通（水平井与垂直井之间的油层温度达到 80℃以上）。

（3）SAGD 启动。转 SAGD 条件成熟后，注汽直井与水平井同时注汽最后一次预热实现 SAGD 启动，实现吞吐到 SAGD 平稳过渡。

（4）SAGD 操作阶段。进入 SAGD 操作，注汽直井连续高干度注汽，水平井连续采油，同时优化注采参数，跟踪生产动态，制定有效措施以改善油藏开发效果。

（5）监测系统。水平生产井井底温度监测点 4 个，分别位于抽油泵附近、水平段入口点、距端点前 1/3 处、端点；压力监测点 2 个，分别位于抽油泵附近及距端点前 1/3 处。

三、试验区的实施与效果评价

1. 试验实施的基本情况

馆陶油层先导试验区共部署 4 个井组，采用直井与水平井组合的布井方式，直井于

2000年陆续投产，水平井于2003年陆续投产。

2005年2月23日杜84-馆平11井和杜84-馆平12井组率先转入SAGD生产阶段，9月6日，10月27日杜84-馆平10井和杜84-馆平13井组先后转入SAGD生产阶段。

截至2020年12月31日，有24口注汽井，4口水平井采油，累计生产6155天，累计注汽472.8×10^4t，累计产油164.7×10^4t，累计产水488.0×10^4t，累计油汽比0.35，采注比1.38，见表6-11。

表6-11 馆陶油层SAGD先导试验区生产数据表（截至2020年12月31日）

井号	日生产指标				累计生产指标			
	日注汽 t	日产液 t	日产油 t	含水 %	累计注汽 t	生产时间 d	累计产油 t	累计产水 t
杜84-馆平10	715	232	61.7	73.4	472.8	5960	286952	835988
杜84-馆平11		222	60.2	72.9		6153	384758	1115428
杜84-馆平12		384	103.3	73.1		6155	407635	1356688
杜84-馆平13		390	104.9	73.1		5910	344604	1073680
小计		1228	330	73.1			1423949	4381784
已关直井							137936	390442
杜84-60-K56		23	13	43		2466	25153	31115
杜84-59-55		20	8	60		2466	28916	30572
杜84-57-61		23	9	61		2405	17602	23135
杜84-57-55		23	2	91		2497	13224	23532
总计	715	1317	362	72.5	472.8		1646780	4880580

12月31日，日注汽715t，日产液为1317t，日产油为362t，含水72.5%，瞬时油汽比0.51，瞬时采注比1.84。

2. 先导试验达到了方案设计要求

通过与方案设计对比，2005—2007年SAGD实际生产的日产液、日产油、含水、油汽比等数值，均达到方案设计指标（图6-33）。

3. 与国外同方式油田对比，生产效果好于同类型油田

加拿大Tangleflags油田也采取直井与水平井组合SAGD方式开发，该油田1988年转入SAGD开发。2口水平井与杜84-馆平11井和杜84-馆平12井生产效果对比：共同生产461天，杜84-馆平11井和杜84-馆平12井平均日产液490t，日产油113t，累计注汽22.6×10^4t，累计产油5.2×10^4t，油汽比0.23，Tangleflags油田同期，平均日产液385t，日产油113t，累计注汽17.8×10^4t，累计产油3.6×10^4t，油汽比0.21，生产效果好于Tangleflags油田（图6-34）。

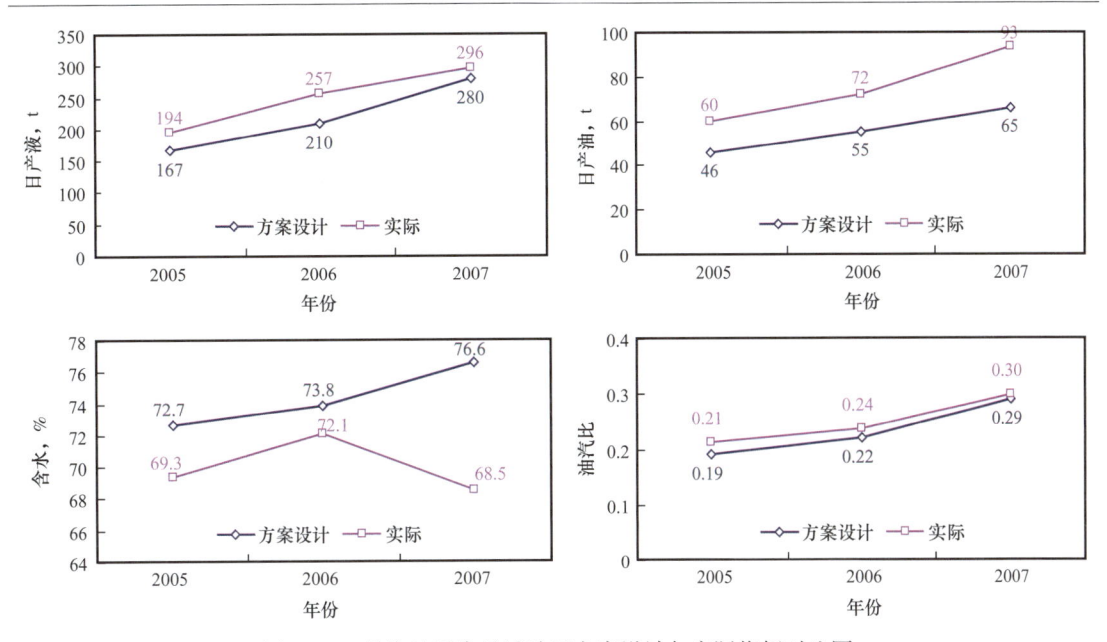

图 6-33　馆陶油层先导试验区方案设计与实际指标对比图

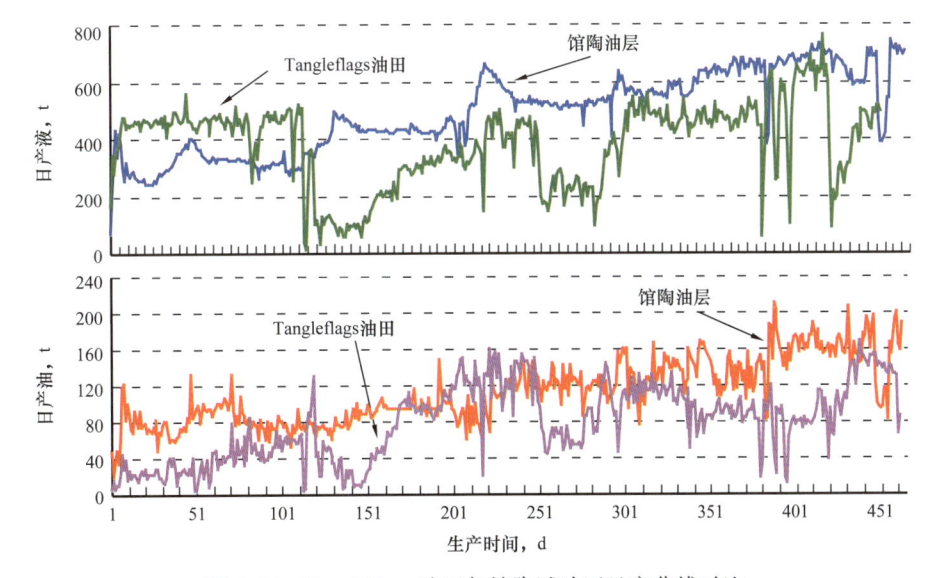

图 6-34　Tangleflags 油田与馆陶试验区日产曲线对比

4. 与蒸汽吞吐阶段对比，产量大幅上升，采油速度高

馆陶试验区自 2000 投产，共有直井 40 口，至 2003 年 12 月蒸汽吞吐阶段平均日产油 158t，2002 年上半年达到高峰期产量 303t/d，之后进入指数递减阶段，年综合递减率 23.4%。水平井投产后，直井与水平井共同吞吐预热，产量有所回升，相当于井网加密调整的生产效果，但递减依然存在，趋势没有变化。2005 年 2 月转入 SAGD 开发后，由 4 口水平井替代 40 口直井生产。下半年平均日产油即上升到 171t/d，2007 年下半年平均日产油为 302t/d，与蒸汽吞吐相比，产量大幅度回升，超过了蒸汽吞吐期间的最高水平，采油速度由 2.18% 上升到 4.42%，提高了 1 倍以上。截至 2021 年底，馆陶油层与兴 VI 先导试验区 8 个

井组在高采出程度下平稳生产，目前馆陶油层和兴Ⅵ组先导试验采出程度分别为75.9%和64.0%（图6-35）。

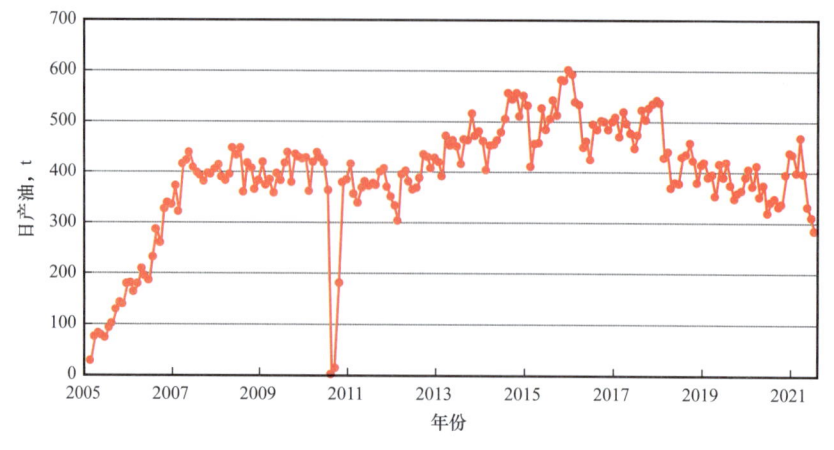

图6-35 馆陶油层先导试验区日产油变化曲线

5. 预期能获得较高的采收率

在馆陶油层先导试验区观察井钻井时，对馆观4井进行馆陶油层全井段取心。在位于蒸汽腔（测试温度为240℃）内635m处取得的岩心，颜色几乎变白，通过岩心分析，含油饱和度已降至12.7%，驱油效率为83.0%，若波及体积达到70%，则采收率达到65%以上（图6-36），显示了良好的提高采收率前景。

(a) 635m，S_o=12.7%，η=83.0%

(b) 641m，S_o=43.7%，η=37.5%

(c) 644m，S_o=40.6%，η=42.1%

图6-36 馆观4井岩心剖面图
S_o—含油饱和度；η—驱油效率

6. 商品率逐渐上升，操作成本逐渐下降

截至2007年11月，杜84块转SAGD开发累计发生操作成本1.2653亿元，商品量15.65×10⁴t，平均单位操作成本808.53元/t。

2007年1—11月，杜84块转SAGD开发发生操作成本6487.40万元，商品量9.15×10^4t，平均单位操作成本708.66元/t，较方案设计指标高28.96元/t。其中：馆陶井组单位操作成本457.32元/t，兴Ⅵ井组单位操作成本2052.1元/t。截至2007年11月，杜84块转SAGD开发平均原油商品率52.82%。其中：2005年原油商品率35.67%，2006年原油商品率53.08%，2007年1—11月原油商品率56.76%。

四、试验实施过程中跟踪调整做法

对于国内超稠油开发，SAGD技术是一种新的开发方式，在借鉴国外成功经验的基础上，坚持自主创新，在SAGD动态调整分析过程中，以动态生产曲线为基础，以动态监测系统为手段，以SAGD操作理念为指导，在SAGD生产过程中，及时发现问题，不断优化调整，提高开发效果，全面实现并超过方案设计指标，取得了试验的阶段成功。

1. 吞吐预热阶段主要做法

预热的目的是建立转入SAGD的条件，按照SAGD的转入条件，采取了直井与水平井组合蒸汽吞吐技术和辅助三相泡沫调剖技术，实现达到转SAGD的条件，同时利用监测手段判断实施SAGD的最佳时机。

1）采取直井与水平井组合式整体蒸汽吞吐方式，实现转SAGD的条件

杜84块馆陶油层属于中深层油藏，初始地层压力较高，虽然直井已经进行了蒸汽吞吐，但井间地层压力并没有下降很多（5MPa），温度场较低（50℃）。由于水平井部署在直井井间，因此采取直井与水平井组合式整体蒸汽吞吐方式，整体提高地层温度，降低地层压力和加快注采井之间形成热连通，达到转SAGD的条件。

在注汽上，直井和水平井同时注汽，水平井单井8000t，注汽强度25t/m，直井注汽2000~3000t，注汽强度80~100t/m，直井逐周期提高单井注汽量，增长幅度11.3%。转SAGD前最后一轮，水平井单井注汽量达到10000t，SAGD注汽直井注汽4000t，目的是在地层中注入一定的蒸汽和热量，实现吞吐到重力泄油的平稳过渡。

在回采上，水平井与直井同时生产，对水平井提高排液量，周期增长幅度17%，有效降低水平井地层压力，加快直井与水平井之间的热连通。转SAGD前最后一轮，只有水平井生产。

2）多项调整措施，保证水平段温度场均匀建立

为了建立均匀温度场，提高SAGD阶段的生产效果，通过在吞吐前测水平段井温，根据温度剖面采取措施，保证水平段温度场均匀建立：

（1）调整注汽管柱喇叭口下深，通过水平段温度剖面测得脚尖温度低，将注汽管柱喇叭口下到脚尖处，加强脚尖的注汽；

（2）低温段直井参与注汽，针对水平井低温段加强直井注汽，一周期8口直井参与注汽，二周期10口直井参与注汽；

（3）对水平段井温差异较大，采取三相复合吞吐措施，提高水平段的动用程度（表6-12，图6-37）。

表 6-12　杜 84-馆平 11—杜 84-馆平 12 井组预热 2 周期温度变化　　　　　　　　单位：℃

井号	投产前 最高	投产前 最低	投产前 平均	一周期温度 最高	一周期温度 最低	一周期温度 平均	二周期温度 最高	二周期温度 最低	二周期温度 平均	提高
杜 84-馆平 11	71	32	49	148	40	89	152	85	126	77
杜 84-馆平 12	68	36	51	127	50	96	153	91	125	74

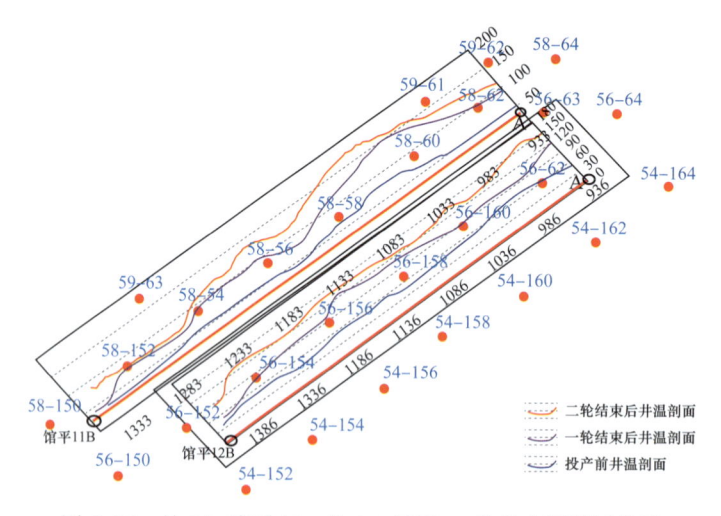

图 6-37　杜 84-馆平 11—杜 84-馆平 12 井组井温测试曲线

3）应用监测技术结合数值模拟结果，确定转 SAGD 最佳时机

（1）通过示踪剂监测，判断注采井间热连通。

预热吞吐第二周期，杜 84-馆平 11 和杜 84-馆平 12 水平井注入示踪剂，发现井组内直井大多数见到示踪剂，结合直井与水平井汽窜情况，说明水平井与直井已经形成连通，且相对均匀，其中 56-62、56-158、56-154 与杜 84-馆平 11 井和杜 84-馆平 12 井都连通，转 SAGD 后，容易形成连通（图 6-38）。

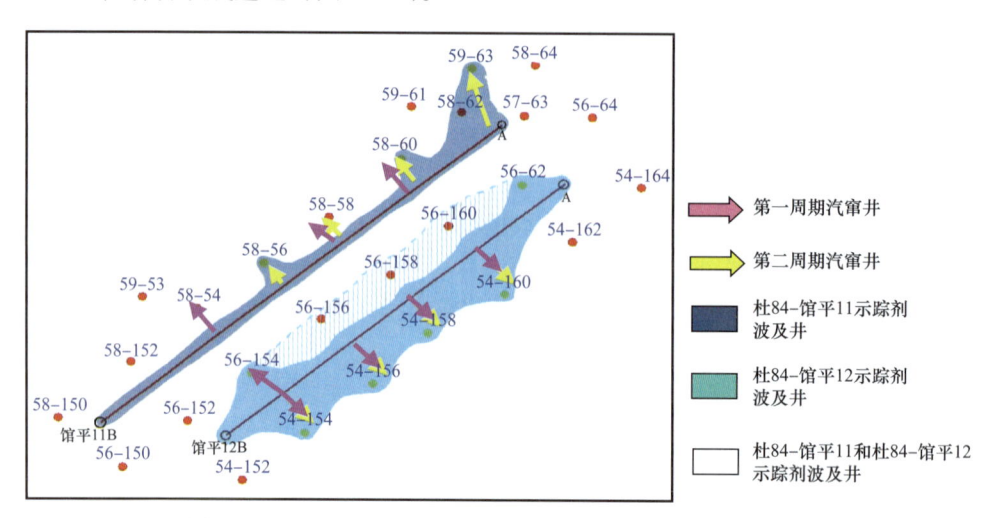

图 6-38　杜 84-馆平 11—杜 84-馆平 12 井组示踪剂测试结果

（2）利用注汽直井的油套压来判断油藏压力。

直井与水平井在注汽过程中采取氮气隔热的方式，在油套环空充满氮气的条件下，套压接近地层压力，因此可通过注汽井套压来判断井组的压力场变化。此外还可通过停关井的恢复液面折算地层压力。经过2周期的吞吐预热，压力由初期的4.5MPa，降至3.5MPa，达到SAGD操作压力水平，56-62、56-158和56-154等井的压力较低，转SAGD后容易形成汽腔。跟踪数值模拟垂直水平井方向的温度剖面反映出，直井与水平井间的热连通已经形成，由该剖面杜84-馆平12井所在网格点的温度变化曲线可见，最后一轮注汽后，该点的温度在200℃，具备了转SAGD生产的条件（图6-39）。

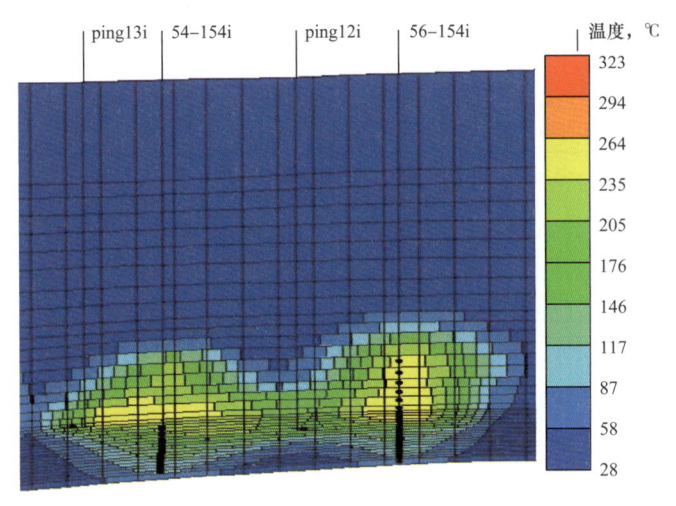

图6-39 垂直于杜84-馆平12井温度模拟剖面

2. SAGD阶段主要做法

SAGD生产机理与蒸汽吞吐的生产机理不同，SAGD是靠蒸汽和液体的密度差作为动力，泄到生产井中。油井的产量是由油层的泄油能力决定的，蒸汽的注入速率是由泄油速率决定的。因此，SAGD生产的关键是：

（1）必须保持好稳定的汽液界面，汽液界面高，地层压力上升，加大排液，汽液界面低，蒸汽突破，降低排液量；

（2）提高水平段动用程度，增大泄油面积，改善开发效果；

（3）控制蒸汽外溢，提高热效率，保持采注比1.2。

SAGD的动态分析方法主要是依靠动态监测资料获得信息进行分析生产动态，制订调整措施，保证了SAGD试验的正常生产并取得了较好效果。

馆陶试验区杜84-馆平11井和杜84-馆平12井于2005年2月23日转入SAGD现场试验，经历了蒸汽驱替和泄油阶段，此期间在严格执行方案的基础上，针对生产过程中出现的问题，通过加强监测和动态研究及跟踪调整，保证了SAGD试验的正常生产并取得了较好效果。

1）SAGD蒸汽驱替阶段主要做法

SAGD生产初期，由于蒸汽腔较小，注汽压力较高，同时与水平生产井的泄油通道小，注采井间的存在压差，该阶段水平井产油主要以蒸汽驱替方式为主。

杜84-馆平11—杜84-馆平12井组SAGD蒸汽驱替阶段大致维持了12月（2005年2月至2006年3月），该阶段的生产特征注汽压力逐渐下降，生产井井底压力上升，注采井间压差逐渐缩小（图6-40），产量上升逐步过渡到重力泄油阶段（图6-41）。

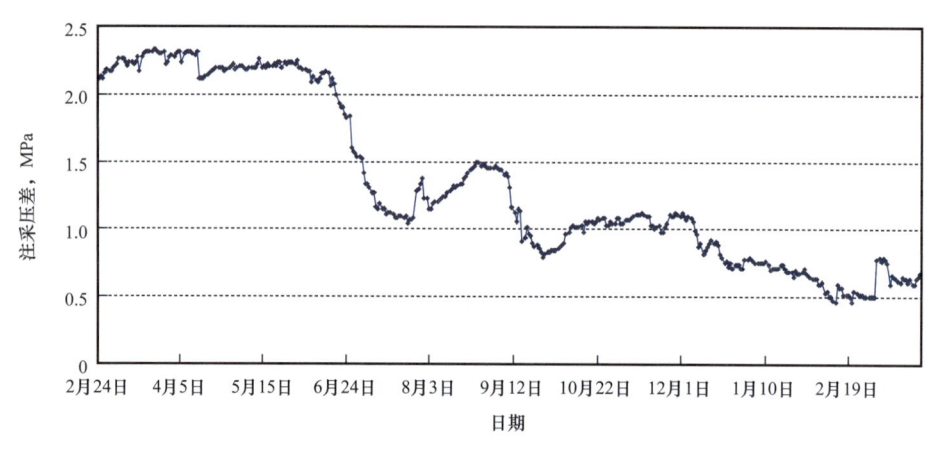

图6-40 注采压力变化曲线

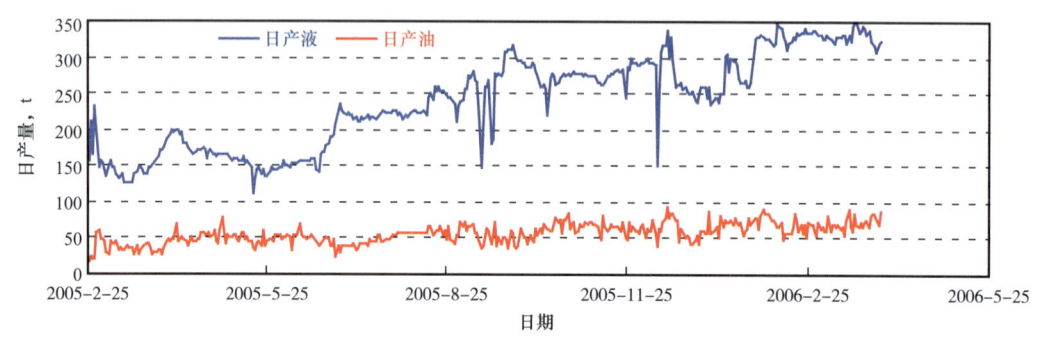

图6-41 杜84-馆平12生产曲线

（1）提高注汽量，注采井间快速形成有效热连通。

SAGD生产初期，3口注汽井注汽，日注汽270t，连续注汽20天后，水平井日产液由403t下降到298t，水平井井底温度、压力由1.4MPa下降0.8MPa，说明驱替能量减弱，通道缩小。

分析认为产生这一问题的原因是注汽量低，注采井间未形成有效的热连通，根据先导试验方案设计，满足不了2口水平生产井的排液要求，及时提高注汽量，调整注汽井由3口增加到4口，注汽量由270t，增加到560t。该注汽量增大后，2口水平井的日产能力明显增加，井底流压上升到1.2MPa，平均日产液由298t上升到400t。

（2）提高周边地层压力，抑制蒸汽外溢。

由于杜84-馆平11—杜84-馆平12井组为吞吐后期转入SAGD生产，井组不封闭，随着水平井井底压力上升，周边的吞吐生产井压力下降，导致注入的蒸汽外溢到吞吐井。出现的问题是：注汽量高（560t），水平生产井产液量不升（350t），井底压力上升缓慢，采注比低（只有0.65）。示踪剂测试资料统计蒸汽外溢量达到40.8%，最高达50%（图6-42）。

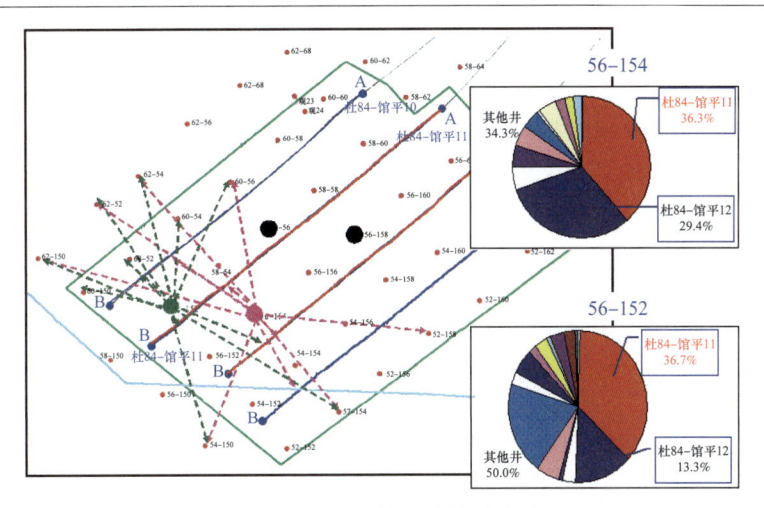

图 6-42 调整前示踪剂测试图

为抑制蒸汽外溢，保证蒸汽腔稳定扩展，通过综合分析，及时调整，加强水平井井间的注汽强度的同时将两边的杜84-馆平10井和杜84-馆平13井注汽增压并纳入SAGD生产，恢复井组周边的地层压力，井组注汽井由4口增加到10口井，注汽量由560t增加到1200t以上，调整后，杜84-馆平11井和杜84-馆平12井日产液由350t上升到700t以上，日产油由85t上升到200t以上，井底压力由1.2MPa上升到3.5MPa，通过示踪剂资料分析蒸汽外溢减少到5%（图6-43）。

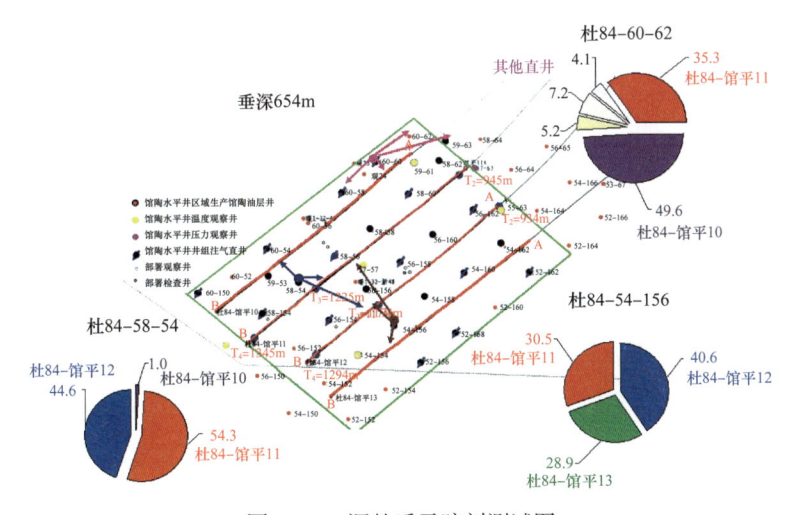

图 6-43 调整后示踪剂测试图

（3）更换注汽井点，抑制蒸汽单点突破。

SAGD生产初期，受吞吐预热采出状况差异影响，在吞吐预热期间注汽直井与水平井存在井间干扰，致使蒸汽容易突破到水平生产井。如杜84-馆平12井井底生产压力只有1.2MPa，而杜84-馆平12井底水平段入口点温度上升较快由180℃上升到195℃，超过了该压力下的饱和蒸汽温度187℃，形成了蒸汽突破，分析认为注汽井杜84-56-62形成单井突破，解决方案为该井立即停注。停注后，馆平12井温度由195℃降到170℃，保证SAGD的正常生产。

（4）通过吞吐引效，调整注汽井，改善水平段动用程度。

SAGD生产初期，通过井底温度资料显示，杜84-馆平11井水平段只动用了50%，水平井脚尖动用较差，分析原因是脚尖直井在吞吐预热期间采出量低，转驱前的温度场资料也证明了脚尖处注汽直井未与水平生产井形成有效的热连通，注汽压力也偏高，调整方案是对脚尖注汽直井吞吐预热生产，同时加大脚尖部位的注汽强度，目的是提高动用较差部分的温度场。经过综合调整，水平段动用程度增加到70%（图6-44）。

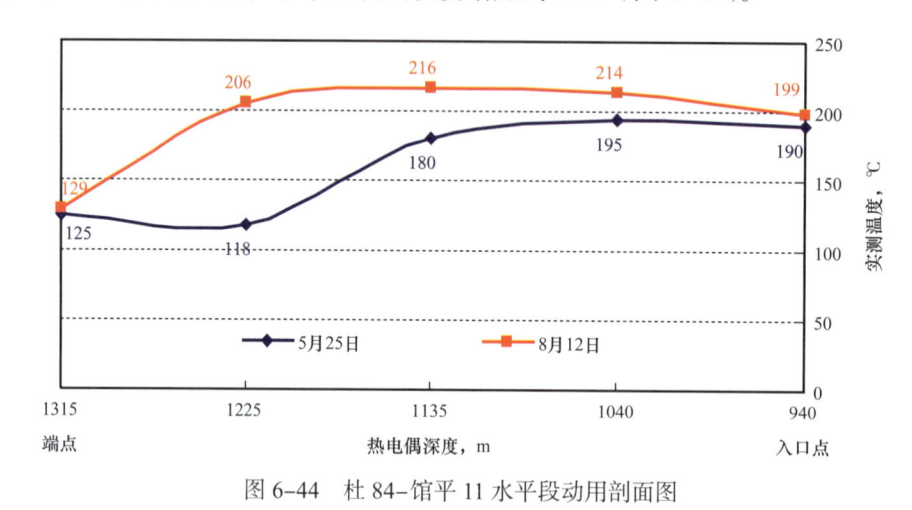

图6-44 杜84-馆平11水平段动用剖面图

2）SAGD泄油阶段主要做法

杜84-馆平11井和杜84-馆平12井经过12个月的驱替，蒸汽腔逐步形成并扩展，进入泄油阶段，虽然产液量、产油量大幅度上升，但存在着蒸汽腔之间不连通、泄油点较少等问题，导致采注比、油汽比偏低，为此我们开展了以下几方面工作：

（1）依据泄油能力，优化注汽参数，进一步提高单井产量和油汽比。

泄油阶段初期，各注汽井形成的蒸汽腔不同，且与水平段形成的泄油通道也不相同，而蒸汽腔发育状况和泄油通道的数量直接影响产量和油汽比的高低，为了尽快进入高产期并形成稳定的泄油状态，针对不同蒸汽腔的发育状态，主要采取了两方面的针对性措施。一是对蒸汽腔发育较大、泄油量大的两口注汽井加大注汽量，二是对蒸汽腔发育较小、刚产生悬空突破、泄油能力较弱的3口注汽井合理降低注汽量。

（2）依据泄油能力，调整生产参数，保证试验较快地进入了稳定的高产期。

在蒸汽腔实现连通、泄油通道数量增加的情况下，对两口井及时提高排液量，其中，杜84-馆平12井泵径由ϕ120mm增加到ϕ140mm，杜84-馆平11井冲次从3.0次/分钟提高到3.7次/分钟，两口井日产液量从614t上升到712t，日产油量从135t上升到185t，油汽比从0.21上升到0.28，采注比从0.9上升到1.1，其中，杜84-馆平12井日产液量稳定410t以上，日产油量稳定在110t以上，已稳产了45天；近期，杜84-馆平11井也将ϕ120mm泵换为ϕ140mm泵，井组日产液上升到800左右，日产油上升到230以上（图6-45）。

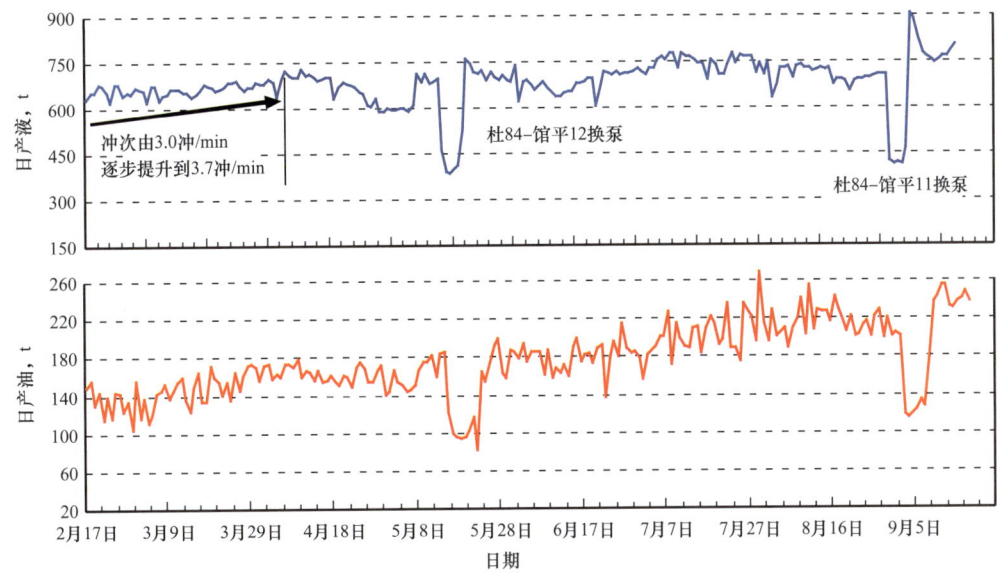

图 6-45　杜 84-馆平 11 井和杜 84-馆平 12 井组调整前后生产曲线

第三节　新疆油田浅层风城双水平井 SAGD 试验

新疆油田公司 2007 年落实风城油田侏罗系超稠油地质储量 $3.6×10^8t$，其中主力油层连续厚度大于 10m 的地质储量 $1.88×10^8t$，但原油黏度很高（50℃原油黏度 3000～1150000mPa·s，绝大多数在 20000mPa·s 以上），采用常规热采方式无法全面有效动用，需要寻找新的有效开发方式，形成配套技术，使风城超稠油资源得到有效动用。北京院和新疆油田公司共同攻关，在经过大量室内研究的基础上，确定双水平井 SAGD 将是风城超稠油的主体开发技术，为评价风城超稠油 SAGD 开发可行性，股份公司勘探与生产分公司 2008 年决定在风城重 37 井区、重 32 井区开展超稠油双水平井 SAGD 重大开发试验。

一、项目基本情况

1. 油田地理位置与自然环境

风城油田位于准噶尔盆地西北缘北端，在克拉玛依区东北约 130km 处，行政隶属新疆维吾尔自治区克拉玛依市。该区北以哈拉阿拉特山为界，东与夏子街接壤，西邻乌尔禾镇，地理位置处于东经 85°47′19″—85°56′23″，北纬 46°07′06″—46°10′20″。

风城油田地面海拔 280～530m，平均约 380m，由于风化作用，地形起伏较大，残丘断壁四处可见，冲沟纵横，成了有"风成城"之称的风蚀地貌。本地区属大陆干旱气候，温差为 -40～40℃，降雨量少，蒸发量大。克拉玛依至阿勒泰的 217 国道从本区北部通过，交通、运输极为方便。

2. 先导试验区地质概况

1）重32井区

试验目的层 $J_3q_2^{2-1}$ + $J_3q_2^{2-2}$ 底部构造形态为南倾单斜，地层倾角5°，为一套辫状河流相沉积，埋深170～180m，地层厚度48～63m，平均60m；砂层厚度32～60m，平均40.3m；油层有效厚度18.9～36.3m，平均26.7m。试验区储层含油岩性主要为中细砂岩，分选中—好，以泥质胶结为主，胶结疏松—中等，胶结类型以接触式为主；孔隙类型主要为原生粒间孔，油层岩心样品分析孔隙度平均33.1%，渗透率中值1175mD；测井解释孔隙度23.4%～42.6%，平均31.5%，渗透率平均2018mD，属于高孔、高渗储层。储层黏土矿物主要以伊/蒙混层矿物（42.3%）为主（混层比80%），其次为高岭石（28.7%）、伊利石（14.5%）和绿泥石（14.5%）。为弱水敏性、无—弱速敏性储层，岩石润湿性为中—弱亲油型。

该试验区目的层（齐古组 $J_3q_2^{2-1}$ + $J_3q_2^{2-2}$）无底水，顶部与吐谷鲁群之间隔层（即 $J_3q_2^{2-1}$ + $J_3q_2^{2-2}$ 层的盖层）较发育，一般在8.0～26.3m，平均19.7m。隔层岩性为泥岩、泥质砂岩夹层。重32试验区较发育，识别出物性夹层6个，岩性夹层1个。成岩夹层主要岩性为粉砂质泥岩、泥质细砂岩及少量改质砂岩和砂砾岩。齐古组主要为泥质胶结和少量钙质胶结，FZI112 和 FZI208 井厚度分别为1.5m 和2.2m。成岩夹层孔隙度分布范围在1.8%～22%之间，渗透率在0～100mD之间，含油级别主要为油迹、油斑（图6-46）。物性夹层孔隙度分布范围在22%～28%之间，渗透率分布范围在100～500mD之间，含油级别主要为油斑和油浸（图6-47）。

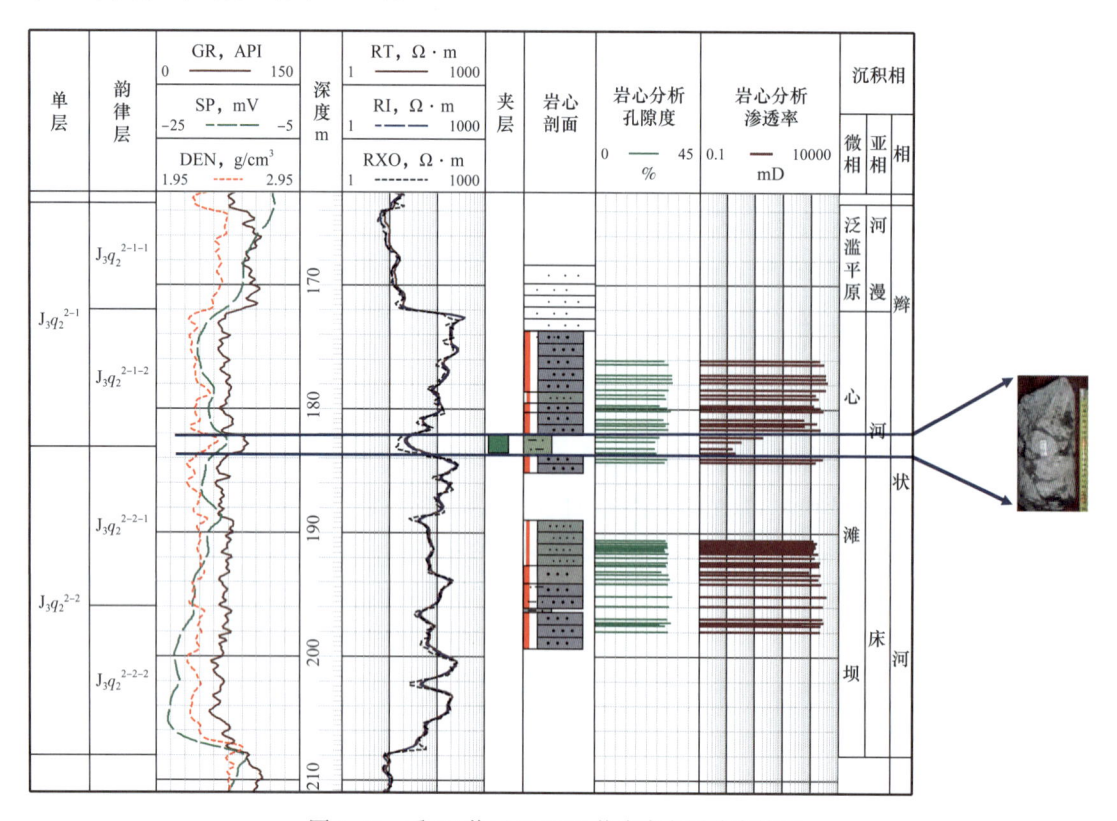

图6-46 重32井区 FZI112 井成岩夹层分布特征

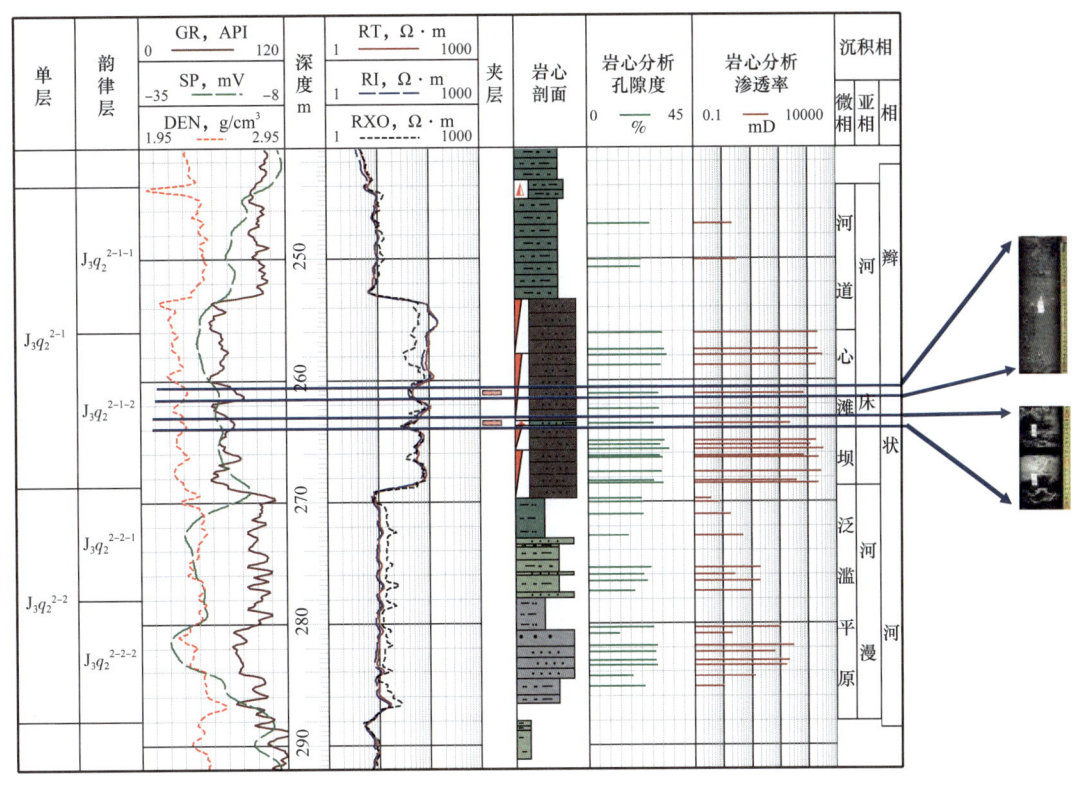

图 6-47 重 32 井区 FZI209 井物性夹层分布特征

试验区原油密度为 0.9551~0.9836g/cm³，平均 0.9649g/cm³，50℃时原油黏度 19925~28500mPa·s，平均 22410mPa·s。试验区油藏中部深度 190m（海拔 175m）处，地层温度 16.4℃，原始地层压力 1.89MPa，压力系数 0.99。

2）重 37 井区

试验目的层为齐古组 J_3q^2 层，为一套辫状河流相沉积，油藏顶部埋深 190~229m，平均 210m；沉积厚度 82~90m，平均 86m；砂体厚度 45~56m，平均 49m；核实油层有效厚度 12.5~32.3m，平均 23.9m。

该试验区储层主要含油岩性为中细砂岩，岩石颗粒细—中，分选中—好，以泥质胶结为主，胶结疏松—中等，胶结类型以接触式为主，孔隙类型主要为原生粒间孔。岩心分析油层孔隙度在 24%~37.0%，平均 30.5%，渗透率分布 94~8469mD，平均 2937mD，含油饱和度 65%~75%，平均 73.2%，垂向渗透率 281~3950mD，垂向渗透率与水平渗透率比值 0.53~0.92，平均 0.71。测井解释油层孔隙度 26.6%~35.3%，平均 30.5%，渗透率 1512~3841mD，平均 2137mD，含油饱和度 69.5%~75.0%，平均 73.0%，属高孔、高渗储层。储层黏土矿物中，高岭石含量 22.6%，伊利石 22.67%，绿泥石 24.58%，伊/蒙混层矿物 30.08%，混层比 76.67%。敏感性分析结果，属于中等偏弱水敏，无速敏。岩石润湿性中性—弱亲油，以弱亲油为主。

重 37 井 SAGD 试验区隔层（即 J_3q_2 的盖层）较发育，厚度为 36~43m，平均 40m，隔层岩性为泥岩、泥质砂岩。目的层齐古组 $J_3q_2^{2-1}$+$J_3q_2^{2-2}$ 层重 37 试验区识别出物性夹层 10 个，发育岩性夹层 7 个，夹层厚度 0.8~5.4m。

该试验区地面原油密度为 0.9613~0.9636g/cm³，平均 0.962g/cm³，原油凝固点 25.6℃，含蜡量 16.6%，初溜点 188℃，酸值 4.2mg（KOH）/g。50℃时地面脱气油黏度为 25300~40300mPa·s，平均为 32800mPa·s。油藏中部深度 260m（海拔 126m）处，地层温度 17.9℃，原始地层压力 2.35MPa，压力系数 0.90。

二、试验区方案设计要点

1. 油藏工程方案

SAGD 开发油藏工程优化包括水平井部署优化设计（水平井段长度、生产水平井垂向位置、水平井位置优化、水平井井距优化），启动阶段注采参数优化（注汽速度、井底蒸汽干度，循环预热压力，循环预热施加压差时机，循环预热压差大小），生产阶段操作参数优化（汽腔操作压力、Sub-cool 控制）和生产指标预测等。根据重 32 和重 37 井区的地质特点，开展了风城超稠油油藏 SAGD 开发物理模拟研究和油藏工程研究，确定了双水平井布井方式和相关注采参数，进行了生产指标预测。方案主要设计参数见表 6-13。

表 6-13 先导试验区油藏工程关键参数优化结果表

优化内容	参数	重 32 井区	重 37 井区
部署优化设计参数	水平段长度，m	400	500
	排距，m	80	80
	井距，m	100~120	100
预热操作参数	井口注汽压力，MPa	2.13	3.0~3.2
	注汽速率，m³/d	80	100
	井口注汽干度，%	>95	>95
	施加压差时机，d	25	30
预热操作参数	压差大小，MPa	0.07	0.2
	转入时机，d	60	70
SAGD 操作参数	井口注汽压力，MPa	1~4	2~7
	井口注汽干度，%	>95	>95
	注汽速率，m³/d	250	250~300
	汽腔操作压力，MPa	1.2	1.5~1.8
	井底产液温度，℃	140~200	150~210
	高峰采液速率，m³/d	400	400
	平均生产时间，a	11	11.0
	单井控制储量，10⁴m³	33.07	29.55
	阶段采油，10⁴m³	16.9	16.81
	阶段油汽比，m³/m³	0.37	0.332
预测最终采收率，%		51.1	56.88

根据以上的设计参数，2008年6月完成了重32和重37井区SAGD先导试验方案。方案在重32井区$J_3q_2^{2-1}+J_3q_2^{2-2}$层连续油层厚度大于15m区域部署6对双水平井井组，16口观察井，计划优选实施4个SAGD井组和12口观察井；在重37井区$J_3q_2^{2-1}+J_3q_2^{2-2}$层连续油层厚度大于15m区域部署12对双水平井井组，31口观察井，计划优选实施8个SAGD井组和24口观察井。

2. 钻采工程方案

1) 设计原则

以油藏方案设计为基础，以达到油藏设计指标为目标；以应用现有成熟工艺技术为主，开展相关项目技术攻关；注汽工艺满足井底干度大于75%的要求，尽可能确保井底高干度；举升工艺满足高温、高排液量需求，单水平井最高排液量在300～450m³/d，产出液温度在150～180℃；举升泵要求安装到倾角50°～60°处，正常生产；对注汽水平井、生产水平井、观察井能够实施实时监测，以配合油藏工程实时监测蒸汽腔的形成及分布情况，为注采方案调整提供依据。

2) SAGD水平井完井方式

注汽水平井和采油水平井完井方式一致，即油层以上$9\frac{5}{8}$in技术套管加砂水泥固井、水平井段裸眼下7in筛管完井，设计试验区筛管缝宽0.35mm。

3) SAGD水平井井口

注汽水平井井口：根据油藏工程方案要求，注汽水平井需进行井下温、压监测，采用双管注汽井口装置，耐压21MPa、耐温370℃。

生产水平井井口：根据油藏工程方案要求，生产水平井需进行井下温、压监测，因此采用SKR21-370SAGD井口装置，耐压21MPa、耐温370℃。

4) SAGD水平井井身结构

注汽水平井：为减少注蒸汽热损失，提高井底蒸汽干度，保证注汽效果，推荐采用$4\frac{1}{2}$in×$3\frac{1}{2}$in N80隔热油管（D级）。

预热阶段，高干度蒸汽由$4\frac{1}{2}$in×$3\frac{1}{2}$in N80隔热油管及$2\frac{7}{8}$in光油管注入，油套环空返出；SAGD阶段，隔热油管+光油管注汽。

如图6-48所示，设计管柱结构为从井口至密封悬挂总成下入$4\frac{1}{2}$in×$3\frac{1}{2}$in N80隔热油管，水平段下入$2\frac{7}{8}$in N80平式油管。预热阶段，高干度蒸汽由$4\frac{1}{2}$in×$3\frac{1}{2}$in N80隔热油管+$2\frac{7}{8}$in N80平式油管注入，油套环空返出；SAGD阶段，隔热油管+光油管注汽注汽。

生产水平井预热阶段管柱设计：从井口至密封悬挂总成下入$4\frac{1}{2}$in×$3\frac{1}{2}$in N80隔热油管（D级），水平段下入$2\frac{7}{8}$in N80平式油管；从井口至密封悬挂总成下入1.9in无接箍油管（图6-49）。预热时从隔热油管中注汽，由油套环空返出；

生产水平井SAGD操作阶段的管柱设计：将预热阶段隔热油管提出，从井口至造斜段50°～60°处下入生产管柱：$4\frac{1}{2}$in N80平式油管+ϕ120mm（ϕ140mm）抽油泵+脱接器+ϕ25mm（ϕ29mm）H级抽油杆+ϕ38mm H级光杆。1.9in无接箍油管加深至水平段，在1.9in无接箍油管内下入1in连续油管测试管柱至水平井末端进行温度、压力测试（图6-50）。

5) 举升方式设计

根据油藏方案产液量设计，推荐重32井区SAGD试验区2口井采用有杆泵举升工艺，2口井试验高温电潜泵举升工艺；重37井区SAGD试验区4口生产水平井采用有杆泵举升工艺，4口水平井试验高温电潜泵举升工艺。

建议SAGD预热完成后，蒸汽腔初步形成情况下，提高蒸汽腔压力，使生产水平井采用自喷方式排液，保持排液量50～100m³/d，排出井筒内泥质及初期出砂，生产一段时间后转抽生产。

6）SAGD观察井井身结构

根据试验区油藏工程方案要求，观察井需同时测温、测压，设计测试结构为：套管内测压、管外测温结构，如图6-51所示。

设计观察井井身结构为：采用 $5\frac{1}{2}$in 套管外缚 ϕ40mm 空心抽油杆完井，空心抽油杆内下光纤或耐高温温度仪测温；$5\frac{1}{2}$in 套管内定向射孔下 $2\frac{7}{8}$in 油管建立循环通道，$2\frac{7}{8}$in 油管内下毛细管测压。

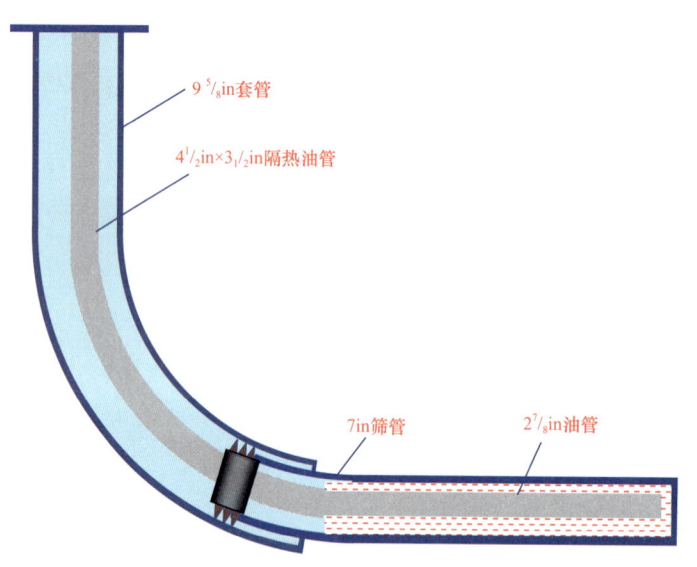

图6-48 SAGD注汽水平井管柱结构示意图（无测试管柱）

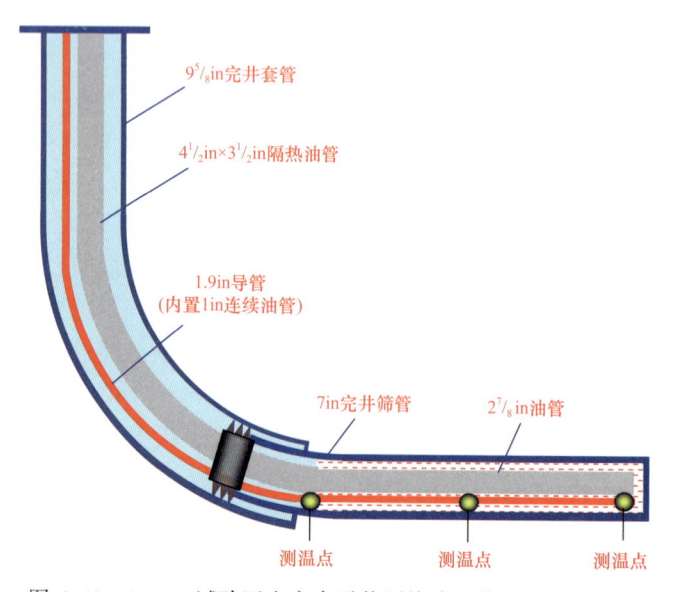

图6-49 SAGD试验区生产水平井预热阶段管柱结构示意图

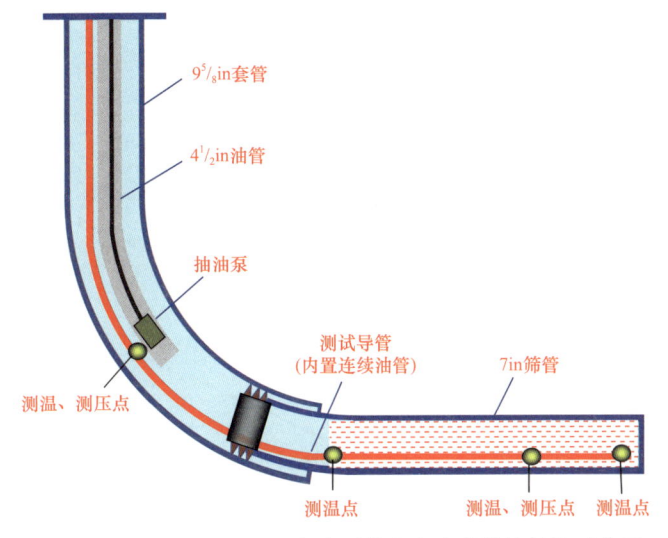

图 6-50　SAGD 试验区生产水平井生产阶段管柱结构示意图

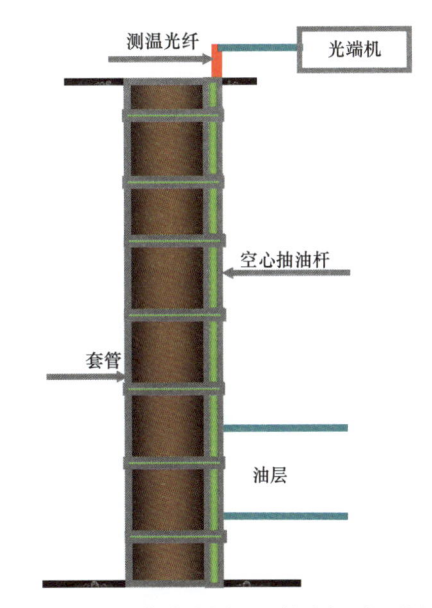

图 6-51　分布式光纤空心抽油杆预埋监测

三、试验区的实施与效果评价

1. 试验实施的基本情况

1）重 32 井区

根据试验方案，2008 年在位于风城重 32 井区 DF309 井—DF310 井—DF311 井区域（图 6-52）实施了 4 井对的双水平井 SAGD，水平段长度 400m，井距 100m，观察井 14 口，总井数 22 口试验区目的层位 J_3q^2 层。试验区含油面积 0.2km²，核实动用地质储量 106.7×10⁴t。SAGD 水平井完井方式采用 $9^5/_8$in 技术套管加砂水泥固井、水平井段裸眼下 7in 筛管完井，设计试验区筛管缝宽 0.35mm。重 32 试验区 FHW103I 井、FHW104I 井和 FHW106I 井组采用单管注汽，注汽水平井下入均匀配汽短节，FHW105I 井下入平行双管。

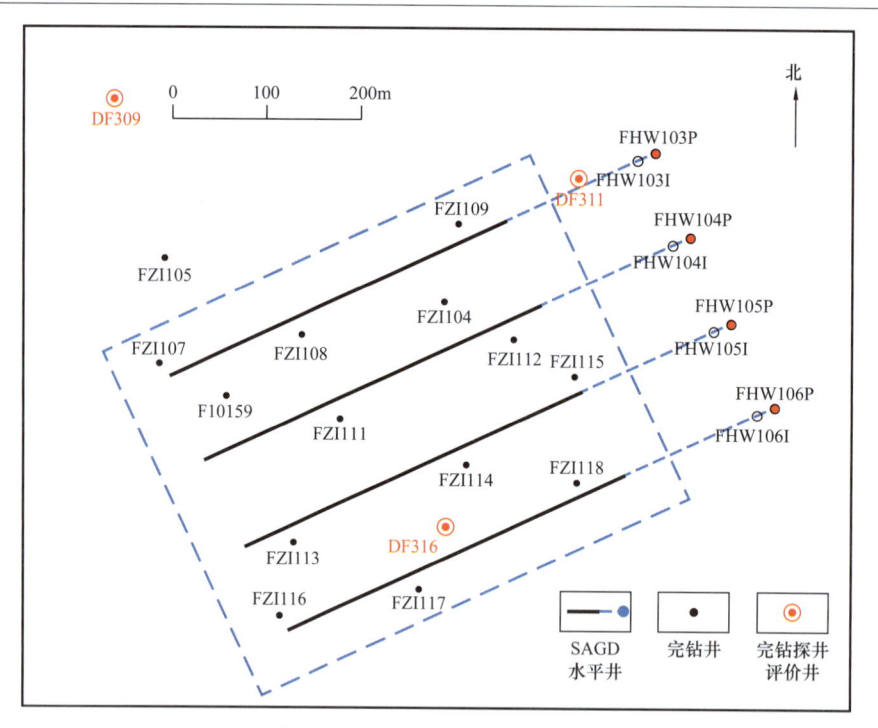

图 6-52 重 32 先导试验区位置图

4 对双水平井 SAGD 井对于 2009 年 1 月开始循环预热，2009 年 5 月陆续转入 SAGD 生产，先导试验区 4 井组受循环预热效果、注汽参数调整、储层非均质性的影响，重 32 井区 SAGD 先导试验区转 SAGD 生产初期日产油量波动较大，井对之间的生产效果逐渐出现了差异，2011 年 10 月调整注采管柱后，日产油量稳步上升，日产液量、日产油量与注汽量进入稳定生产期（图 6-53）。截至 2020 年 12 月底，累计生产 3932 天，累计注汽 146.8×10⁴t，累计产液 133.6×10⁴t，累计产油 43.8×10⁴t，油汽比 0.29。试验区平均日产油 25.0t，单井组平均日产油 20.4~41.4t（表 6-14）。

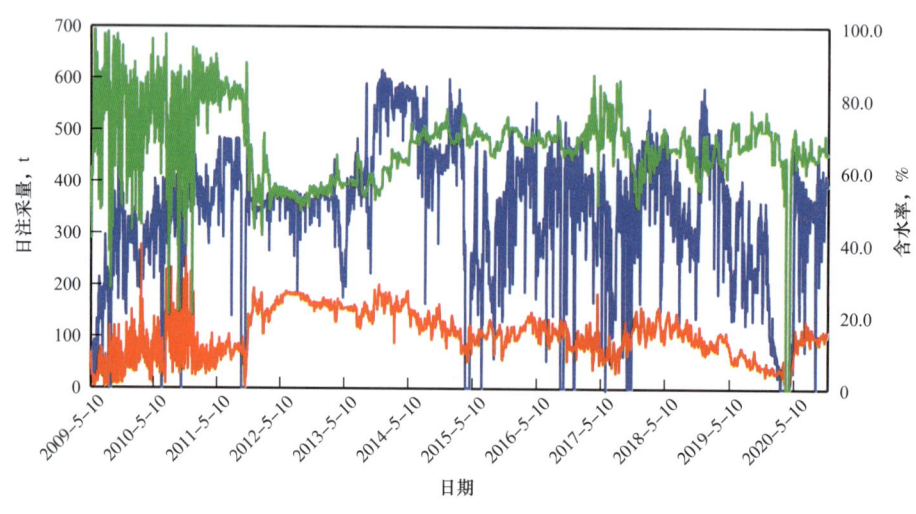

图 6-53 重 32 井区 SAGD 先导试验生产动态图

表 6-14 重 32 井区 SAGD 试验区分年生产情况统计表

年度	年注汽量 10^4t	年产液量 10^4t	年产油量 10^4t	油汽比	平均日产油量 t	年产油速度 %
2010	5.00	4.38	1.00	0.20	6.8	0.93
2011	11.61	11.95	3.28	0.28	22.5	3.07
2012	13.57	13.30	2.82	0.21	19.3	2.65
2013	13.29	13.21	6.05	0.46	41.4	5.67
2014	14.50	13.02	5.63	0.39	38.6	5.28
2015	18.62	15.74	5.13	0.28	35.1	4.81
2016	11.48	11.98	3.62	0.32	24.8	3.39
2017	13.21	12.83	4.02	0.30	27.6	3.77
2018	11.58	10.55	3.17	0.27	21.7	2.97
2019	14.16	11.74	4.06	0.29	27.8	3.81
2020	11.09	7.31	2.37	0.21	16.2	2.22

2）重 37 井区

2009 年实施了重 37 井区双水平井先导试验（图 6-54），共实施双水平井 SAGD 5 对、双水平井 SAGD+ 直井 2 井组、单井 SAGD1 口，水平段长度 300m～520m，井距 100m，排距 80m，实施观察井 24 口，共计 41 口。根据完钻水平井位置和水平段长度圈定的实际动用含油面积 0.44km^2，核实动用储量 190.8×10^{4}t。重 37 井区 SAGD 水平井完井方式采用 9^5/$_8$in 技术套管加砂水泥固井、水平井段裸眼下 7in 筛管完井，设计试验区筛管缝宽 0.35mm。注汽水平井为长短管结构，长管下至 B 点附近，短管下至悬挂器前，长管水平段配有均匀配汽短节，生产水平井为双管结构。循环预热时由长管注汽，短管返液，重 32 和重 37 试验区生产初期采用自喷方式生产，2011 年 10 月后改为有杆泵举升。

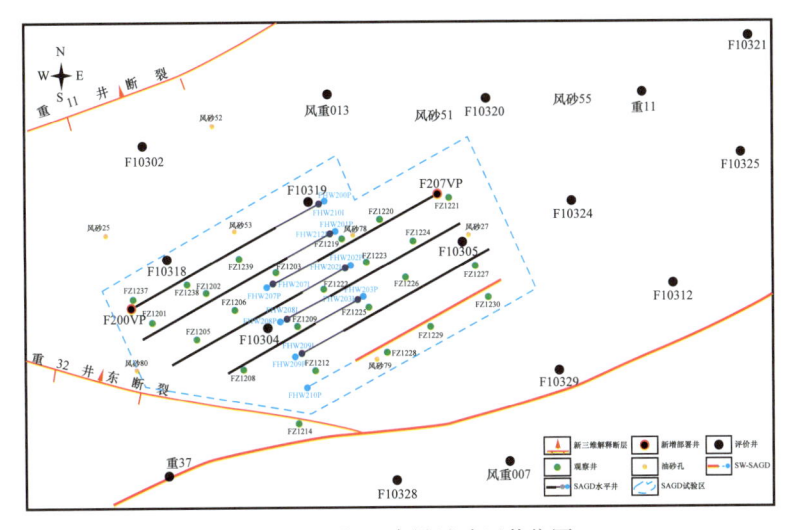

图 6-54 重 37 先导试验区井位图

重37试验区7个双水平井SAGD井对于2009年12月开始循环预热，2010年3月陆续转入SAGD生产，截至2020年12月底，累计生产4119天，累计注汽245.9×10⁴t，累计产液244.8×10⁴t，累计产油63.7×10⁴t，油汽比0.26。试验区平均日产油14.4t，单井组平均日产油6.0~34.3t（图6-55）。

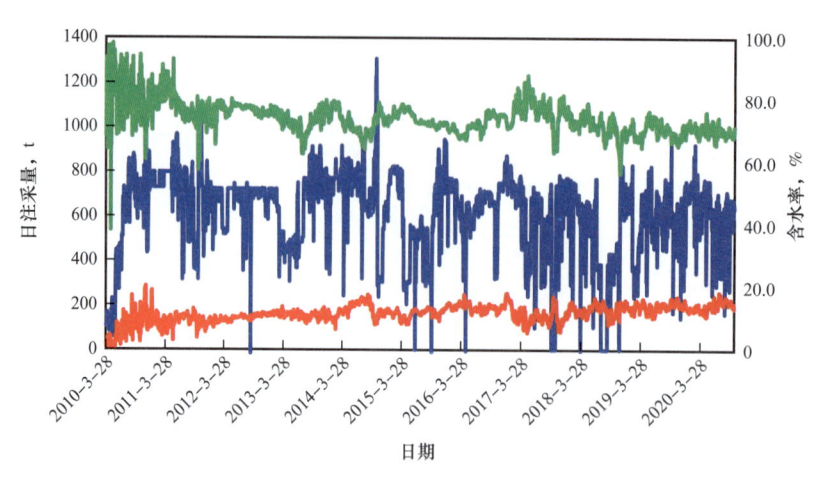

图 6-55 重37井区SAGD生产阶段注采动态

SAGD开发前2年半时间含水高、产量波动大，油汽比低，2011年经注采管柱结构调整、优化注采参数和有杆泵抽等一系列手段，第3年开始产量、油汽比、含水基本稳定（表6-15）。

表 6-15 重37井区SAGD试验区分年生产情况统计表

年度	年注汽量 10⁴t	年产液量 10⁴t	年产油量 10⁴t	油汽比	平均日产油量 t	年产油速度 %
2010	15.41	13.63	2.67	0.17	6.6	1.28
2011	26.23	21.45	4.58	0.17	11.4	2.19
2012	24.81	21.81	5.10	0.21	12.7	2.44
2013	22.97	20.98	5.61	0.24	14.0	2.69
2014	26.01	23.52	6.42	0.25	16.0	3.07
2015	21.29	22.61	5.88	0.28	14.6	2.82
2016	24.17	24.93	6.92	0.29	17.2	3.32
2017	21.75	24.09	5.66	0.26	14.1	2.71
2018	18.42	23.13	6.48	0.35	16.1	3.10
2019	21.84	24.03	7.17	0.33	17.9	3.43
2020	22.98	24.56	7.20	0.31	17.9	3.45

2. SAGD方式比其他注蒸汽热采方式具有明显优势

1）受原油黏度影响比常规方式小

据目前实际生产效果看，50℃原油黏度超过20000mPa·s时，常规开发油汽比低于0.20；SAGD方式在重32、重37井区的较高黏度区域（50℃时原油黏度23000～68000mPa·s之间）取得了较好效果，单井组平均日产油水平达到了30t以上（最高达到57t以上），油汽比达到了0.32以上。

如：重32井区SAGD单井组累计产量是周围同层、同期投产直井的14.6倍，常规水平井的9.0倍；平均日产油是直井的10.4倍，常规水平井的4.9倍；累计油汽比是直井的1.9倍，常规水平井的1.7倍，效果显著（图6-56）。

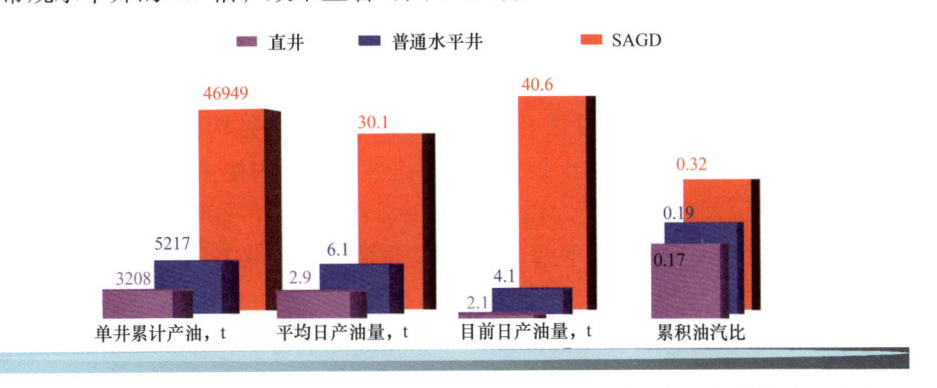

图6-56 重32井区SAGD试验效果与周围同层、同期常规井生产效果对比图

2）SAGD方式稳产时间长，采出程度较高

室内基础实验和数值模拟研究结果表明，SAGD方式井组产油水平达到高峰期后，在较高生产水平上可稳产5～6年，最终采收率可达到40%以上，而常规方式50℃时原油黏度大于20000mPa·s时无法有效开发，原油黏度小于20000mPa·s时，能够取得一定效果，但产量低、油汽比低，有效生产时间短，最终采收率在20%左右。

3. 配套技术基本形成，取得了较好应用效果

通过先导试验，基本形成了浅层超稠油SAGD开发方案设计，钻井轨迹控制，预热生产管柱优化，有杆泵举升、动态监测部署及资料录取，地面注汽、集输、处理，生产动态跟踪分析与调控等方面的配套技术，并在风城Ⅱ类超稠油（原油黏度20000～50000mP·s）资源的有效开发中取得较好的应用效果。

截至2020年12月31日，重32、重1、重18、重37等井区共计实施233组SAGD井，累计注汽$3647.4×10^4m^3$，累计产油$727.7×10^4m^3$，油汽比0.20，风城超稠油油藏采用双水平井SAGD方式开发具有较好的应用效果。

四、试验实施过程中跟踪调整做法

结合SAGD采油机理及蒸汽腔发育规律，可以将双水平井SAGD试验过程大体分为5个阶段：（1）启动/循环预热；（2）SAGD上产阶段（蒸汽腔垂向上升）；（3）SAGD高产阶段（汽腔达到油层顶部，开始横向扩展）；（4）SAGD产量递减阶段（蒸汽腔横向扩展）；（5）SAGD末期（降压生产阶段）。以下介绍了先导试验区初期的主要做法与经验。

1. SAGD 循环预热阶段调整优化主要做法

循环预热即双水平井注蒸汽进行循环，加热水平段周围储层，最终达到上下水平井间均匀热连通目的。预热阶段一般步骤：首先，在两口井中循环蒸汽，主要通过热传导向储层传递热量，该阶段要求蒸汽到达脚尖，保证全水平段有效热循环，均匀加热；随后，在两井之间施加合理压差 0.2～0.3MPa，一般通过降低生产井循环注汽压力实现注汽井对生产井施加压差，使井间流体向生产井流动，以对流传热方式加快井间的热连通，为转入 SAGD 生产阶段作准备。

为实现油层均匀加热和水平段均匀加热连通的目的，重点开展了以下工作。

1）合理设计预热阶段管柱结构

重 32SAGD 试验区循环预热由于没有成功的经验可以借鉴，采用了单管结构，难以实现均匀注汽，环空排液蒸汽滑脱严重，井筒易积液，各井预热效果不理想。借鉴重 32 井区 SAGD 实施的经验教训，对重 37 井区 SAGD 试验区井下管柱结构进行优化设计。即注采井均为双管结构，水平井井下测试位于长管内，注汽井长管加内接箍油管，水平段后段打孔，短油管为内接箍油管；采油井长管为内接箍油管加平式油管，短管为平式油管。循环预热结束时，根据各井组连情况来看，两个试验区完井结果均有缺陷，均不利于均匀预热和预热效果。

2012 年，为进一步掌握管柱结果对预热和生产效果的影响，开展了室内大型三维物模实验，研究了单油管、配汽短节和隔热油管对 SAGD 开发效果的影响，加深了不同管柱结构对 SAGD 预热效果和汽腔均匀发育的影响程度。根据该研究结果，提出了提高 SAGD 预热效率和水平段动用程度的长 / 短管组合、直井段采用隔热措施的平行双管管柱结构。具体要求是：预热阶段采用长 / 短管组合式平行双管管柱结构，注汽长管 A 点前采用隔热措施，注汽井转生产时不动管柱，实现两点注汽，注汽水平井短管进入 A 点后 100m，避免跟部汽窜，注汽井长管不打孔，提高水平段动用程度（图 6-57）。

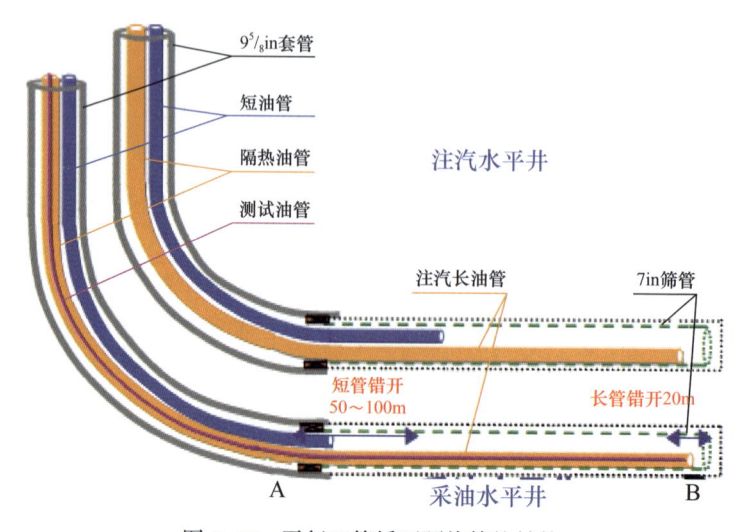

图 6-57 平行双管循环预热管柱结构

根据以上认识，优化了 SAGD 规模开发区完井管柱结构，取得了显著效果。重 32、重 1 和重 18 井区新井均采用优化后的平行双管结构，预热阶段水平段连同程度显著提高。

2）合理的连续注汽均匀施压预热方式

重37井区SAGD试验区水平井的双管结构有利于连续注汽与循环排液，采用了低压注汽预热和施加压差预热为主的连续注汽均匀施压预热方式。

以FHW207井组为例：该井水平段长度410m，管柱结构如图6-58所示，注汽井与生产井循环预热采用长管注汽、短管排液，该井组循环预热阶段曲线如图6-59所示。预热过程及效果如下：

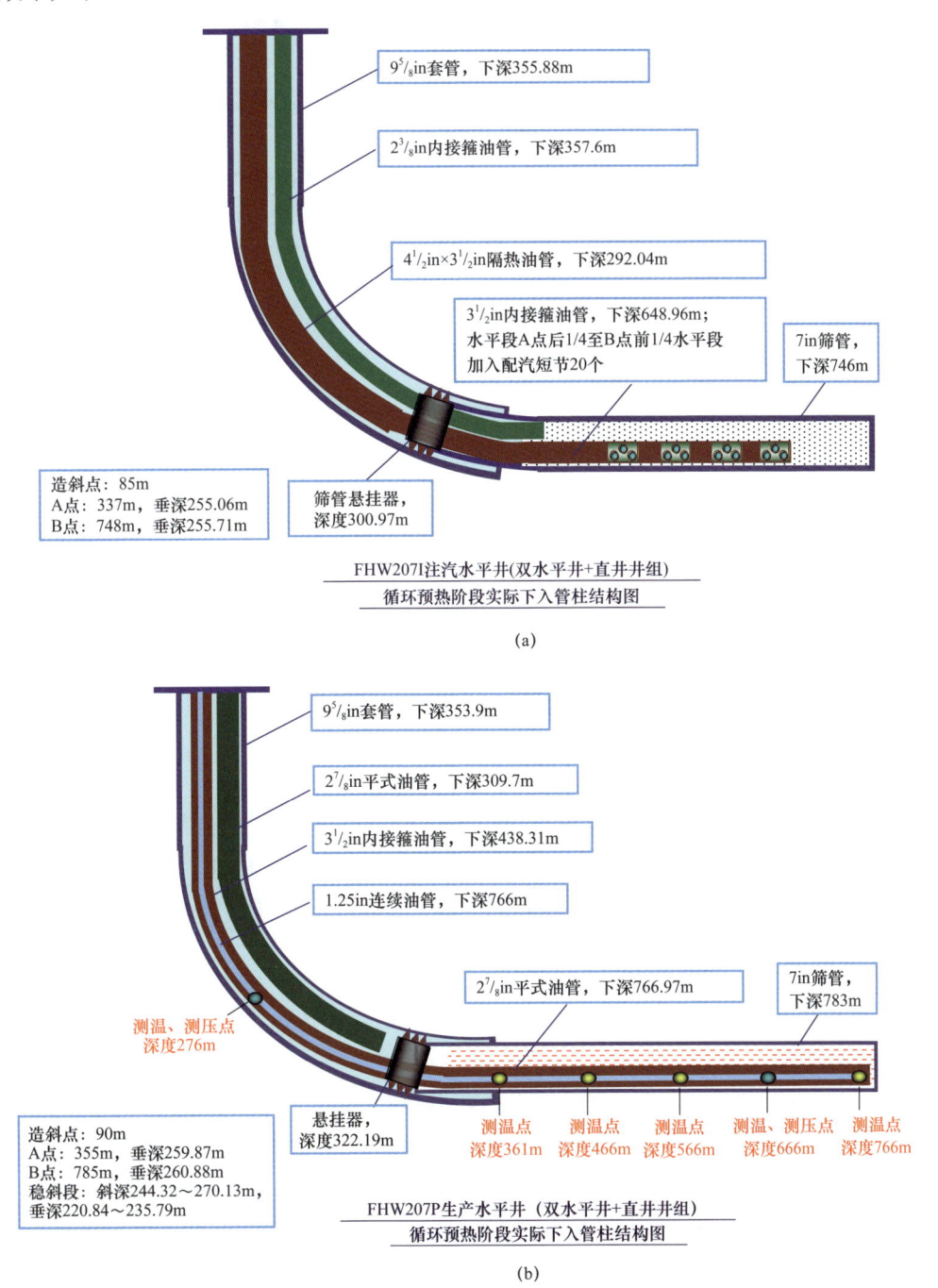

图6-58 FHW207I井管柱（a）和FHW207P井管柱（b）结构图

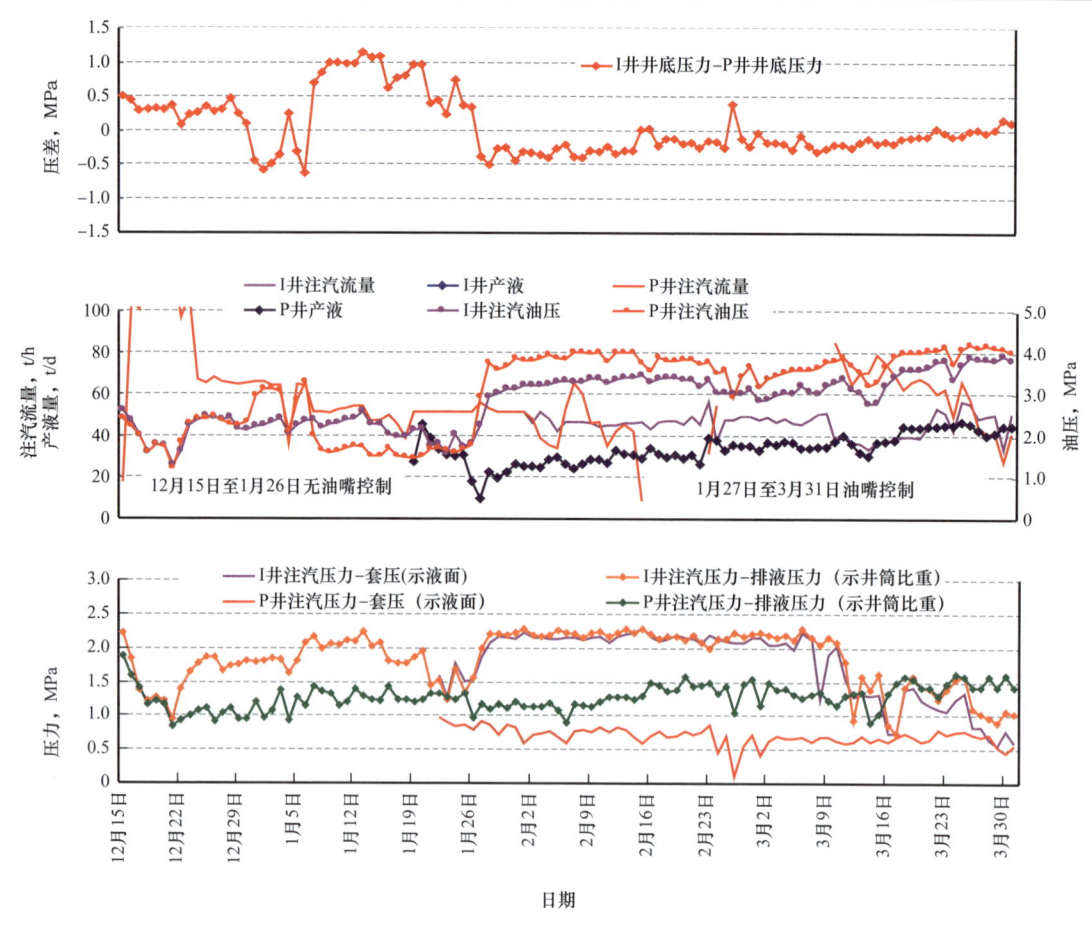

图 6-59 FHW207 井组循环预热阶段生产曲线

从 2009 年 12 月 15 日至 2010 年 1 月 26 日采用了低压注汽均匀注汽预热，历时 40 天，注汽速度平均 45t/d，出液端未装油嘴，循环预热井口压力在 2MPa 左右，两井间压差在 0.3～1.0MPa 之间，初步实现了水平井井筒附近均匀预热。

从 2010 年 1 月 27 日至 3 月 31 日采用了施加压差预热，促进井间连通，历时 63 天，注汽速度平均 65～75t/d，出液端装油嘴施压促进连通，该阶段井口压力在 3.0～4.0MPa 之间，井间压差初期在 0.4MPa 左右，后期降为 0.2～0.3MPa，预热阶段后期产液量增加，含油率约 10%，表明井间稠油开始动用，逐步形成热连通。

通过该方式，提高了井注汽速度，降低了生产井出液量，建立了井间微压差，促进了注采井间热连通速度。该技术的优点是水平井段易均匀热连通，但目前存在井口排液温度高、热效率低及如何自动控制合理的施加压差等问题。

3）合理划分预热阶段、优化确定各阶段操作参数

根据现场跟踪研究发现，为实现较高的预热效果，必须合理控制预热阶段的 5 个主要操作参数，即蒸汽干度、注汽压力、注汽速度、注采井间压差控制、循环预热时间。

循环预热阶段，井底蒸汽干度应大于 75%。重 32SAGD 试验区，油层埋深在 180m 左右，注汽压力控制在 2.2～2.3MPa；重 37SAGD 试验区，油层埋深在 220m，注汽压力控制在 2.8～3.0MPa。重 32 和重 37 试验区预热结果表明，单井注汽速度必须达到 65t/d

以上时，预热效果较好，两个试验区预热时，某些单井注汽速度基本在 45~60t/d，影响了预热效果。

理论上循环预热阶段，在井间油层加热到一定程度（原油黏度下降到 1000mPa·s 以下，具有流动性）时，由注汽井向生产井施加一个压差，使原油加速向生产井流动，可以加快井间对流换热，更快的加热油层，使注采井间形成水力连通。现场试验结果表明，压差大于 0.5MPa 的各井组连通效果普遍较差，连通长度普遍小于水平段长度的 50%，且形成的连通模式大多以点通和小段连通为主。此外，在实施过程中，只要确保锅炉稳定，减少人为调控停井，各井组都能获得稳定注汽压力的条件下，通过排液端加装生产油嘴，控制采出量，可以有效地控制压差稳定在 0.5MPa 以下，这样可避免和减少预热阶段形成蒸汽沿水平段出现点窜和局部窜通的现象，进而增加连通段长度，提高循环预热效果。

当上下水平井的井间区域温度可达 120℃ 以上，井间原油黏度约为 100mPa·s 左右时，两井中间已经充分连通，并且在井筒周围形成了一个高温低黏区域，即可转入 SAGD 生产阶段。根据现场试验效果，合理预热时间应不少于 120d。

综合研究与试验结果，SAGD 循环预热阶段的主要参数：循环预热单井注入速度 >65m³/d，循环预热注汽压力应大于地层压力 0.5MPa，预热蒸汽干度 >75%（越高越好），预热期间保持锅炉工况稳定，减少人为调控停关井次数，通过排液端加装生产油嘴，控制采出量，控制压差小于 0.5MPa，预热 120 天以上时，可以转入 SAGD 生产阶段。

4）准确掌握转 SAGD 时机

根据预热连通跟踪分析及转 SAGD 生产后的表现，总结确定了以下转 SAGD 条件。

（1）数模预测注采井间原油黏度降到 100mPa·s 以下；

（2）注采井注汽压力相关性好，表现为同步上升或同步下降；

（3）监测资料和数模预测水平段连通长度达到 70% 以上；

（4）生产井停注后，水平段温度仍保持 150℃ 以上，采注比保持 0.9 以上，产出液含油率达到 10% 以上，日产油量大于 8.0t。

预热末期，预热过程的各项参数，满足以上条件是可进行转 SAGD 生产。

2. SAGD 生产阶段主要做法

1）管柱及举升方式优化

试验区前期，除了 FHW103 和 FHW106 井组是采用机抽生产，其他各井组均采用自喷方式生产。而自喷生产是利用井底压力将井下流体举升到地面，虽然表面上看，不需要抽油机，节约了电力，但产液量上升缓慢，当产液量达到一定高度后，在操作压力稳定时产液量将不在增长。最大产量随着操作压力上升而上升，当操作压力达到最高限定压力即油藏破裂压力（重 32 井区限定压力为 3.0MPa，重 37 井区限定压力为 4.0MPa）后油井产液量达到一定程度后不再上升。

随着蒸汽腔泄油能力的提高，使用自喷方式生产，将不能保障汽腔所化的液体被及时采出，也无法实现"阻汽排液"这一技术，所以试验区于 2011 年 10 月底完成各生产井的转抽作业。

转抽作业实施完毕后，试验区目前生产井管柱，主要分为三种：第一种是 FHW104P、FHW105P 和 FHW202P 的水平段下入控液管柱（图 6-60），改变生产井水平段压力分布，迫使水平段两端的流体向内衬管排液点处流动，通过调整内衬管的长度或者排液点的位置，可以达到调整生产井压力剖面和排液剖面的目的；第二种是 FHW106P、FHW200P、FWH203P 和 FHW209P 在泵下接 $2^3/_8$in 尾管入水平段（图 6-61），此种结构使产出液在井筒内自水平段末端流入生产管柱，促使水平段温度分布均匀；第三种是直接在 $4^1/_2$in 油管下接泵（图 6-62）。除了 FHW210P 井，所有井都在副管 $2^3/_8$in 内接箍油管内下入 1.25in 测试连续油管。

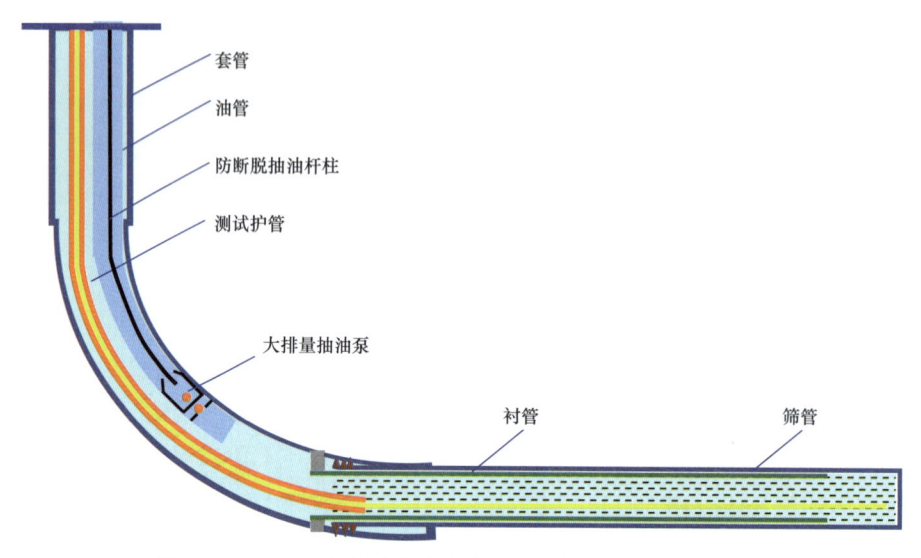

图 6-60 SAGD 生产阶段生产井水平段加入控液结构管柱图

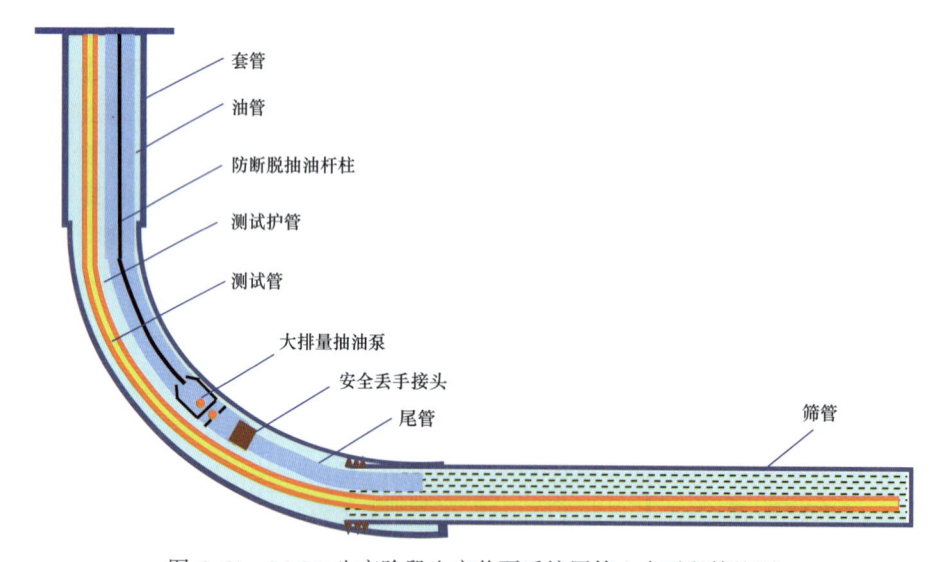

图 6-61 SAGD 生产阶段生产井泵后接尾管入水平段管柱图

（1）单管泵抽方式生产。

跟踪研究发现，单管泵抽方式生产会导致水平段产液不均匀，水平段后端动用程度低，A 点易突破。单点泵抽，水平段后端温度比较低，没有升高的趋势，而水平段前段动用较好。

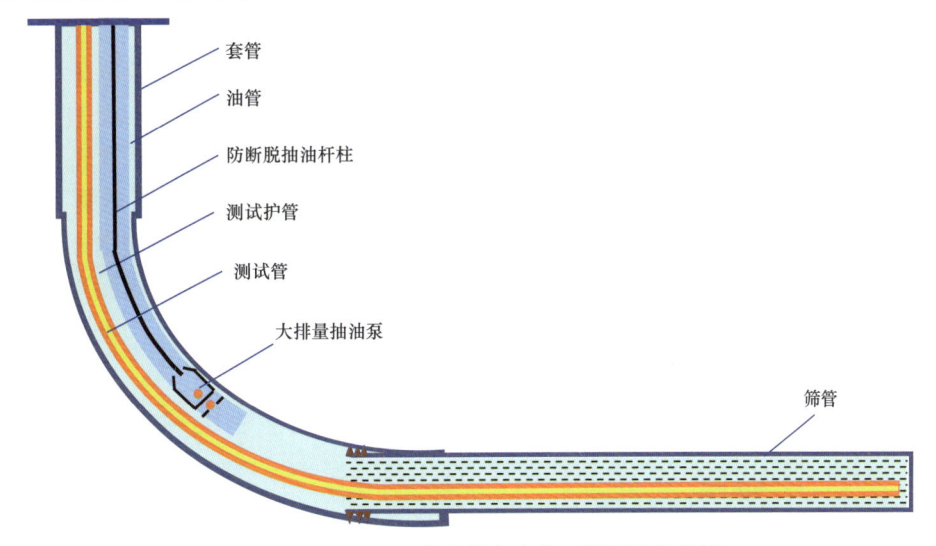

图 6-62　SAGD 生产阶段生产井正常泵抽管柱图

（2）尾管泵抽方式生产。

尾管水平段温度分布相对比较均匀，但尾管进入水平段长度有限，对改善水平段动用程度所起效果可能不佳，而且在泵后直接加 $2\frac{3}{8}$in 内接箍油管作为尾管，流体在尾管内易产生压降，降低入泵处流体的 Sub-cool，易发生闪蒸，影响泵效。

（3）水平段下入控液管方式生产。

水平段前段发生汽窜或连通性好的井，采用在水平段下入控液管的结构，使液流绕流至水平段后端由控液管中采出，可避免泵抽时 A 点汽窜，同时增加井下 Sub-cool，产出液沿控液管与筛管环形空间绕流至控液管管鞋的过程，还可以加热井间水平段，使井筒热量分布均匀化。2010 年 10 月 FHW104P 井水平段下入控液管，整个水平段温度较一致，如图 6-63 所示，提高了蒸汽热利用率，一定程度上控制了 A 点汽窜对生产的影响。

机抽生产能保持稳定的 Sub-cool，生产稳定易控制，井下压力、井口出液稳定，有利于井间均匀动用，在注汽稳定条件下，产量持续稳定并逐渐上升。

2）Sub-cool 控制

在 SAGD 采油过程中，井下是存在汽液界面的，根据饱和蒸汽（水）温压特性，如在 180℃时，压力为 1.0MPa。所以，必须保证井底液相，Sub-cool 应控制在 5~15℃，即井下流体温度低于井下压力的饱和温度 5~15℃，否则会造成井下液面下降，油井将会从井口开始闪蒸，经过一段时间后最终将形成蒸汽突破汽液界面，出现汽窜现象，影响生产（图 6-64）。

双水平井 SAGD 生产过程，需要建立稳定的汽液界面，避免蒸汽腔内的蒸汽窜入下部生产井被采出，导致生产状态不稳定，严重影响下步动态调控的基础。建立稳定汽液界面的控制要点为保持生产井流体为纯液相，各连通段出液温度稳定，在现场调控中以井下 Sub-cool 为控制指标，使井下流体温度低于其所对应的饱和温度。只有保持稳定的注采平衡，才能保持汽液界面不变。采出量过大汽液界面下移，可能造成汽窜；相反，采出量过小汽液界面上升，造成积液，降低蒸汽热利用率。所以蒸汽腔的泄油能力是核心，注汽是前提，采出是保障，保证三者的平衡是关键。实际上，同一井组不同阶段和不同井组同一

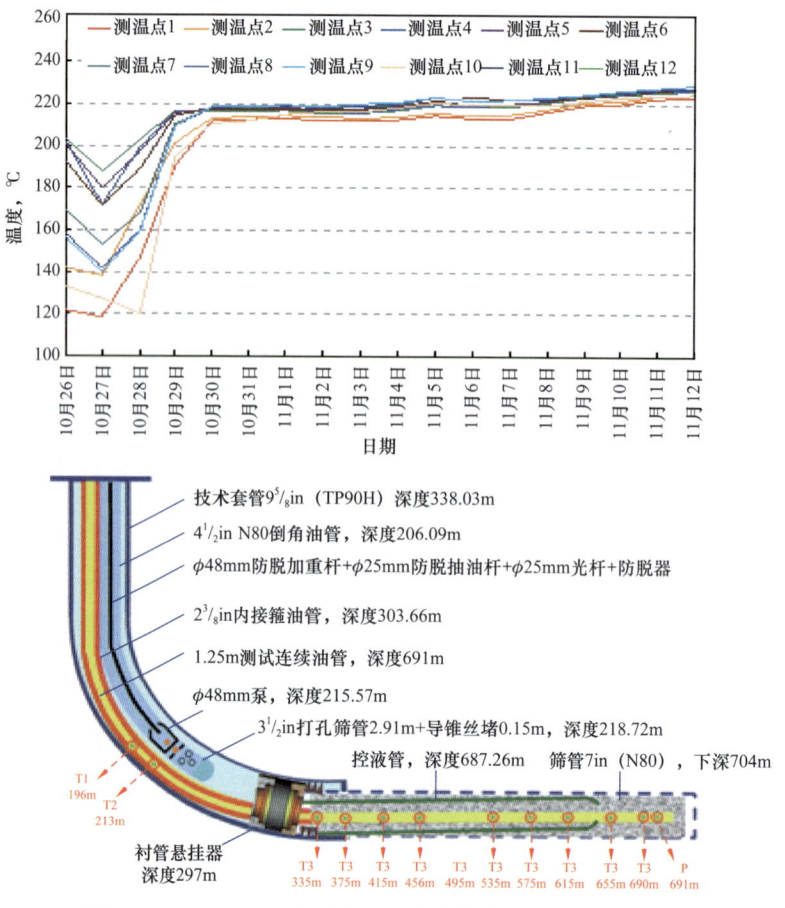

图 6-63 FHW104P 水平段下入控液管结构及井下温度曲线

图 6-64 FHW200 井组 Sub-cool 随时间变化曲线图

阶段的蒸汽腔的泄油能力也不尽相同,所以要实现最佳排液,必须通过分析各井组不同时间的合理注汽速度和产液速度,进而确定出汽腔的泄油能力,通过现场不断总结分析,确定一井一策来调控汽液界面,实现井组较高水平稳定生产。经过大量数据的统计分析和数模跟踪研究认为，试验区各井组当井下 Sub-cool 为 5~15℃时，所对应的产液速度较为合理，这时的汽液界面处在最佳位置，生产稳定，可以满足蒸汽腔的泄油能力，注汽量则按照采注比 1.1~1.3 确定即可。

现场为达到调控目的，主要通过调节产液端油嘴、调节抽油机冲次、调整注汽量三种调节手段来进行调控。

3）操作压力控制

操作压力即指汽腔压力（参考生产井井底压力及注汽井套压），必须低于油藏破裂压力，重 32 井区限定压力为 3.0MPa，重 37 井区限定压力为 4.0MPa，操作压力稳定时，说明生产状态良好，汽液界面位置合适。

机抽生产时，不需要太高的操作压力，一般在压力稳定或下降时，增加注汽量。提液时控制生产井井底压力下降速度，抑制生产井井底流体闪蒸。

4）出液温度控制

出液温度即指生产井井口温度，是判断生产井生产状态的一个重要指标，通过 2009 年 SAGD 生产初期实践来看，汽液界面稳定时，出液温度也保持稳定，一般在 200℃以下（图 6-65），和操作压力综合起来分析，可以有效地判断出井组生产状态。2010 年通过多次调控，目前两个试验区日产油水平达到 230t，提高了 80t/d 以上，生产效果大幅改善，日注汽量和日产油量表现为稳步上升或区域稳定。

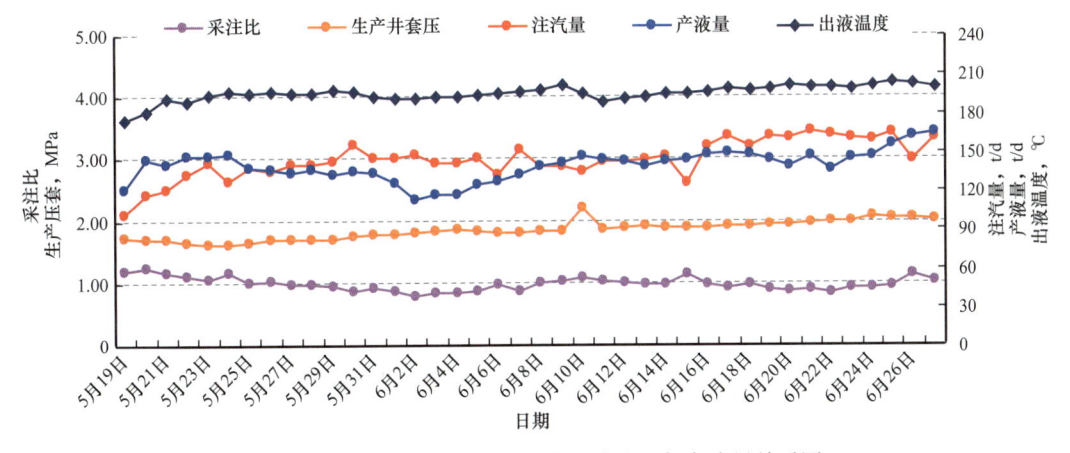

图 6-65 操作压力、出液温度、采注比与产液量关系图

第七章 改善 SAGD 开发效果新技术及发展趋势

随着 SAGD 技术应用范围的不断扩大和商业化进程的加快，SAGD 技术也经历了较多的改善和变化，并取得了不同程度的现场验证。从室内研究与现场试验来看，出现了气体辅助 SAGD 技术、溶剂辅助 SAGD 技术、ICD/FCD 技术等主要的几项能够高效改善 SAGD 开发效果技术。

第一节 气体辅助 SAGD 技术

一、概述

SAGD 过程中添加非凝结气体的主要机理在于：（1）非凝结气体首先分布在油层上部，形成隔热层，显著减少蒸汽向上覆岩层的热损失，提高热效率；（2）分布在油层上部的非凝结气体还可以维持系统压力，对原油起到向下的推动作用，提高泄油能力；（3）通过分压原理，降低蒸汽腔上部温度，而注入井附近的区域仍为饱和蒸汽温度；（4）非凝结气体的加入可以减少蒸汽的需求量，提高油汽比和经济效益。所以，注入非凝结气体对 SAGD 过程有以下好处：（1）改善油汽比，减少水和燃料的需求，减少温室气体排放；（2）增加最终采收率。在研究和现场实施过程中，蒸汽中添加的气体一般是 N_2、CH_4 和 CO_2 等几种气体。

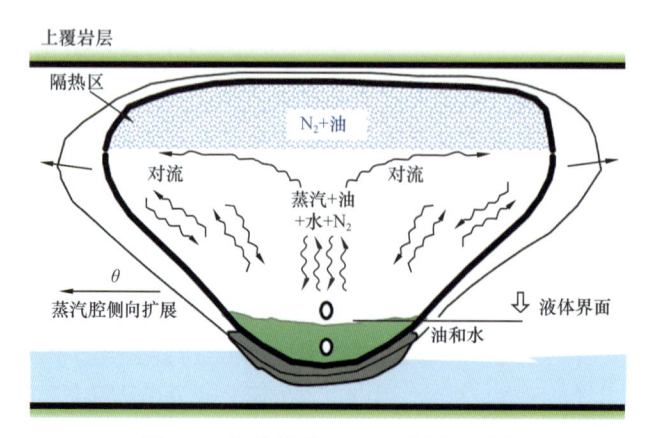

图 7-1 气体辅助 SAGD 过程机理图

SAGD 过程中注入非凝结气体之后，受到影响的三个主要因素为：（1）相渗改变；（2）流体性质和相状态改变；（3）热传导性质改变。

非凝结气体在原油和水中的溶解主要有温度、压力、原油物性和气体组分决定。随着温度的增加,气体在油水两相中的溶解度逐渐降低,而随着压力的升高,气体在油水两相中的溶解度升高。图 7-2 为气体在 93℃条件下不同气体在 26.8°API 原油中不同压力下的平衡常数图版。

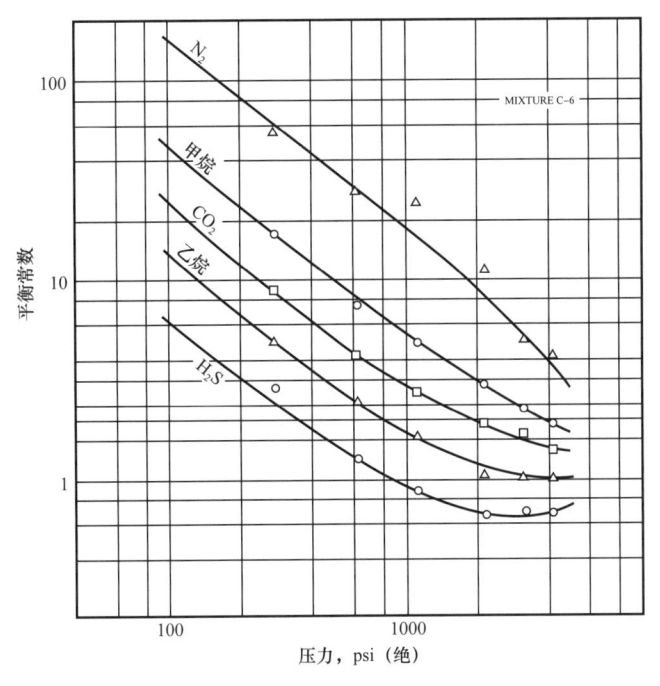

图 7-2 不同气体在 93℃下的平衡常数图版

气体在原油中的溶解引起原油体积的膨胀和原油黏度的降低,图 7-3 给出了 10°API 的原油在不同压力和温度下的饱和了气体后原油的体积系数[32]。

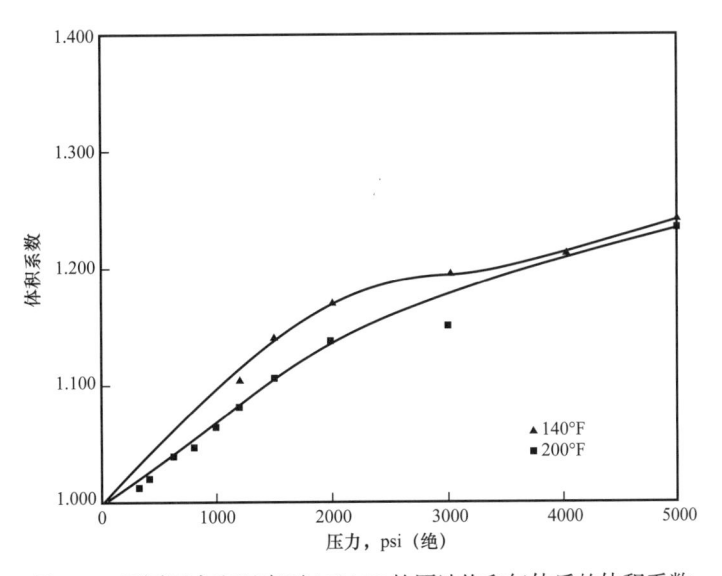

图 7-3 不同压力和温度下 10°API 的原油饱和气体后的体积系数

图 7-4 给出了溶解了不同的气体之后 Athabasca 原油黏度的变化。由图可见,40℃条件下,溶解了 CO_2 之后的原油黏度由 50000mPa·s 大幅度降低到几千个毫帕秒,大幅度改善

了原油在低温条件下的流动性。与 CO_2 相比，甲烷溶解后对于原油的降黏效果不明显，在 2.5MPa，40℃条件下，饱和甲烷的原油黏度仍有 20000～30000mPa·s。而饱和了氮气的原油黏度变化不明显。

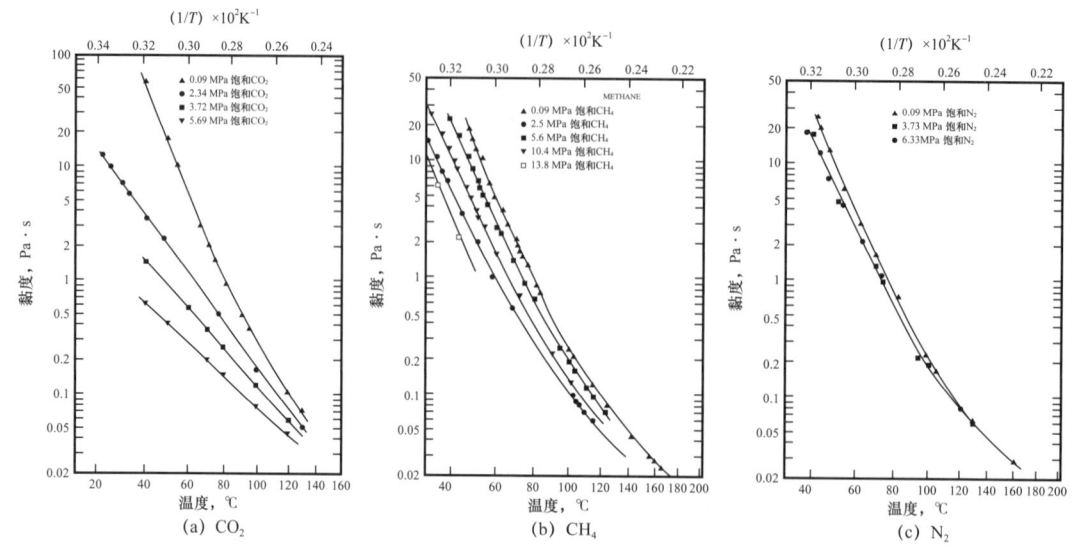

图 7-4 溶解了不同气体的原油黏度变化

AITF 的 Canbolat 等 2002 年的 CO_2/蒸汽 SAGD 实验表明，除了明星改善了油汽比之外，采油速度也略有下降。赵利同等在二维实验 SAGD 模拟后期加入了氮气，证明蒸汽腔可以继续扩展，并能提高采收率 12.5%。袁建阳在 2011 年的实验表明气体主要聚集在蒸汽腔的前缘，由于气体分压定律和各区域组分的不同，应用温度场判断汽腔大小比较困难。同样 Bagci 等[36]也开展了二维的 SAGD 过程实验研究。

二、氮气辅助 SAGD

由于制氮工艺简单，成本低，且无腐蚀性，国外研究较早也较多的非凝结气体添加剂为 N_2。1997 年，加拿大的 Roger M. Butler 教授在加拿大石油工程年会上首次提出了蒸汽辅助重力泄油过程中加入气体驱动（Steam and Gas Push—气体辅助 SAGD 过程）[37]这一开采方式的概念和理论。自从该采油方式提出以后，首先在加拿大卡尔加里大学的研究实验室进行了系统的理论研究和相似物理模拟实验。研究结果为：气体辅助 SAGD 过程的机理可以通过如图 7-5 的理想模型来展开论述。在分析中假设 SAGD 的汽腔中所有部分都加热到蒸汽的饱和温度，而在气体辅助 SAGD 过程中只有注采井之间完全加热到饱和蒸汽温度，而从注汽井以上温度逐渐降低。由于气体辅助 SAGD 过程中汽腔里的温度随高度逐渐降低，因此原油黏度逐渐升高，需要较高的压力梯度才能将原油泄到下面的生产井，汽腔界面会比 SAGD 的更陡一些，在理想条件下可以假设成垂直状，而 SAGD 中的汽腔界面会平缓一些，在图 7-5 中假设为 45°角的斜面。

图 7-6 是实验室相似物理模拟得出的气体辅助 SAGD 过程汽腔上升和扩展的照片。实验模型为一长 355mm，高 216mm 和厚度为 32mm 的二维可视模型，生产井和注汽井位于

模型下端的中间部位。实验条件为 10.0psig 操作压力，饱和蒸汽温度为 114℃。在注入的蒸汽中加入摩尔分数 0.3% 的甲烷气体，黑色部分为饱和的原油，浅色的地方为汽腔。

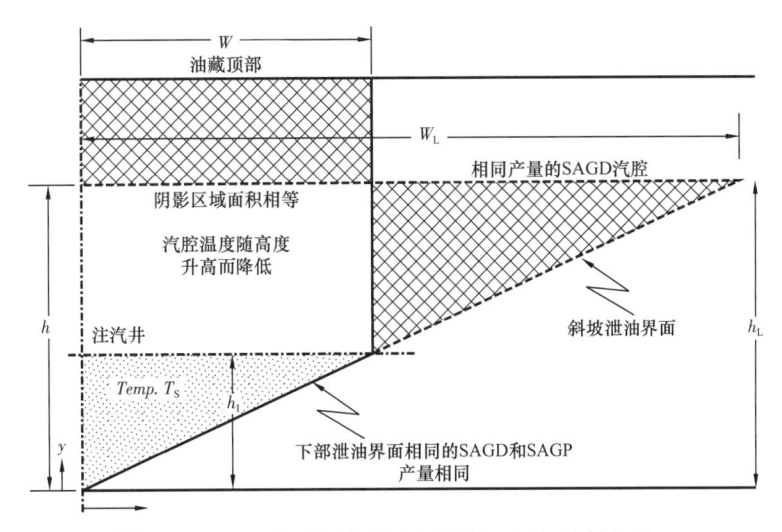

图 7-5 SAGD 和气体辅助 SAGD 过程的汽腔扩展对比

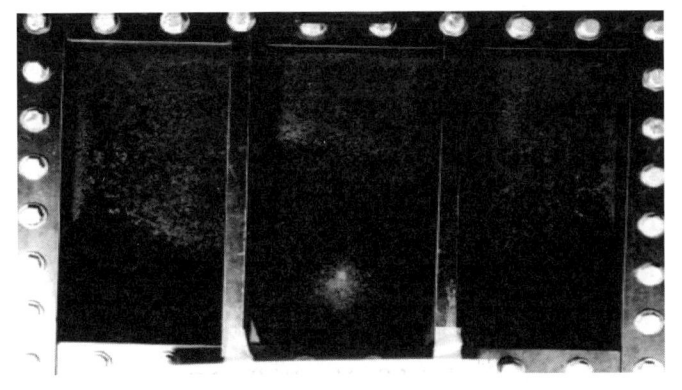

图 7-6 实验室相似物理模拟得出的气体辅助 SAGD 过程汽腔分布图

所有实验过程中的蒸汽腔都有同样的特点：在注入井和生产井附近都有一个接近蒸汽饱和温度的喇叭口，中间界面陡峭接近垂直，平铺扩展并且温度很低的顶部气顶。从这些图中可以看出，只有注采井之间和注汽井上部很小的一个范围内为饱和蒸汽温度，温度向模型顶部逐渐下降。尽管靠近模型顶部的温度大大低于蒸汽的饱和温度，但原油仍然可以泄下来，这主要是由于上升的气体与原油的反向对流作用造成的。图 7-7 是利用加拿大 Lloydminster 和 Cold Lake 原油所做的 SAGD 和气体辅助 SAGD 过程在注入等量蒸汽时累计产油量比较，可以看出，相同采出原油量的条件下，气体辅助 SAGD 过程所用的蒸汽量只有 SAGD 实验的 3/4，即节约了 25% 的蒸汽用量。最重要的是，在该实验中气体辅助 SAGD 过程的泄油速率与 SAGD 的泄油速率相近。

从累计产油量和蒸汽注入量累积关系曲线（图 7-8）可知，气体辅助 SAGD 过程产出的原油略微比 SAGD 少约 10%，但是汽油比低 50%，注汽量的节省是由于蒸汽腔温度的降低和上覆岩层热损失的减少。图 7-9 是 SAGD 与气体辅助 SAGD 过程实验过程中相同时间内蒸汽腔平均温度变化的对比曲线[39]。可以看出，随着实验时间的延长，气体辅助

SAGD 过程与 SAGD 蒸汽腔平均温度的差别越来越大，实验 3h 时，气体辅助 SAGD 过程温度为 80℃，而 SAGD 温度为 110℃，气体辅助 SAGD 过程实验的蒸汽腔平均温要远低于 SAGD 蒸汽腔平均温度。

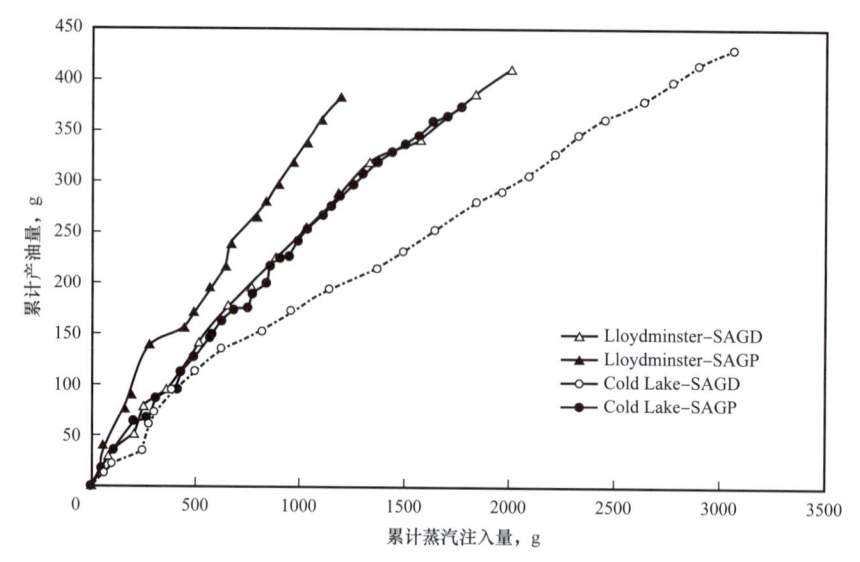

图 7-7 Lloydminster 和 Cold Lake 原油所做的 SAGD 和气体辅助 SAGD 过程对比

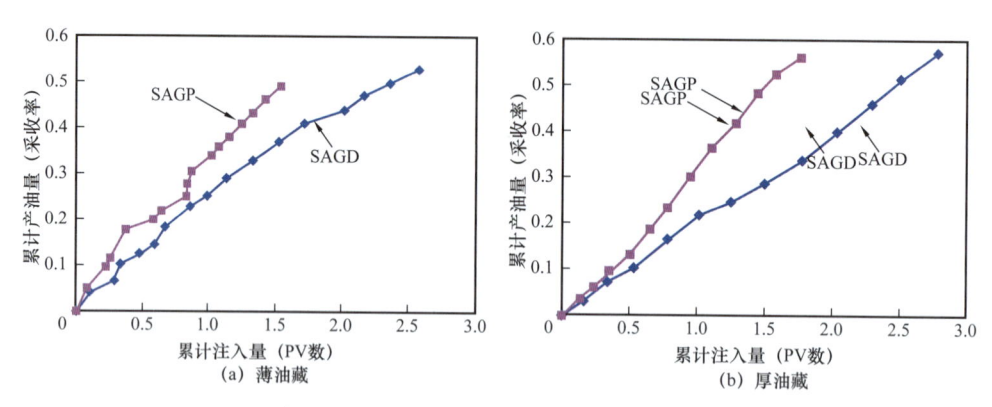

图 7-8 累计产油量和蒸汽注入量累积关系图

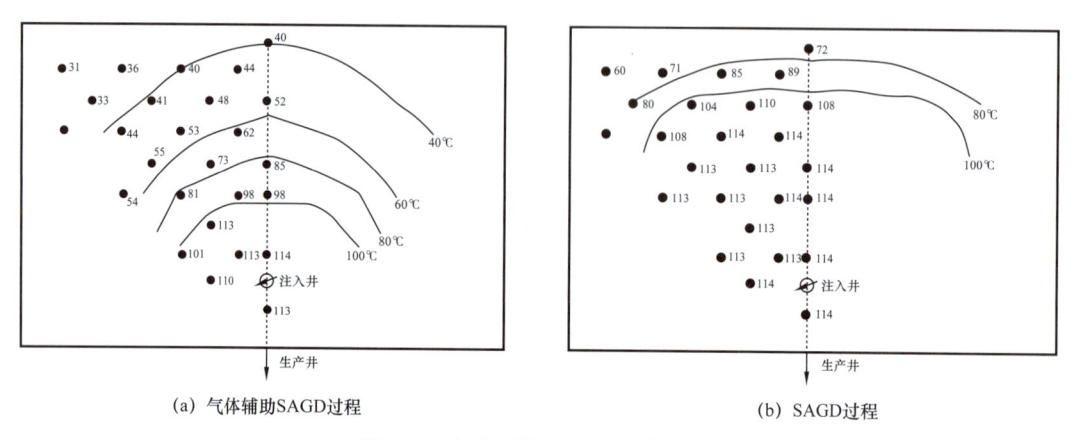

图 7-9 实验开始 4h 后温度场对比

虽然实验中气体辅助 SAGD 过程产出流体的温度和 SAGD 的基本相同，但是由于气体辅助 SAGD 过程的含水率和产液量都相对较低，从而减少了产出流体的携带液量和热量。所以低的蒸汽腔温度和低的产出液体含水率使得气体辅助 SAGD 过程热损失降低，从而使蒸汽腔热量需求大大减少。

通过 Butler 的物模实验，得到如下结论：

（1）在蒸汽中加入了氮气后，可以降低蒸汽腔上部温度，减少热量向上覆岩层的传递速度；

（2）气体辅助 SAGD 过程的生产速率比 SAGD 的速度略低，但是油汽比要高，气体辅助 SAGD 过程中要求的注入非凝结气体量很小，一般小于注入蒸汽体积的 1%；

（3）实验结果表明，气体辅助 SAGD 过程可能会减少 1/4 蒸汽注入量，但是可以达到 SAGD 的同样产量；

（4）气体辅助 SAGD 过程过程中生产效果的改善是由于减少了蒸汽注入量带来的含水率降低和气体分压作用引起的蒸汽腔温度降低。

三、CO_2 辅助 SAGD

用 CO_2 作为油藏提高原油采收率的驱替剂已研究多年。室内和现场试验都曾表明 CO_2 是一种有效的驱油剂。它能够提高原油采收率的原理包含以下几个方面：

（1）CO_2 易溶于原油，并能起到如下作用：① 使原油体积增大，从而促使孔隙介质中部分残余油恢复流动，若随后注水，就可使油藏中残余油量减小；② 使原油黏度降低，从而促使孔隙介质中原油的流度提高，若随后注水，可推动有限量的 CO_2 驱油剂达到更高的驱油效率。

（2）CO_2 溶于原油的同时能有效抽提（萃取）并携带原油中 C_2—C_{30} 等轻质和部分重质烃类，从而同样可使残余油饱和度降低，提高驱油效率。

（3）在一定原油组成分布和温度、压力范围内，CO_2 具有无限制地与原油混相或近混相的能力，可使油气界面消失或形成超低界面张力效应，从而可实现高效驱油。

（4）CO_2 易溶于水，在此前提下可起到如下作用：① 使水的黏度增加，流动性降低，从而提高油水流度比而改善水驱油效率；② 形成碳酸水，能与岩石碳酸盐成分发生反应并能使其溶解，从而促使储层渗透率提高，注入井的吸收能力增强；③ 在碳酸水前缘会形成和保持 CO_2 游离带，可有效改善水驱效率，降低残余油饱和度；④ 降低油水界面张力，提高驱油效率。

（5）CO_2 在油、水中的扩散系数高，扩散作用可产生以下效应：① 重新形成相分配并使相系统形成新的平衡稳定状态；② 调整油、水相对渗透率曲线形态，使残余油饱和度降低。

（6）改善毛细管吸渗作用，促使油层扫油范围扩大，水、油流动性保持平衡。

然而，对于一个实际油藏，注 CO_2 提高原油采收率，哪一部分驱替机理起主要作用，显然，首先是与 CO_2 的基本物理化学性质有关，其次是与地层原油的烃组成分布、原油的 PVT 性质、油藏的温度和压力、CO_2 注入方式、注入强度等因素有关。

1. 土耳其学者 Bagci 和 Gumrah 的 CO_2 物理模型实验

土耳其学者 Bagci 和 Gumrah 的 CO_2 物理模型实验研究[39]中，实验器材的主要部分是：一维模型、三维箱体模型。隔热的不锈钢箱体（30cm×30cm×7.5cm）和管道（直径6.6cm，长度100cm）内部已经布置了热电偶并与数据获取系统连接。该实验流程如下：

（1）首先将固结的石灰岩颗粒和浓度为60000mg/L的NaCl水溶液进行混合，然后再与原油混合，形成80%的初始含油饱和度和20%的初始含水饱和度，原油重度为12.4°API。

（2）把混合物填充到模型中，连接热电偶、电缆和其他必要部件。三维模型和一维模型的孔隙体积分别是2565cm³和1430cm³。把整个多孔介质加热到50℃。

（3）随后按照计划的设定速率注入蒸汽和CO_2气体，所有的数据都在实验中记录，实验条件见表7-1。

表7-1　CO_2辅助SAGD一维模型的实验条件

介质属性	纯蒸汽			蒸汽+CO_2		
实验次数	1	2	3	1	2	3
蒸汽流动速率，cm³/min	52.5	16.8	24.1	56.4	46.6	48.3
CO_2流动速率，cm³/min	—	—	—	220	440	990
注入压力，kPa	376	416	396	381	396	381
注入温度，℃	140	141	139	140	149	140
CO_2/蒸汽，cm³/cm³	—	—	—	3.9	9.4	20.4

在一维模型中，共进行了6次实验，分别是注入纯蒸汽和注入蒸汽—CO_2，实验各作三次，每次实验只有注入速率不同。图7-10是纯蒸汽和蒸汽—CO_2注入时，模型中心处的温度分布曲线对比。可以看出，纯蒸汽注入条件下的温度梯度比注入蒸汽—CO_2密集很多，说明蒸汽—CO_2注入时高温区域比较均匀。

分析认为，注入的CO_2一维物理驱替模型上方形成了一个恒定的气相带，这样热量就比纯蒸汽注入情况下，汽驱前缘到达生产井的速度要快。同时还可以观察到，由于非凝结气体的存在，注入气体体积相同的条件下，蒸汽温度有所降低。

表7-2的一维模型实验结果表明，在蒸汽中加入CO_2可以提高原油的驱油效率，最佳的CO_2/蒸汽比值为9.4cm³/cm³。

一维实验结果表明，CO_2的注入量并不是越多越好，存在一个最佳值，如果超过该值，采收率不升反降。分析原因为非凝结气体饱和度的增加容易引起蒸汽沿生产井的窜流通道，再有逐渐增加的非凝结气体体积降低了蒸汽的注入能力和注入量，加热降黏作用明显下降。汽油比的变化趋势表明，对于单纯注蒸汽，SOR（蒸汽油比）高达8.4；而加入CO_2以后，SOR下降到5.2，因此，适量的CO_2对提高SAGD效果作用很大。

在三维模型中，共进行了6次实验，实验条件见表7-3。表7-4分别是注入蒸汽1.5PV时的采收率、最终采收率和汽油比。实验结果表明，蒸汽中加入CO_2能够提高原油的采收率，最佳的CO_2/蒸汽比8.7略低于一维实验的9.4，是，加入CO_2后的采收率比单纯蒸汽驱提高14.7%。

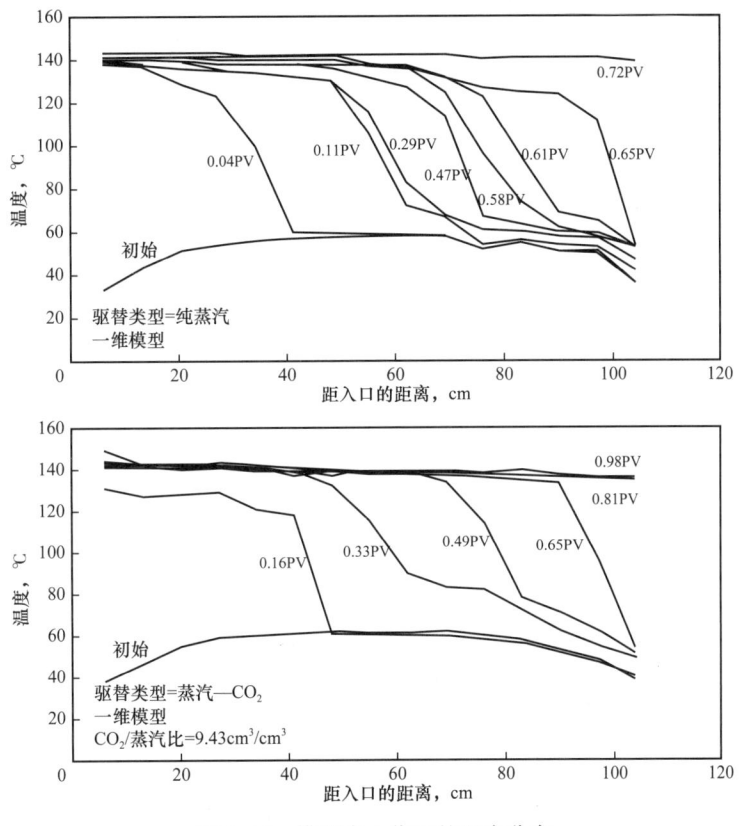

图 7-10 模型中心位置的温度分布

表 7-2 CO_2 辅助 SAGD 一维模型实验结果

结果	纯蒸汽			蒸汽 + CO_2		
实验次数	1	2	3	1	2	3
汽油比，cm^3/cm^3	3.71	2.99	3.06	2.44	2.09	2.53
1.5PV 驱油效率，%	41.5	50.9	47.8	61.5	66.5	58.5
最终驱油效率，%	43.3	59.6	52.6	66.2	72.8	62.2

表 7-3 CO_2 辅助 SAGD 三维模型的实验条件

介质属性	纯蒸汽			蒸汽 + CO_2		
实验次数	1	2	3	1	2	3
蒸汽流动速率，cm^3/min	70.6	65.1	73.5	74.3	57.7	59.7
CO_2 流动速率，cm^3/min	—	—	—	360	500	990
注入压力，kPa	361	401	391	376	361	376
注入温度，℃	143	141	140	143	140	142
CO_2/蒸汽，cm^3/cm^3	—	—	—	4.9	8.7	16.7

表 7-4 CO$_2$ 辅助 SAGD 三维模型实验结果

结果	纯蒸汽			蒸汽 + CO$_2$		
实验次数	1	2	3	1	2	3
汽油比，cm^3/cm^3	9.5	8.4	8.8	6.3	5.2	13.6
1.5PV 采收率，%	17.0	21.7	18.7	29.7	36.2	13.5
最终采收率，%	20.7	22.4	21.2	32.1	37.1	13.7

2. Serhat Canbolat 的三维气体 -SAGD 物理模型实验

在 Serhat Canbolat 的三维气体 -SAGD 物理模型实验过程[40]中，物理模型由不锈钢制成，高 30cm，宽 30cm，厚 7.5cm，用电热毯包裹并预热到 50℃。25 个热电偶以 2cm 的间距分布在模型中。实验装置如简图 7-11 所示。

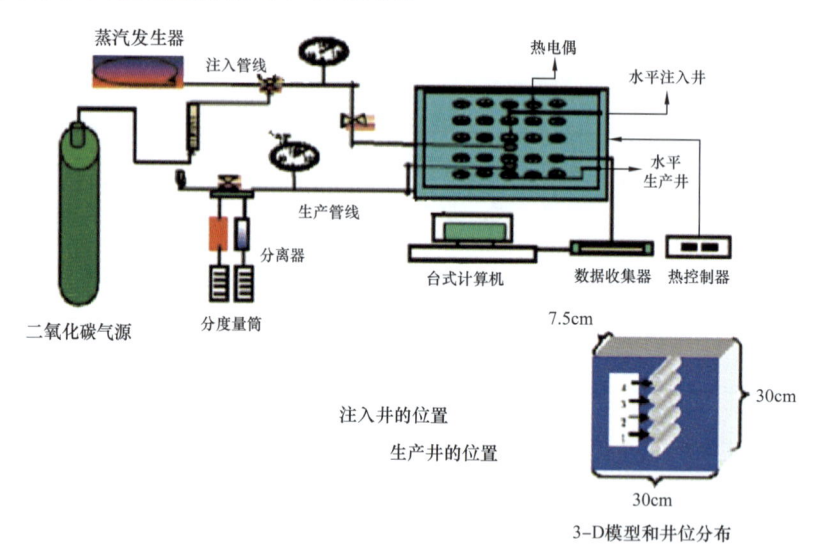

图 7-11 气体辅助 SAGD 物理模型实验装置图

实验模型的物性参数为：系统水湿，渗透率 8D，孔隙度 38%，原始含油饱和度 75%，原油重度 12.4°API。

该实验步骤如下：

（1）选择井距为 5cm、10cm 和 15cm 进行了一组实验，模型垂直放置，并且预热到 50℃ ±1℃。

（2）调整蒸汽发生器，使其产生 280kPa、140℃的蒸汽，如果要加入非凝结气体，则在蒸汽达到指定的温度和压力时引入。

（3）将气体和蒸汽的混合物注入模型。同时，注入线路的温度保持在 100℃以上以保证蒸汽不凝析。

（4）在实验过程中，注入管线的温度、模型里的温度、压力分布及生产数据被连续记录。产出的油和水在注入压力和生产条件下一起测量。

表7-5 CO₂辅助SAGD实验设计数据表

编号	描述	注采井距, cm	注入温度, ℃	注入压力, kPa	注入速度, cm³/min
1	SAGD	5	139	316	36.4
2	SAGD	10	134	350	47.34
3	SAGD	15	144	323	39
4	SAGD + 初始 CO₂ 4.41/1	5	139	343	46
5	SAGD + CO₂ 1.29/1	10	140	382	24
6	SAGD+CO₂ 4.41/1	15	143	316	47.34
7	SAGD+CO₂ 4.41/1	5	140	343	36.4

实验结果分析：

图7-12显示了注采井距对蒸汽—CO₂注入效果的影响。图7-12（a）CO₂/蒸汽比为4.41，井距10cm，注入体积分别为0.45PV、1.30PV、2.36PV和2.67PV孔隙体积时的等温线分布；图7-12（b）为井距5cm，注入体积分别为0.95PV、1.88PV、2.52PV和3.83PV时的等温线分布。图中显示，在井距分别为10cm和5cm时，要形成与SAGD差不多大小的蒸汽腔分别需要2倍以上和8倍的时间。加入CO₂不会降低最终采收率，但是延长了加热油藏的时间和SAGD过程的时间。

图7-13显示了等注采井距（5cm）注入相同体积的气体时，SAGD与气体辅助SAGD过程的等温线对比，气体辅助SAGD过程的CO₂/蒸汽比为4.41。实验结果表明，CO₂在上部的油藏被加热之前，就已经窜流到油藏顶部。在开始注入蒸汽—CO₂的时候，整个模型温度低，注入的大部分蒸汽都发生冷凝。非凝结气体就指进到油藏上部并驱替了一小部分原油。由于非凝结气体的热容较小，它加热的范围也小。但它们在顶部非渗透边界上聚集，形成了一个薄的气层。从这个意义上说，非凝结气起到了保持油藏的压力作用。由于温度和压力梯度受到上升的非凝结气的影响，蒸汽腔的形状与常规SAGD的不同。

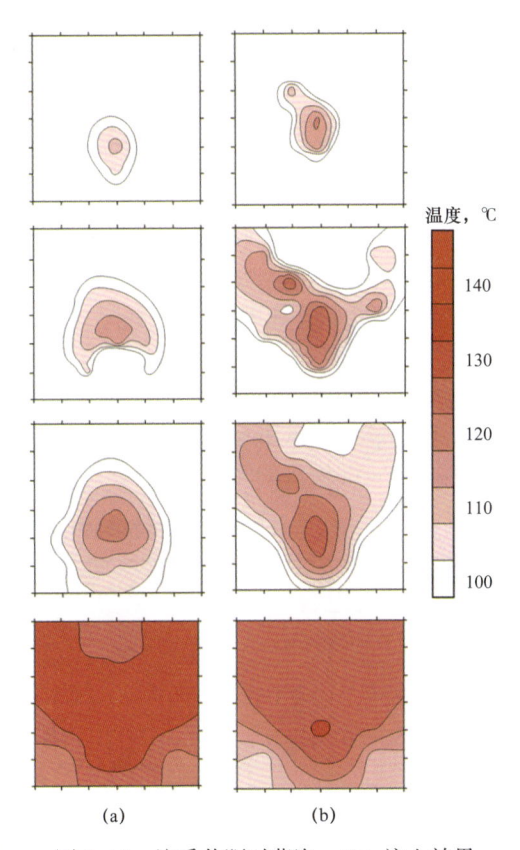

图7-12 注采井距对蒸汽—CO₂注入效果

通过以上CO₂—SAGD实验，得到如下结论：

（1）加入少量的非凝结气体时，气体快速指进到模型的顶部，起到向下驱替原油的作用。

（2）气体会在模型顶部形成一个薄隔热层，减缓蒸汽腔的发育。

（3）注入气体体积不变的情况下，非凝结气体的加入也降低了注入热流体的加热能力。这不仅减慢了蒸汽向上运动的速度，并且也减小了蒸汽腔的高温体积。

（4）加入非凝结气以后，蒸汽腔变的不规则，汽腔的扩展主要由体现在气体指进。

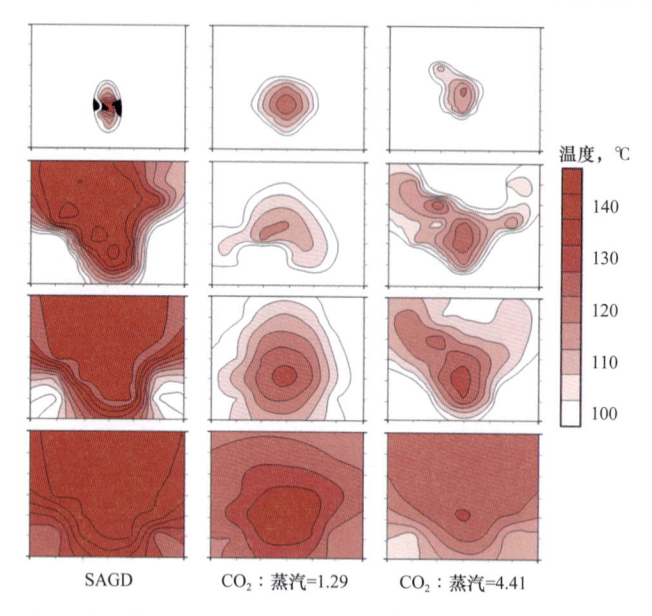

图 7-13　注入相同体积的气体时 SAGD 与气体辅助 SAGD 过程的等温线对比

四、CH_4 辅助 SAGD

在土耳其学者 Bagci 和 Gumrah 作 CO_2 物模实验[41]的同时，也进行了蒸汽中添加 CH_4 的实验。实验器材、原油性质和实验过程前边已经作过介绍，这里主要介绍实验结果。表 7-6 是一维模型的实验条件。

表 7-6　CH_4 辅助 SAGD 一维模型的实验条件

介质属性	纯蒸汽			蒸汽 + CH_4		
实验次数	1	2	3	1	2	3
蒸汽流动速率，cm³/min	52.5	16.8	24.1	56.4	46.6	48.3
CH_4 流动速率，cm³/min	—	—	—	180	465	755
注入压力，kPa	376	416	396	396	396	376
注入温度，℃	140	141	139	140	140	140
CH_4/蒸汽，cm³/cm³	—	—	—	7.0	9.4	26.3

在一维模型中，共进行了 6 次实验，分别是注入纯蒸汽和注入蒸汽—CH_4，实验各做 3 次，每次实验蒸汽、CH_4 的注入速率都不同。通过对模型中心处的温度分布曲线分析表明，蒸汽—CH_4 注入条件下的温度梯度比纯蒸汽注入条件下的温度梯度缓慢很多，说明蒸汽—CH_4 注入时高温区域较大。

分析认为,注入的CH_4这种非凝结气体在模型上方形成了恒定的气相带,这样热量就比纯蒸汽注入情况下到达生产井的速度要快。同时还可以观察到,由于非凝结气体的存在,注入气体体积相同的条件下,蒸汽温度有所降低。

表7-7的一维模型实验结果表明,在蒸汽中加入CH_4可以提高原油的驱油效率,主要是因为CH_4与原油形成混相,最佳的CH_4/蒸汽比值为$7.0cm^3/cm^3$。

表7-7 CH_4辅助SAGD一维模型实验结果

结果	纯蒸汽			蒸汽+CH_4		
实验次数	1	2	3	1	2	3
汽油比,cm^3/cm^3	3.71	2.99	3.06	2.60	2.43	2.80
1.5PV驱油效率,%	41.5	50.9	47.8	58.5	60.4	52.0
最终驱油效率,%	43.3	59.6	52.6	75.0	70.1	55.1

在三维模型中,一共进行了6次实验,实验条件见表7-8。表7-9分别是注入蒸汽1.5PV时的采收率、最终采收率和汽油比。实验结果表明,蒸汽中加入CH_4能够提高原油的采收率,最佳的CH_4/蒸汽比高于一维实验的7.0,而是10.1,加入CH_4后的采收率比单纯蒸汽驱提高29.0%。

表7-8 CH_4辅助SAGD三维模型的实验条件

介质属性	纯蒸汽			蒸汽+CH_4		
实验次数	1	2	3	1	2	3
蒸汽流动速率,cm^3/min	70.6	65.1	73.5	74.3	57.7	59.7
CH_4流动速率,cm^3/min	—	—	—	360	500	990
注入压力,kPa	361	401	391	376	361	376
注入温度,℃	143	141	140	143	140	142
CH_4/蒸汽,cm^3/cm^3	—	—	—	4.9	8.7	16.7

表7-9 CH_4辅助SAGD三维模型实验结果

结果	纯蒸汽			蒸汽+CH_4		
实验次数	1	2	3	1	2	3
汽油比,cm^3/cm^3	9.5	8.4	8.8	7.1	4.1	3.7
1.5PV采收率,%	17.0	21.7	18.7	47.0	46.2	49.9
最终采收率,%	20.7	22.4	21.2	57.4	48.9	51.4

五、甲烷／烟道气 –SAGD 现场试验

最典型的注甲烷、烟道气项目为 UTF B 阶段的现场试验。它是世界上第一个蒸汽辅助重力泄油开采现场先导试验区的第二阶段试验。该先导试验位于加拿大阿尔伯达省北部 Fort McMurray 地区的地下试验区（UTF 试验区，Underground Test Facilities）[42]。试验区的层位为麦克麦瑞（McMurray），油层深度约 140m，地层温度 7℃下的原油黏度为 $2\times10^6 \sim 3\times10^6$ mPa·s，API 度为 8°API，孔隙度大于 30%，含油饱和度约 80%，渗透率为 3～5D。由于当时受钻井技术所限，试验区内的第一和第二阶段的试验井组是从地下隧道中钻成的，即采用特殊钻机在位于 180m 深的隧道中钻井，采油和注汽井口就直接部署在深度 180m 的油层底部位置，蒸汽通过管线从地面输到地下隧道然后从井口注入，生产出的液体用泵输送到地面的处理站进行处理。

第二阶段的试验井组为三对水平井，但水平段的长度为 500m，横向井距为 70m。1991—1992 年进行蒸汽吞吐生产能，在 1～2 个月之内，注入井和生产井之间建立了热连通。在蒸汽吞吐效果较好的基础上，在 1993 年所有井成功转 SAGD 操作。转入 SAGD 之后，蒸汽注入速度就一直随着蒸汽腔的扩大持续增长。1997 年之前蒸汽腔一直在 2.4MPa 的压力下操作（中间由于气源的问题有一些微小的压力波动），沥青的产量随着注入量的扩大而增长，在 SAGD 开始后一年达到了最高产量 300m³/d。顶峰产量保持了大约两年，然后于 1996 年末产量开始下降。在产量下降的同时，油汽比从大于 0.5 下降到了小于 0.3。1997 年 9 月，由于蒸汽的限制和水处理的问题，蒸汽腔压力从 2.4MPa 下降到了 2MPa，油汽比暂时下降，但随即上升到了 0.3 以上。这些井组目前仍然在生产中，累积采收率已超过 70%，稳产期的单井油产量达到 100t/d 以上，油汽比 0.3～0.4。

通过对开始注入蒸汽 5 年后的热量进行分析，大约 1/3 的注入蒸汽的热量被产出流体携带采出。另外 1/3 的热量保存在产出沥青质后的蒸汽腔里面，另外的 1/3 扩散到包围蒸汽腔的油藏中。在一段时间的注入之后，很大的一部分热量留在油藏中。这些保存的能量对于整个进程的经济效果有重要的意义。

随着第二阶段 SAGD 的正常进行，操作者开始考虑中后期如何提高经济效益，在考虑了很多进行 SAGD 后续工作的方法之后，认为最有效果的方法是注入非凝结气体。非凝结气可以保持蒸汽腔的压力，减少周围环境的侵入。且 B 阶段的先导性实验对于进行后续实验有很好的条件，因为它生产历史较长，有较大范围的观察井。主要的观测数据是温度和压力在蒸汽腔的分布，在后续工作中取得的经验，将确定无疑的对 GAS–SAGD 的商业化有重要意义。根据物理模拟研究结果，利用 CMG 公司的 STARS 热采数值模拟软件，在拟合以前约 5 年的 SAGD 生产基础上，预测了单纯注蒸汽、注摩尔分数 0.8% 甲烷气 + 蒸汽以及单纯注甲烷气的开发效果，如图 7-14 所示。结果表明，虽然加入甲烷气后的采油量没有单纯注蒸汽的高，但是大大节约了蒸汽的用量，提高了油汽比。在该模拟的同时，又对比进行了加入烟道气的模拟研究，结果如图 7-15 所示，从累计采油量来看，单纯注烟道气的开发效果最好。因此，1999 年开始在第二试验区的三口注汽井中加入部分天然气，当油汽比得到了大幅度改善后，于是在 2001 年，将蒸汽全部关掉，用注烟道气的方式来替代蒸汽和甲烷气，维持汽腔的压力和 SAGD 的生产，这些井在注纯烟道气后已经生产了近两年，目前仍然在生产中。

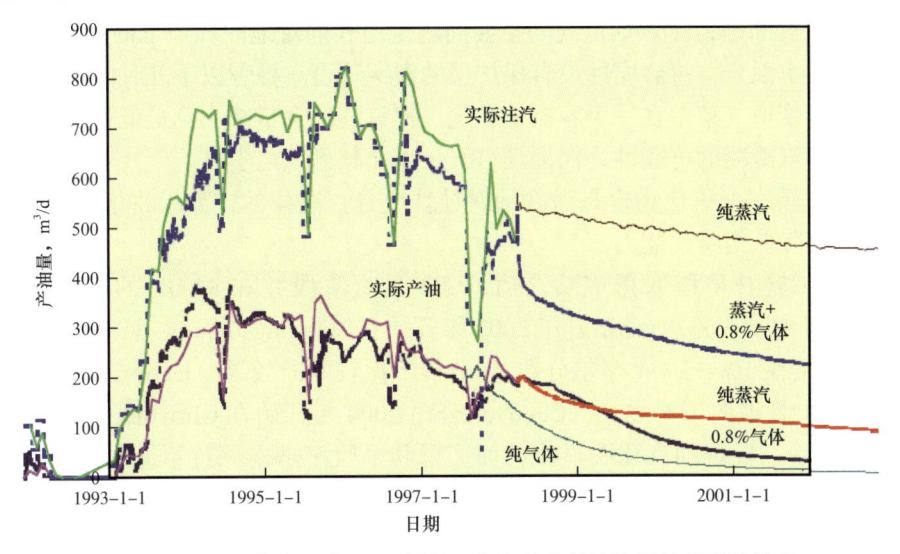

图 7-14　注纯蒸汽、注 0.8% 甲烷/蒸汽以及单纯注甲烷的开发效果

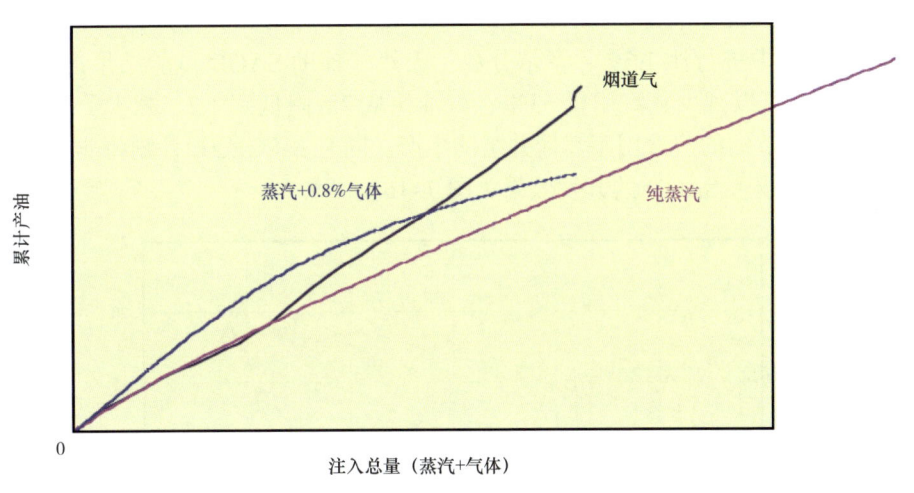

图 7-15　注纯蒸汽、注 0.8% 甲烷/蒸汽以及注烟道气的开发效果

注入的烟道气组成见表 7-10。

表 7-10　烟道气的组成　　　　　　　　　　　　　单位：%（摩尔分数）

组分	数据	
	2001 年 5 月 16 日	2001 年 6 月 4 日
H_2	1.34	0.12
O_2	<0.01	0.004
N_2	81.57	83.71
CO	0.71	1.05
CO_2	16.15	15.06
C_1	0.23	0.06

应该引起注意的是，注入烟道气的主要问题是注入剂对地面和地下的管线有腐蚀作用，未燃烧的氧气与水混合，将会腐蚀没有保护层的碳钢管道。推荐以下几种防腐蚀的措施：

（1）通过将烟道气集中在一个容器中燃烧，把氧气的含量减小到最低值；

（2）降低蒸汽冷凝的可能性，保证烟道气一直在其露点之上；

（3）二氧化碳和一氧化物也是潜在的腐蚀性成分，同样的，如果将烟道气的温度保持在露点之上将会降低其腐蚀能力。

自从 UTF 试验 B 阶段取得成功之后，UTF 的 E 阶段井在 SAGD 的初期就混合注入甲烷，油汽比得到了改善。Jacos 公司 2007 年开始在 Hangingstone 项目试验甲烷—蒸汽混注[43]，甲烷含量在 1%～3%（摩尔分数）。取得了比较好的效果。Jacos 公司决定将其作为 SAGD 后期 SOR 管理的策略之一。Cenovus 公司 2004 年开始在 Christina Lake 试验甲烷辅助 SAGD 过程[44]，发现油汽比明显改善而产量和采收率基本保持不变，同时可以从天然气—蒸汽混注模式切换回纯蒸汽 SAGD 模式而没有任何负面影响。同样 Cenovus 公司 2010 年第三季度在 Foster Creek 项目开展了 SAGD 后期注入非凝结气体的项目试验[45]。在逐步减少蒸汽注入量的同时，保持非凝结气体稳定注入以保持蒸汽腔压力，Cenovus 公司同样计划将该项技术作为 SAGD 后期的操作策略之一。MEG 公司在 Christina Lake 项目从 11 年开始在 3 个水平井对中进行注 1.5%（摩尔分数）天然气辅助 SAGD 试验结果证明[46]，注入天然气 3.5 年时间可以减少蒸汽用量 63%；汽油比从 2.5 降低到 1.2，减少了排放量和淡水使用量，并可以将节约的蒸汽用于其他井组的生产。同时 MEG 公司计划将非凝结气体注入和加密井联合使用改善 SAGD 的开发效果（图 7-16）。

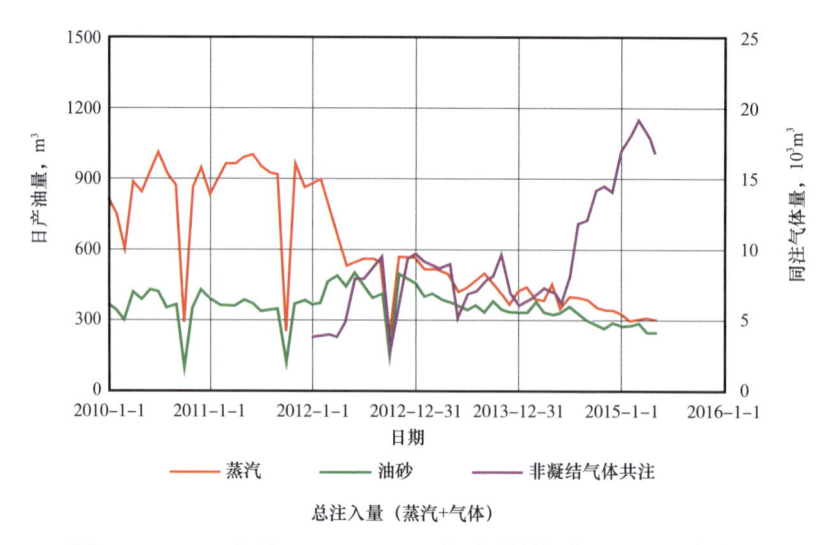

图 7-16　MEG 公司 Christina Lake 项目非凝结气体 SAGD 生产效果

Suncor 公司在 Firebag 项目[47]和 Mackay River 项目中的实验结果[48]表明，25% 的注入气体能够被回采到地面，说明地下蒸汽腔之外有大量的非凝结气体。同时非凝结气体在油藏中广泛扩散，距离先导实验井组 320m 的生产井也出现了非凝结气体的产出，但是日产油和油汽比以及举升系统的运行基本不受影响（图 7-17）。

中国石油辽河油田在 2011 年开始了氮气辅助 SAGD 的先导试验[49]。在杜 84 块 SAGD 先导试验区已经累计注入 7 个氮气段塞共计 $667×10^4m^3$；注氮气井由 1 口增加至 2 口。自实施以来，先导实验区 4 个井组和实验区附近 4 井组均逐步受效，7 口生产井日产均达百吨以上，油汽比从 0.21 提高到 0.39，含水率从 82% 下降至 73%。

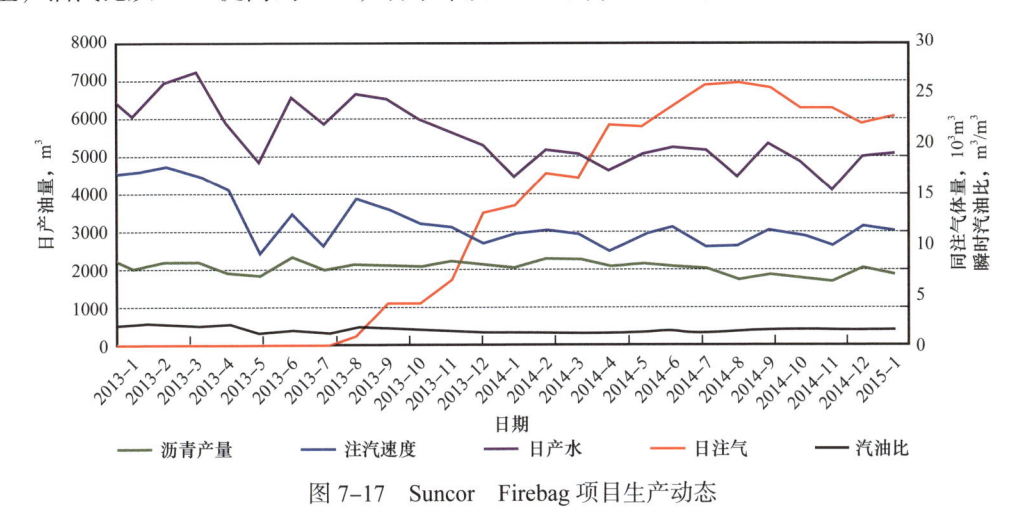

图 7-17 Suncor Firebag 项目生产动态

2015 年初，对先导试验区注汽井大面积停注，仅靠氮气维持蒸汽腔压力，但先导实验区产油稳定，8 个井组整体油汽比进一步提高到 0.42 以上，含水下降至 68%（图 7-18）。

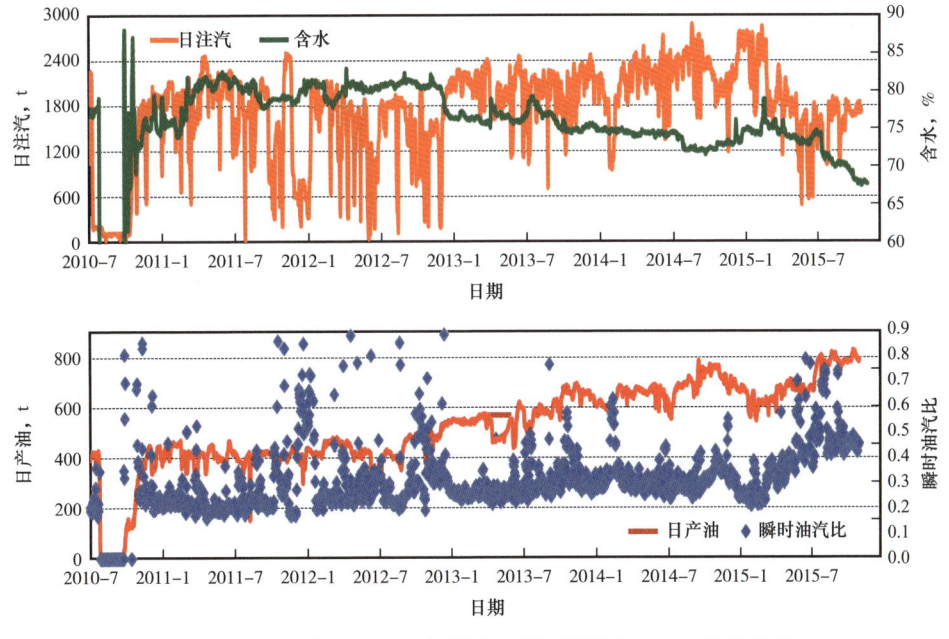

图 7-18 中国石油杜 84 块馆陶油藏氮气辅助 SAGD 生产动态

通过以上的室内研究及现场试验取得的效果，得到如下结论：

（1）向蒸汽中加入非凝结气体被证明是一项技术上可行、成熟的 SAGD 接替技术，它能够维持蒸汽腔的有效扩展。

（2）气/汽混合注入后的现场实施效果比物理模拟和数值模拟预测的要好，取得了较高的产油量和油汽比。

（3）注入的非凝结气体不会影响蒸汽向较冷区域的热传导。

（4）非凝结气体在蒸汽的前面运动，并具有较高的驱油效率。

（5）注入的烟道气可以成功取代天然气作为 SAGD 后续的技术措施，注入系统在高于烟道气的露点温度以上运行，保证具有腐蚀性的成分不凝析。

（6）注入烟道气技术可以使注入的成本大幅度下降。

第二节　溶剂辅助 SAGD 技术

一、概述

扩展溶剂 SAGD（ES-SAGD）过程是建立在利用热能和溶剂稀释效应来提高地下原油流动性这一理念基础上的，如图 7-19 所示。在 ES-SAGD 过程中，低浓度的烃类添加剂与蒸汽共同注入油藏中，原油在重力作用下泄流，其开采机理与 SAGD 过程类似。选择烃类添加剂时，要求该烃类添加剂的蒸发和冷凝条件与水的蒸发和冷凝条件一样。满足这样条件的添加剂注入油藏中时，注入的溶剂将会和水蒸气一起在蒸汽腔边界层冷凝，并且伴随着热能一起稀释原油，从而有效地降低原油黏度，如图 7-20 所示。

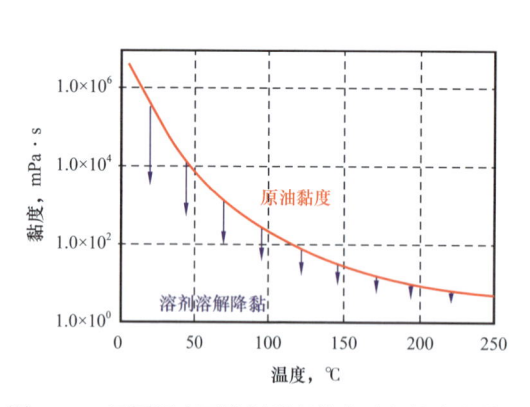

图 7-19　不同温度下溶剂稀释效应引起的降黏效果

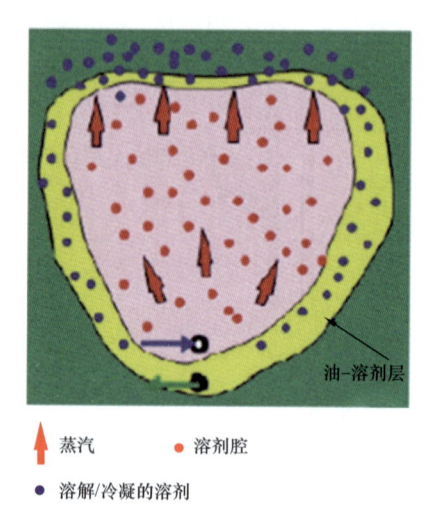

图 7-20　ES-SAGD 过程示意图

二、ES-SAGD 概念的验证——溶剂筛选实验

ES-SAGD 理念，即在重力泄油过程中（与 SAGD 类似）同时注入低浓度烃类添加剂和蒸汽，从而提高原油采收率，最初经过了一系列的溶剂筛选实验。烃类筛选范围从 C_3—C_8 以及一种具有不同汽化温度的凝析油。实验是在一个截面恒温、170cm×10cm 的圆柱形模型里面进行的，模型内部充填了渗透率为 1.5D 的石英砂，并且饱和了含气稠油（GOR=7.2）。蒸汽和蒸汽/气相溶剂混合物在一个固定的比例下，从模型底部以 2.1MPa 的注入压力注入模型中。

溶剂筛选实验确定了溶剂类型对泄油速率的影响。这些实验的平均泄油速率表明，将蒸汽和非凝结烃类化合物，例如 C_1 和 C_2，一起注入含气油藏时，与只注蒸汽的 SAGD 情况相比,产油速率没有增加。将蒸汽和较易凝析的 C_3—C_8 烃类化合物,或者稀释剂(凝析气)一起注入时产油速率明显增加,其中注入 C_6 和稀释剂情况下的泄油速率最大,如图 7-21 所示。在这些测试的溶剂中,C_6 的汽化温度大概是 210℃,与蒸汽在 2.1MPa 下的汽化温度 215℃ 非常接近。从溶剂筛选实验结果可以推断得到,当蒸汽的温度和烃类溶剂的汽化温度相近时,产油速率最大。这些实验还表明,溶剂的汽化温度在注入蒸汽温度的 ±50℃ 范围变化时,对提高泄油速度具有明显影响。这些溶剂筛选实验证实了 ES-SAGD 理念。

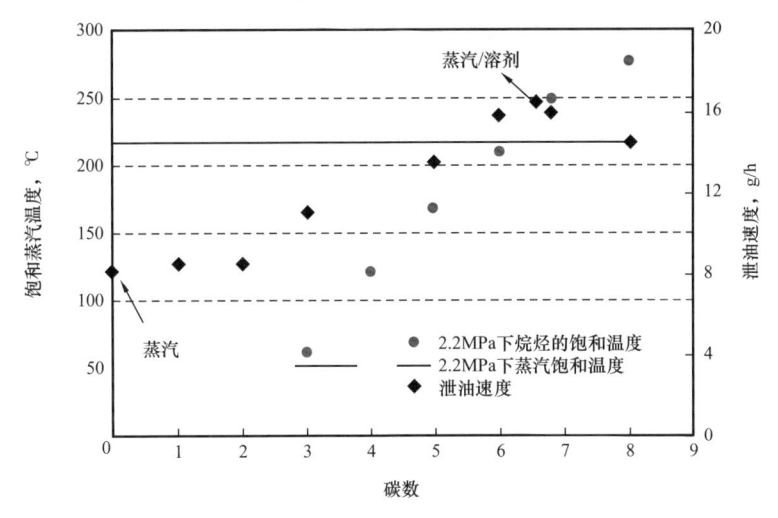

图 7-21 添加烃类化合物对提高产油速率的影响

溶剂筛选实验研究结果引发了 ES-SAGD 领域发展的更多的研究。

三、ES-SAGD 参数研究——室内实验物理模拟

不同参数对 ES-SAGD 过程的影响是通过一系列的室内物理模拟实验来评估的。测试的关键变量包括:渗透率、原油黏度、原油中的气体含量(活油、死油),注汽速率、溶剂—蒸汽比例,注入压力等。这些实验在一个二维的筒状高温高压模型里进行,模型尺寸为 80cm(宽)×24cm(高)×10cm(直径),如图 7-22 所示。注入井和产出井垂直间距 5cm,处于模型中间,下部生产井距离模型底部 1cm。模型先用粗砂充填,然后用水和原油依次饱和。在实验过程中,蒸汽单独注入或者和气相溶剂一起注入。

在每个实验中,先在一定速率下将蒸汽注入注入井和生产井中,进行循环预热,直到注采井间达到一定的温度,然后生产井转入压力控制的生产模式。在实验过程中,产出的流体是水、原油以及溶剂的混合物,这些流体被连续地收集到生产站中。排放出来的气体体积通过气体流量仪测量。排放气体的组成用一个在线气体色谱分析仪(GC)分析。

表 7-11 中列出了一部分 ES-SAGD 实验,并且有相关实验的对比[50]。这些实验强调了对 ES-SAGD 性能影响较大的几个关键参数。

对于使用含气重油(Burnt Lake),在 90D 的填砂模型中进行高压注汽的实验,原油采收率为 45%;然而,注入溶剂浓度为 10.7/100 的实验中,原油采收率是 58%,注入溶剂浓度时 5.5/100 的实验中,原油采收率是 52%。由此证明,添加溶剂能够提高采油速率。应当注意的是,这些实验进行的时间都少于 600min,比表中其他实验的时间都要短,而且蒸汽的注入速率不是一致的。

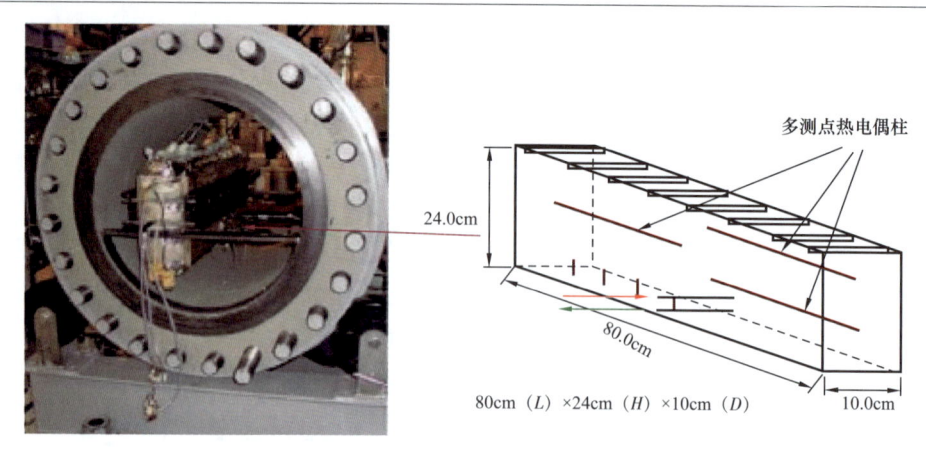

图 7-22　ES-SAGD 室内实验物理模型装置示意图

表 7-11　一些 ES-SAGD 室内实验条件概况

实验	过程	K D	原油	GOR m^3/m^3	p_{inj} kPa	溶剂	$W_{溶剂}/W_{蒸汽}$ g/g	采收率 %
1	H-P SAGD	90	重油	7.2	2200	N/A	0	45
2	H-P ES-SAGD	90	重油	7.2	2200	稀释剂	10.7/100	58
3	H-P ES-SAGD	90	重油	7.2	2200	稀释剂	5.5/100	52
4	H-P SAGD	120	沥青	0	2100	N/A	0	83
5	H-P ES-SAGD	120	沥青	0	2200	挥发油	15.2/100	95
6	H-P ES-SAGD	120	沥青	0	2200	稀释剂	3.7/100	93
7	H-P ES-SAGD	120	沥青	0	2200	稀释剂	7.5/100	89
8	H-P ES-SAGD	120	沥青	0	2100	己烷	9.8/100	89
9	L-P SAGD	120	沥青	0	500	N/A	0	73
10	L-P ES-SAGD	120	沥青	0	500	丙烷	3.0/100	52
11	L-P ES-SAGD	120	沥青	0	500	稀释剂	14.5/100	73
12	L-P ES-SAGD	120	沥青	0	500	稀释剂	58.3/100	70
13	L-P ES-SAGD	120	沥青	0	1500	稀释剂	10.2/100	97

当采用黏度较大的原油（Athabasca 沥青）进行实验，填砂模型渗透率为 120D 时，在高压下注入蒸汽，实验进行 900 分钟，SAGD 的原油采收率是 83%。当使用正己烷作为溶剂，溶剂浓度为 9.8/100 时，原油采收率变为 89%。使用烃类混合物（挥发油）作为溶剂时，不同的溶剂浓度下，原油的采收率分别达到了 95%，93% 和 89%。这些实验也证明，增加溶剂浓度可以提高采油速率。由于这些实验中，实验时间和蒸汽注入速率相对一致，因此，推断 ES-SAGD 提高采收率应该是主要与溶剂浓度相关。

采用 Athabasca 沥青在低压（500kPa）进行实验，注入气相流体温度 159℃时，SAGD 过程的采收率为 73%，而注入丙烷的 ES-SAGD 过程的采收率仅 52%。溶剂浓度为

14.5/100、58/100 时，稀释剂 -ES-SAGD 的采收率分别是 73% 和 70%。使用相对高的稀释剂含量（10/100 溶剂—蒸汽质量比）的溶剂时，在 1500kPa 注入压力下，原油采收率是 97%。

以上实验表明，在相同的注入条件下（注入温度/压力，蒸汽注入速率），ES-SAGD 的产油速率高于 SAGD 的产油速率，特别是在实验的早期阶段。

四、初期 ES-SAGD 室内模型实验数值模拟

使用 CMG-STARS 油藏模拟器，对几个 ES-SAGD 室内实验，以及 2 个高压 SAGD 实验进行了数值模拟历史拟合，验证了数值模拟模型[51]，同时通过敏感性研究，测试了 ES-SAGD 过程的主要开采机理。

模拟 SAGD 和 ES-SAGD 实验的数值模拟模型中，采用了 81（i）×1（j）×24（k）的直角网格坐标系统。模型的孔隙度和渗透率随机分布。由于模型渗透率较高（90D 和 120D），因此模型忽略了毛细管力。水—油相对渗透率曲线对称性较高，但是气液相对渗透率曲线非常不对称。曲线的端点值根据每个实验的初始/残余含水饱和度和含油饱和度变化。

模拟 ES-SAGD 过程需要将溶剂的属性及其对原油黏度的影响考虑进去。在没有稀释剂或者挥发油的组分在原油中的溶解度数据的情况下，Cold Lake 稠油 ES-SAGD 实验中，假设多组分溶剂是有 C_3H_8、C_6H_{14} 以及 $C_{10}H_{22}$ 这 3 种组分组成的。每个组分的含量使用 PVT 软件进行调节、拟合，使其符合已知稀释剂的物理属性。每个组分的 K 值采用 5 参数气液 K 值关系式计算。模拟 Ahtabasca 沥青和挥发油（碳原子数分布范围更广）的实验时，将挥发油的组分分为 4 个拟组分，以此可以更好地代表挥发油的特性。4 个拟组分的 K 值作为历史拟合的调节参数。稀释剂/挥发油—稠油/沥青混合物的黏度计算采用线性混合规则，使用各个组分的液相视黏度代表溶剂在不同温度下的黏度。

对于模拟的 ES-SAGD 实验，流体产量和温度剖面得到了较好的，或者较为合理的拟合结果。这表明数值模拟模型能够抓住 ES-SAGD 实验的主要特征。图 7-23 展示了其中一个 ES-SAGD 实验的产液量拟合结果。对 ES-SAGD 实验的数值分析得到了以下结论：

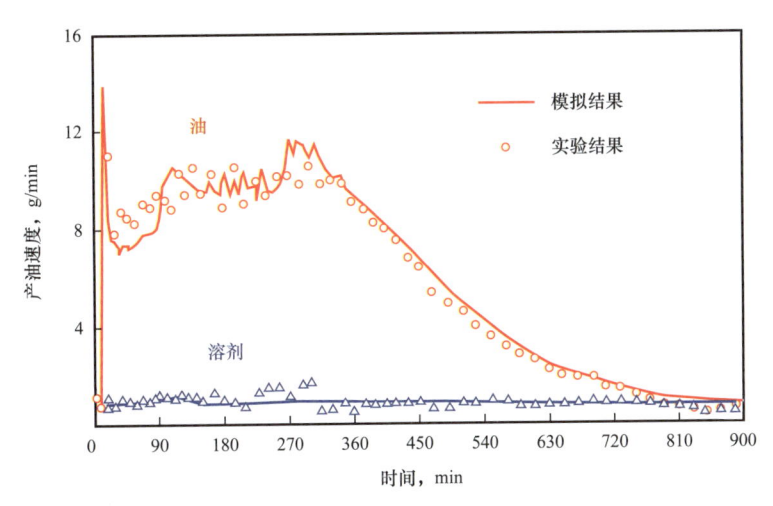

图 7-23　实验和数值模拟沥青产量、溶剂产量对比（ES-SAGD 实验，溶剂质量浓度 3.7%）

（1）溶剂和蒸汽共同注入在蒸汽腔中，一部分的溶剂溶解进入蒸汽腔边缘的沥青中，降低了泄油前缘处的原油黏度。

（2）溶剂组分在油藏中分布不一致，较轻的组分在蒸汽腔边界扩展，较重的组分在注汽井附近聚集。

（3）数值模拟中的一些关键参数，包括溶剂在油相中的溶剂度、扩散系数，会影响ES-SAGD的采油特征。但是，这些影响程度与注入的溶剂浓度相关。注入浓度溶剂高，则溶剂的稀释效应越强。

（4）ES-SAGD 早期气液顺流和逆流对原油泄流的影响在数值模拟模型中应该区别对待，才能准确模拟现场规模的 ES-SAGD 过程。

采用历史拟合之后的数值模拟模型，评估现场规模条件下的 ES-SAGD 效果。原油采用 Athabsaca 油藏的死油沥青和 Cold Lake 油藏的活油稠油。现场规模的 ES-SAGD 过程揭示：

（1）ES-SAGD 过程比 SAGD 过程的产油量、产气量高，ES-SAGD 累计产油/净能量输入比值比 SAGD 的低。

（2）注入高浓度溶剂能够提高原油产量。

（3）ES-SAGD 最大幅度提高产油量主要发生在注入溶剂之后的前 2~4 年。

（4）越早注入溶剂，ES-SAGD 产量越高。但是，不同时间开始注入溶剂时，ES-SAGD 的最终采收率几乎没有差别。

五、ES-SAGD 开采机理研究

室内物理模型实验研究了 ES-SAGD 过程，证实了添加溶剂到蒸汽中可以提高采油速率，但是，ES-SAGD 包含的开采机理仍然没有得到很好的解读和量化。在 ES-SAGD 参数研究阶段之后，又开展了一系列项目以解决机理认识问题。这个领域的关键研究活动包括：

（1）结合实验测量的 PVT 数据，建立了己烷辅助 SAGD 和稀释剂 ES-SAGD 实验的精细规模数值模拟模型。研究目的是确定模拟器潜在的关键机理缺漏。

（2）测量 Athabasca 沥青/己烷流体混合物系统的 PVT 属性，用以支持 ES-SAGD 室内实验的数值模拟分析。

（3）CT 实验确定流体在不同混合条件下，在多孔介质中的流体性能。

（4）ES-SAGD 基础实验—蒸汽/己烷同注二维可视化半现场（1.5m×1.5m）规模试验。

ES-SAGD 机理研究是 2006 年 7 月至 2010 年 11 月 5 年阶段范围内关于混合蒸汽—溶剂过程策略领域研究的其中一个主要发展。在 AACI 5 年进展中，可以看到关于这项进步的更为具体的描述和概况。

六、混合蒸汽—溶剂同注过程的现场试验

最近几年，在 Alberta 和 Saskatchewan 开展了 4 个蒸汽—溶剂同注 ES-SAGD 现场试验和一个类似的溶剂（正丁烷）辅助过程（SAGD）试验[52-53]。表 7-12 对这些现场试验进行了简要概括。

表 7-12 加拿大西部目前的蒸汽—溶剂同注试验统计

运营方	过程	位置	信息来源	试验阶段
Suncor Energy	ES-SAGD	Burnt Lake /Cold Lake	AEUB 应用	1999—2000 年
Suncor Energy	ES-SAGD	Firebag/Athabasca	AEUB 应用	2006—2008 年
Encana Corp	SAP	Senlac/Lloydminster	会议 / 期刊出版物	2002 年
Encana Corp	SAP	Christina Lake/Athabasca	会议 / 期刊出版物	2004 年至目前

1. Burnt Lake ES-SAGD 试验

这个现场试验项目是将较少量的稀释剂与蒸汽共同注入在油藏中，试验项目中含 3 个位于 Burnt Lake 的 SAGD 井组。这个试验的目的是验证室内实验研究结果，即较少量的稀释剂与蒸汽共同注入油藏能够提高 SAGD 生产效果。

在这个试验项目中，SAGD 操作 2.5 年之后，将溶剂与蒸汽一起通过注入井注入油藏中。Burnt Lake SAGD 开采油藏目的层为 Clearwater 地层。试验中使用的溶剂是现场稀释剂，主要成分是 C_5—C_8 烃类化合物。设计注入稀释剂的速率是 $5\sim10m^3/d$，其中每口注汽井的蒸汽注入速率是 $300\sim400m^3/d$。试验设计先在一口注汽井中注入溶剂，然后继续在其余注汽井中注入，从而可以对比观察注溶剂的改善效果（采油速率高，汽油比低）。

试验设计注入溶剂的时长为 $6\sim12$ 个月。在 AEUB 中没有提高测量产出流体中溶剂含量的方法或者程序。

在同注试验期间，Burnt Lake 热采项目是由 Suncor Energy 转给 CNRL 的。Burnt Lake ES-SAGD 试验数据目前还没有公布。

2. Firebag ES-SAGD 试验

这个 ES-SAGD 试验是 Suncor 的商业就地沥青开采项目在 Firebag 第二阶段中的一部分，该试验位于 95-6W4 的东南角。试验的目的是要证明 ES-SAGD 过程在高黏原油油藏中的可行性。试验项目的目的层是 McMurray 地层。

试验中采用的溶剂包括脱硫石油脑、含硫石脑油、商业凝析油、柴油。这些溶剂均取自试验现场，这些溶剂在现场用于稀释热采采出的沥青，方便运输至炼化厂。在这个试验中，注入的溶剂的量达到 15% 冷水当量体积比。

通过 STARS 数值模拟，预测了 Firebag 油田 ES-SAGD 与 SAGD 对比的效果。为了简便模拟，模拟时采用正己烷的物性作为注入溶剂的大致属性。

这个试验设计规定 ES-SAGD 井组中产出液将采样测量产出沥青的密度。原始沥青（不含溶剂）和 ES-SAGD 产出沥青的密度差用来确定溶剂在产出原油中的浓度。这个信息，以及气体产出物中的溶剂含量测量值，将被用作确定总的溶剂产出量。

Suncor 没有公布 Firebag ES-SAGD 试验数据。

3. Senlac SAP 项目

EnCnana 的 Senlac SAP 试验是在其阶段 C Senlac 热采项目的一个井组中进行的。这个试验从 2002 年一月底开始。这个试验的目的是量化产量增量和溶剂滞留量，另外定量评估这个过程的可行性。试验的目的还包括评估油藏中沉淀的沥青质含量以及评估 SAP 生产 /

操作过程中可能的操作困难。由于这个 SAP 试验规模较小，Senlac 没有在试验区安装循环回注溶剂设备。

Senlac 的 SAP 试验是在 C1 井对中进行的，该井对位于 11-40-26 W3M 中，试验区是一个稠油油藏，目的层为 Dina/Cummings 地层。试验中采用丁烷作为溶剂。SAP 操作方式是溶剂和蒸汽一起注入，并且蒸汽注入速率与未注入溶剂之前基本保持不变。EnCana 已经公布了一些初始的 SAP 试验结果。在注蒸汽的过程中同时注入丁烷对原油产量有影响，开始注溶剂时，即 2002 年 1 月，区块平均产能为 4300bbl/d，到 2002 年 3 月（注溶剂之后 2 个月）区块平均产能达到 5400bbl/d。如图 7-24 所示，在 SAGD 开发方式下，区块产量具有明显递减趋势。在这个阶段，除了对 C1 井对进行 SAP 操作之后，没有进行其他的明显操作。区块产能的增加是由于 C1 井组在同时期的产量增加造成的，由于进行了 SAP 操作，C1 井组产量从 1900bbl/d 增加至 3000bbl/d。SAP 阶段，SAP 井组的汽油比从 2.6 降低至 1.6。SAP 中产出油中的戊烷不可溶解沥青质含量表明，SAP 操作期间的一些变化数量级太小，不能对地下沥青质的开采产生明显影响。Senlac SAP 试验在 2002 年 3 月中止。

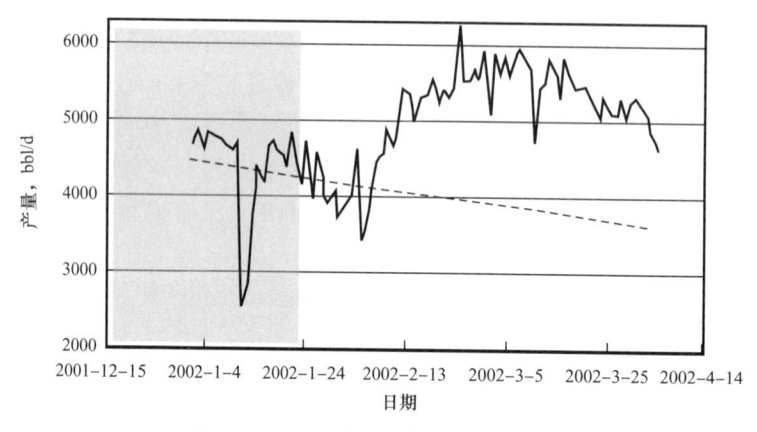

图 7-24 SAP 试验区块产能生产动态

4. Christina Lake SAP 试验

受 Senlac 2002 年热采项目的第一个 SAP 试验结果的鼓励[55]，EnCana 从 2004 年开始测试 SAP 对开采 Christina Lake 热采项目位于 17-76-6W4 区块的 Athabasca 油藏的开发效果。Christina Lake 的 SAP 现场试验的主要目标是测试蒸汽和溶剂同注过程对于大部分 Alberta 油砂的可行性。

Christina Lake 的 SAP 现场试验采用的操作流程与 Senlac 试验类似（一起注入丁烷和蒸汽），不同之处在于和沥青一起产出的溶剂被回收并循环利用。Christina Lake 的 SAP 现场试验开始时，有 4 个相邻的井组（井距 100m，水平井长 700m），即 A1—A4 井组，都进行 SAP 试验。但是每个井组的 SAP 实验时间段不同。A1 井组时先进行了 2.5 年的 SAGD 开发，然后进入 SAP 试验阶段。

Christina Lake 的 SAP 现场试验设计运行时间为 3 年以上。试验从 2004 年第三季度开始。EnCana 已经公布了一些初始 SAP 阶段（前 4.5 月）的试验结果。A1 井组 SAP 试验前，即 2004 年 3—7 月的平均产油速度是 167t/d，开始 SAP 前降到了 100t/d。然后 SAP 开始后，产油速度从 2004 年 7—8 月为 100t/d 开始，到 2004 年 11—12 月的时候上升到了 300t/d，然后再降至 240t/d 的水平（图 7-25）。SAP 操作阶段的产油量的增加比例达到 20%～40% 以上，这可能是由于溶剂稀释效应引起的。A1 井组的汽油比从大于 5 降至 1，并且最终稳定在 1.6 左右。SAP 试验开始前和开始后的原油质量是通过沥青的 API 比重测量得到的。基于统计学方法得到的分析数据表明，SAP 前后产出的原油 API 重度增加了 0.7～1。EnCana 目前还没有公布这个试验 2005 年 2 月以后的相关数据。

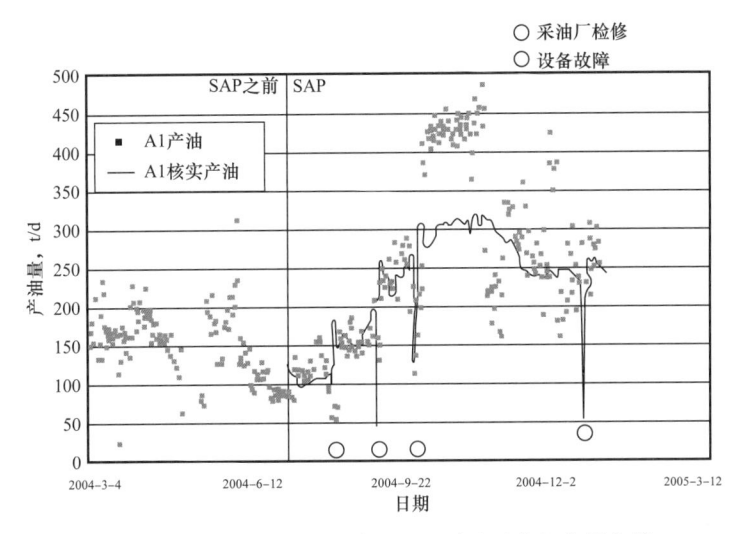

图 7-25 Christina Lake 项目 SAP 试验区井组产量曲线

5. 试验区块数据分析评价

Senlac 的 SAP 试验持续时间非常短，因此通过数值模拟历史拟合生产情况较为省时，但是能够得到的信息有限。Christina Lake 的 SAP 试验设计运行时间较长（3 年以上），目前仍在运行中。获得试验区的具体油田生产历史数据对于系统研究是非常有必要的。模拟沥青—丁烷流体的特性包括纯组分溶剂的 SAP 试验，这样利用油藏模拟器（STARS）模拟就非常直接方便。

这两个 ES-SAGD 试验中，Burnt Lake 的是在 SAGD 项目的基础上进行的，运行时间非常短（大约 12 个月）。如果产出原油中的溶剂含量不准确，不能确定实际产油速度，那么产油量的历史拟合结果就会受影响，因此对 ES-SAGD 生产效果的评估难度就很大。基于目前一些特定的研究成果，Firebag 的试验设计的更为严格。这个试验拥有更加综合的数据采集系统和系统的监测工具，用来确定溶剂回采量。通过油田规模数值模拟模拟这个过程特征的一个主要的难题是，如何表征多组分挥发油在沥青—溶剂流体在特定条件下的混合过程。

第三节 ICD/FCD 技术

一、ICD 概述

ICD 是 Inflow Control Device（流入动态控制设备）的简称。在油气工业中 ICD 经常被用于生产井调剖和控制早期见水见气等（Carpenter，2015）。2009 年，Stalder 在 Surmont

SAGD 项目中应用了 ICD 技术，成功调整了蒸汽腔的均匀发育。油井生产动态也得到改善。ICD 技术从此开始在 SAGD 过程中应用。ICD 设备可以安装在注入井和生产井中，在注入井中，ICD 可以使流入油藏的蒸汽更加均匀，这在 SAGD 早期阶段更为重要。在生产井内，ICD 使蒸汽腔的原油流动更加稳定。可以形成更低的液面，减少蒸汽突破的风险。ICD 有不同的尺寸，可以和防砂设备一样安装在筛管上，这样油藏流体流入井筒都需要通过 ICD；同样也可以安装在现有的油管防砂工具内部。筛管内应用 ICD 工具可以将筛管成功分割为几个独立的部分。油管安装的 ICD 有利于修井作业的进行。AICD 是一种下一代的 ICD 工具，它可以根据流体的流动自动调整孔眼大小。

目前主要存在 3 种不同类型的 ICD：管式 ICD、油嘴 ICD 和流态控制 ICD（图 7-26 至图 7-28）。其中油嘴 ICD 和管式 ICD 是被动 ICD，流态控制 ICD 是智能 ICD，这种类型的设备没有调整流动控制的活动部分，但是可以通过控制流体的涡流增加流体的摩擦阻力，可以根据流体本身的属性自动调整流体的通过的阻力。

图 7-26　油嘴型的 ICD

图 7-27　油管型的 ICD

图 7-28　迂曲的 ICD

二、ICD 应用情况

在非热采过程中，ICD 取得了广泛的应用，并且被广泛认为是控制生产的有利工具。在稀油开发过程中的应用效果说明 FCD 能够有效改善常规直井井筒内的流动，延长井的寿命，改善井的生产动态（McIntyre et al., 2006, Lyngra et al., 2007, Lorenz et al., 2006, Henriksen et al., 2006, Vela et al., 2011, Regulacion et al., 2013）。Banerjee 等在 2013 年总结了 ICD

在 SAGD 过程应用中的蒸汽腔发育的改善，蒸汽采出控制，油汽比，采收率等几个方面预期效果，证明 ICD 可以有效改善 SAGD 的阶段性开发效果，但是由此的地质特征和非均质性仍然是影响蒸汽腔均匀发育和 SAGD 整体效果的主要因素。

1. ConocoPhillips 公司 Surmont 项目应用[56]

ConocoPhillips 公司公布了他们在 Surmont 的 SAGD 项目中使用 ICD 技术的一些资料。在 #106 井对中采用了 FCD 完井技术。在开展 FCD 试验过程中，通过四维地震展示了整个 Pad 里面的蒸汽腔发育情况（图 7-29）。安装了 ICD 设施的 P06 井对与没有安装 ICD 的 P04 和 P05 井对相比，P06 井对的生产效果要远好于预期。效果对比来看，FCD 的关键效果包括油汽比高，水油比低，采收率高。若将滤砂筛管和 FCD 联合使用，可以将 Sub-cool 降低到 0 左右并减少出砂的问题。ICD 可以增加沿井筒的压降，可以促进沿井筒筛管的流动的均匀分布并减少蒸汽突破的风险。

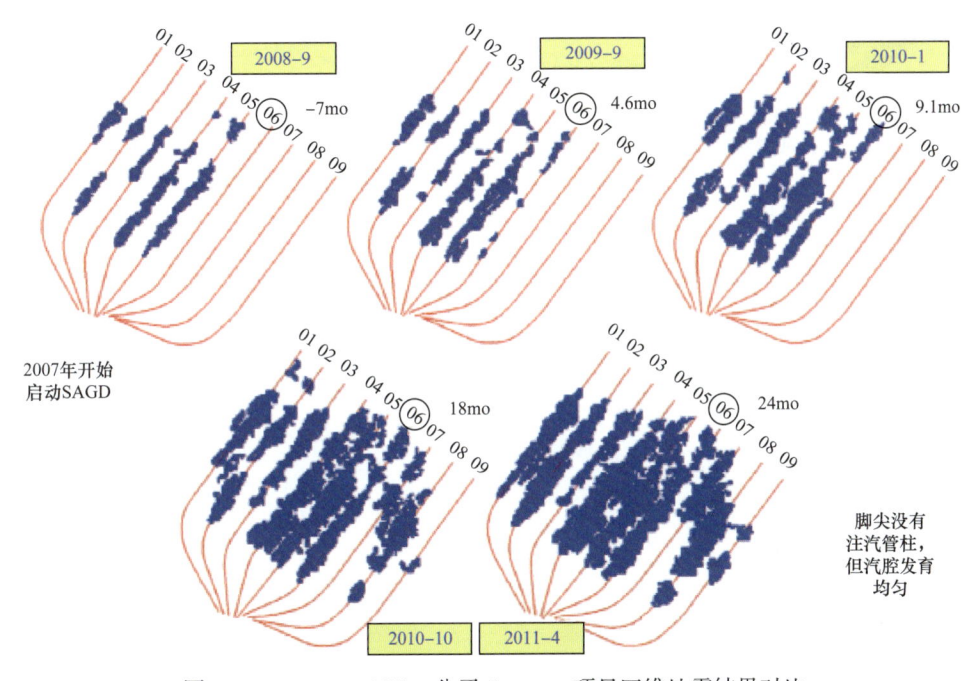

图 7-29　ConocoPhillips 公司 Surmont 项目四维地震结果对比

2. Suncor 在 Mackay River 项目应用 ICD 技术分析

Suncor 公司在其 Mackay River 项目中应用了 ICD 技术[57]，以减少蒸汽突破和筛管破坏。在应用过程中主要目的在减少蒸汽突破的可能，获得水平井段均匀高速的生产，减少将来蒸汽突破带来的筛管破裂。图 7-30 和图 7-31 是 Suncor 公司采用的 FCD 的结构示意图。

截至 2016 年 10 月，共有 15 对井安装了 ICD。其中 13 对井在生产井中装了 ICD，另外两对在注入井和生产井中均安装了 ICD 设备。从生产效果看，ICD 的应用在一些井取得了明显的效果。安装 ICD 之后，生产井的产量和油汽比明显提高，生产过程也更加稳定（图 7-32）。

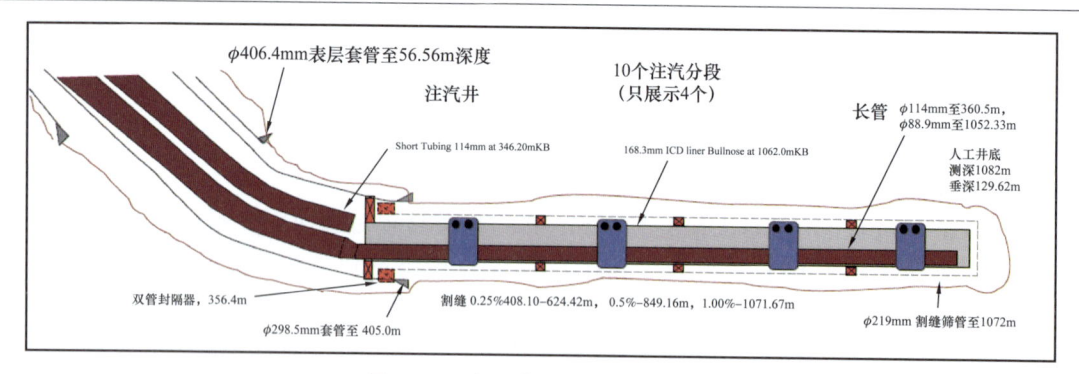

图 7-30 注入井中的 FCD 示意图

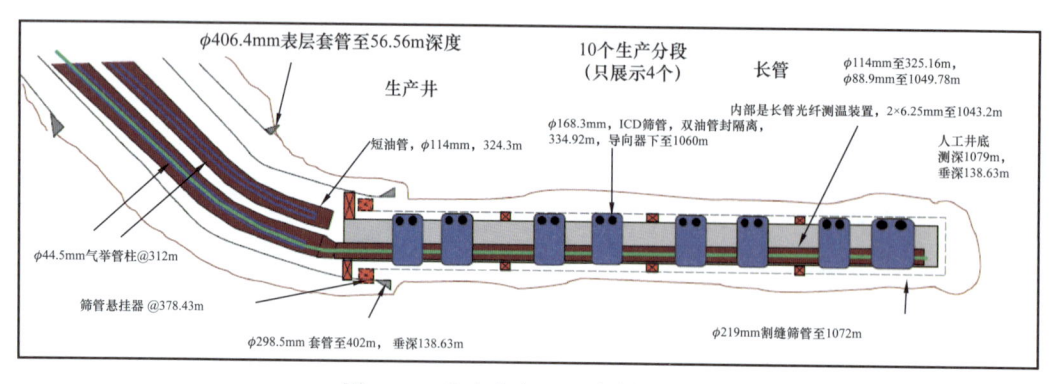

图 7-31 生产井中 FCD 部署示意图

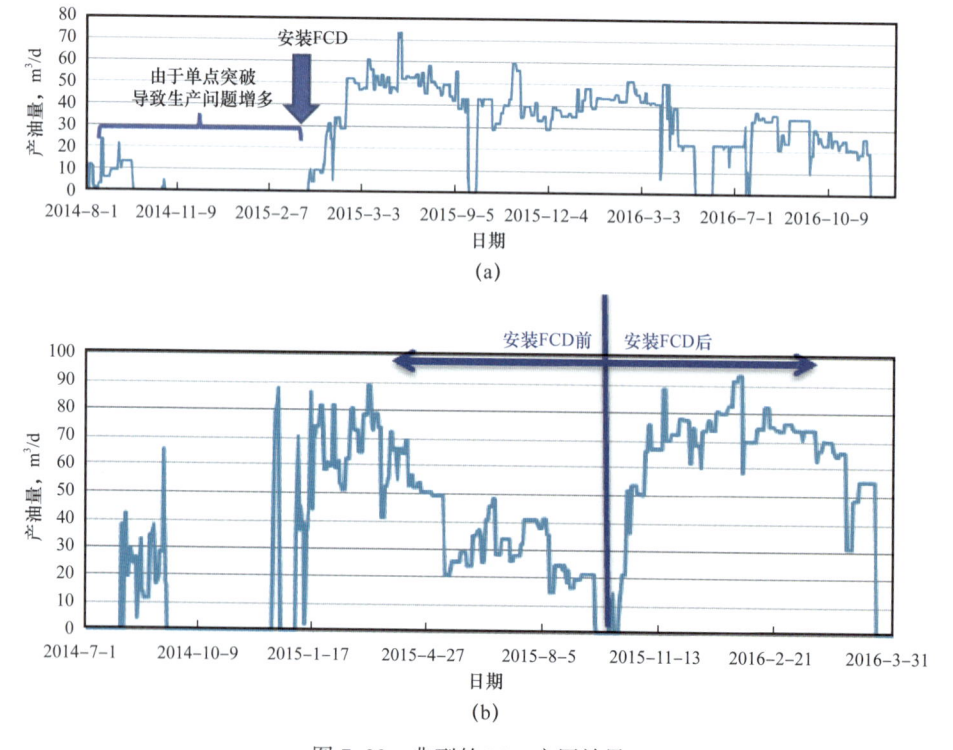

(a)

(b)

图 7-32 典型的 ICD 应用效果

第四节 其他改善 SAGD 开发技术

一、加密井辅助 SAGD 技术

SAGD 技术多应用成对水平井进行开发，而由于 SAGD 本身的特点，蒸汽腔进入下降阶段时，油汽比降低，蒸汽热效率降低，造成位于井对之间的剩余油难于有效动用。加密井辅助 SAGD 技术的原理是在水平井对中间钻一口新水平井作为生产井，利用邻近井的蒸汽腔的压力和热量，维持中间加密井的生产改进整体区块的开发。该技术在 Cenovus 的 Christina Lake 项目 A01Pad 和 B01Pad 取得应用[58]，并取得了较明显的效果。如图 7-33 所示加密井辅助 SAGD 生产动态。

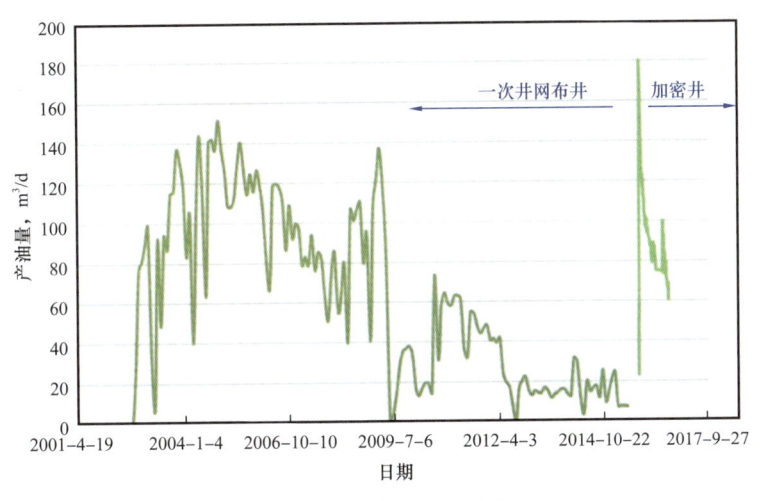

图 7-33 加密井生产动态

可见加密井生产改善了原始井网的生产状态。但是部署的加密井控制储量低，产量递减快，因而在部署加密井辅助 SAGD 之前，应开展详细的经济评价以确定加密井的必要性。

二、ISC-SAGD 技术

ISC（In-situ Combustion）技术即火驱技术，是从注入井中连续注入空气并点火，使燃烧前缘驱扫过油藏并最终达到注入井周围的生产井。当气相渗透率足够大，燃烧前缘开始向生产井移动。普通空气，富氧空气和纯氧可以用作支持燃烧的材料。油相是通过燃烧前缘附近的轻组分挥发和燃烧前缘的热水和蒸汽驱动产出。整个过程作为燃料的是油藏中小部分的重组分。

目前就地热采技术存在各种弊端，这些弊端限制了其作为稠油油藏的独立开发过程。比如 SAGD 技术存在温室气体排放、大量的水处理、消耗大量淡水资源、油藏深度和压力限制、气顶和顶水影响开发以及存在最低油藏厚度限制等问题。

而 ISC 技术同样也存在孔喉堵塞、流度比过大、腐蚀、形成稳定乳化液、容易在生产井附近形成自燃和空气早期突破等问题。

为解决上述一系列问题，近年来形成了将这两种技术结合起来的新技术[59]（Belgrave，2007；Moore，2007）在常规 ISC 过程中，油相主要是被燃烧区驱替到生产井中，若油藏中原油的流动性不足，该驱替方式就存在较大问题。如何加热油藏，减少注采井之间的距离是减弱油藏原油流动性影响的主要方法。也就是说若将注入井和生产井足够靠近对火驱过程非常有利。SAGD 过程中首先在油藏中形成充满蒸汽的空腔，空腔里面的稠油温度足够高，可以形成自燃并被驱替到生产井中。Moore（1999）证明 Athabasca 原油可以在 200℃下形成自燃。从操作层面讲，当注空气井的温度接近饱和蒸汽温度是，继续注入空气是可行的。

就地产生热量也是该过程的一个重要特点。油藏条件下热损失比较小，燃烧产生的热量可以产生蒸汽，并将通过传导将蒸汽输送到油藏其他位置形成驱替。SAGD 操作中对于环境的影响也是不可忽略的问题，通过混合驱替过程可以减轻对于环境的影响。SAGD 过程中产生大量的污水，不仅增加了整个项目的投资，而且也降低了项目的适应性。将 SAGD 过程和不使用水的燃烧过程联合起来不仅降低了对环境的影响，而且减少了项目的投资。

2007 年 Encaca 开展了 SAGD 后期注空气的过程的研究，根据数值模拟结果，证明 SAGD 蒸汽腔中不仅可以启动和持续燃烧过程，而且也有可能驱动残余油向生产井流动（Belgrave et al.，2007）。Yang 和 Gates 在 2008 年同样开展了对注空气和注蒸汽混合进行的可行性[60]。证明不仅可以降低总体的能量消耗，混合开发技术同样减少了气体的排放。然而，混合开发的总体采收率低于 SAGD。主要问题在于在这个过程中燃烧前缘和高含油饱和度前缘之间距离太远，造成燃烧产生的热量不能有效降低原油的黏度。

2010 年 Oskouei 开展了一系列的二维物理模拟实验[61]，证明成熟蒸汽腔里应用 ISC 技术的可行性。证明 SAGD 后期继续注入空气可以增加 10% 以上的采收率。Rahnema 在 2011 年 5 月的实验研究发现水平井不仅距离过近，注空气容易形成较厚的结焦带，引起生产井堵塞和生产早期结束等问题。

空气在蒸汽腔中的流动规律尚不清楚，这对后续的燃烧过程研究造成很多困难。根据规律来说，由于浮力作用，注入的空气容易在泄流的蒸汽腔里面形成超覆直至在上覆岩层部位积累。然后积累的空气层逐渐向两侧水平扩展。由于空气流动的截面积不确定，所以计算空气的通风强度时具有很大的不确定性。油田现场操作表明，最低的空气通风强度 $0.5m^3/m^2$。过高或过低的空气流动速度会使井周围的烃类气相组分移动到可燃区域范围之外，或者发生加氧反应（低温氧化）。同样，以过高的速度注入冷空气会增加燃烧区域热量向外的扩散速度，引起燃烧区域温度的降低。

三、电加热辅助 SAGD 技术

电能作为清洁高效的二次能源，在加热降黏方面已经有较多的研究和应用。其优势为：（1）利用电能直接在井底产生热量加热原油和储层，减少热损失。（2）加热过程取决于加热器功率，可以加快预热和蒸汽腔形成的速率；（3）灵活部署，可以减少注汽过程井筒吸汽不均匀，加热不均匀的现象。

1992 年，Shell 公司的 Glandt 等发现，利用电加热技术，可以提高油砂地层的蒸汽注入能力[62]。2004 年，袁建阳等通过物理模拟实验和数值模拟研究证明井底电加热器可以提高双水平井预热的均匀程度，可以改善 SAGD 和 VAPEX 过程的启动过程[63]。Regina 大学的 Liu 等 2015 年建立了一个二维的电磁加热的模型，用于研究稠油油藏在电磁波作用下的加热特征[64]。目前国内开展电加热改善 SAGD 开发效果研究主要目标是改善 SAGD 预热效果和改善生产井段水平井汽腔发育均匀程度（图 7-34）。

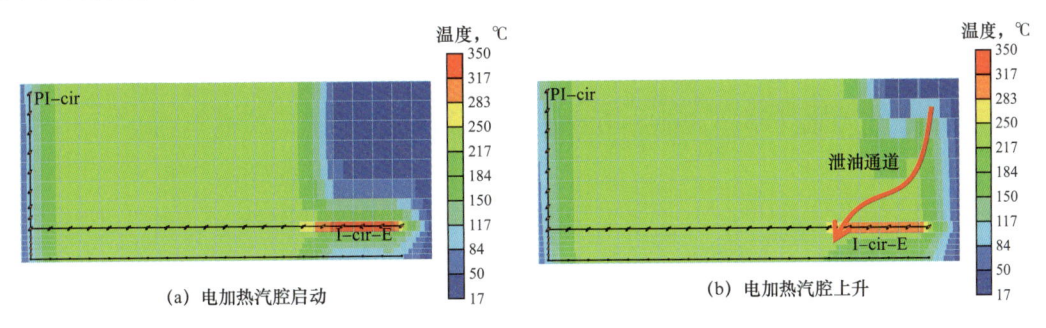

(a) 电加热汽腔启动

(b) 电加热汽腔上升

图 7-34　电加热辅助 SAGD 启动示意图

参 考 文 献

[1] 王红庄，李秀峦，张忠义，等. 稠油开发技术，中国石油科技进展丛书（2006—2015年）[M]. 北京：石油工业出版社，2019.

[2] 思娜，安雷，邓辉，等. SAGD重油、油砂开采技术的创新进展及思考[J]. 石油钻采工艺，2016，38（1）：98-104.

[3] 廖广志，马德胜，王正茂，等. 油气田开发重大试验与认识[M]. 北京：石油工业出版社，2018.

[4] Stegemeier G L, Volek C W, Laumbach D D. Representing Steam Processes with Vacuum Models[C]. SPE 6768, 1977: 67-87.

[5] Pujol L, Boberg T C. Scaling Accuracy of Laboratory Steam Flooding Models[C]. SPE 4191, 1972: 201-212.

[6] Roger M Butler. Thermal Recovery of Oil and Bitumen[R]. Prentice Hall, Englewood Cliffs, N.J., 1991.

[7] 席长丰，马德胜，李秀峦. 双水平井超稠油SAGD循环预热启动优化研究[J]. 西南石油大学学报（自然科学版），2010（4）：103-108.

[8] Xi Changfeng, Qi Zongyao. Dual-Horizontal Wells SAGD Start-Up Technology: from Conventional Steam Circulation to Rapid and Uniform Electric Heating Technology[R]. SPE-189241-MS, 2017.

[9] Anh N Duong, Timothy Tomberlin, Martin Cyrot, A New Analytical Model for Conduction Heating during the SAGD Circulation Phase[R]. SPE-117434-MS, 2008.

[10] Roger M Butler. Horizontal Wells for the Recovery of Oil, Gas, and Bitumen[R]. Petroleum Society Monograph Number2, Canada, 1994.

[11] 郭二鹏，刘尚奇，等. 直井与水平井组合的蒸汽辅助重力泄油产量预测[J]. 2008，15（3）：71-74.

[12] Peaceman D W. Interpretation of Well-Block Pressures in Numerical Reservoir Simulation with Non-Square Grid Blocks and Anisotropic Permeability[J]. SPE J., 1983（6）：531.

[13] Oballa V, Buchanan L. Flexible Wellbore Model Coupled to Thermal Reservoir Simulator[R]. World Heavy Oil Congress, Puerto La Cruz, Venezuela, 2009.

[14] 杜锋，乔忠明，张利轩，等. 杜84-平46井钻井工艺在SAGD技术中的应用[J]. 钻采工艺，2004，27（2）：11-14.

[15] 李永和，乔忠民，郭建国. 冷41-平13水平井钻井技术[J]. 断块油气田，2005，12（4）：65-68.

[16] 郭建国，乔晶，朱静. 杜84-馆平12S形三靶水平井井眼轨迹控制[J]. 石油钻采工艺，2005，27（5）：8-10.

[17] 岳宗杰，李勇，于海军. 辽河油田杜84区块超稠油油藏水平井钻井技术[J]. 石油钻探技术，2005，33（6）：15-18.

[18] 田璐. 稠油SAGD水平井完井管柱优化研究[D]. 成都：西南石油大学，2015.

[19] Whiltes D J. An ALS Solution to Low-Pressure SAGD[R]. SPE 97683, 2005.

[20] Davies D G. Proposed Conservation Policy Affecting Gas Production in Athabasca Wabiskaw-McMurray Oil Sand Areas[R]. Alberta Energy and Utilities Board, 2003.

[21] Kisman K E. Artificial Lift, A Major Unresolved Issue for SAGD[R]. Petroleum Society, 2001.

[22] 杨立强. 辽河油田超稠油蒸汽辅助重力泄油先导试验开发实践[M]. 北京：石油工业出版社，2012.

[23] 霍进，樊玉新，桑林翔. 浅层超稠油蒸汽辅助重力泄油开发理论与实践[M]. 北京：石油工业出版社，2014.

［24］张义堂，等．热力采油提高采收率技术［M］．北京：石油工业出版社，2006．

［25］孙新革，丁超，杨果，等．陆相浅层超稠油 SAGD 提质增效技术体系研究［C］．2018 油气田勘探与开发国际会议（IFEDC 2018）论文集，2018．

［26］霍进，桑林翔，杨果，等．蒸汽辅助重力泄油循环预热阶段优化控制技术［J］．新疆石油地质，2013，34（4）：455-457．

［27］桑林翔，杨果，成永强，等．SAGD 微压差泄油阶段启动压力优化研究［J］．特种油气藏，2015，22（4）：98-100．

［28］AER. Alberta Oil Sands Industry-quarterly Update，2017.

［29］Suncor. MacKay River 2016 AER Performance Presentation，2016.

［30］ConocoPhillips. Annual Surmont SAGD Performance Review，2016.

［31］James W AMYX，Petroleum Reservoir Engineering Physical Properties，1960：118-130.

［32］Roger M Butler. Thermal Recovery of Oil and Bitumen［R］. Prentice Hall，Englewood Cliffs，N.J.，1991.

［33］Canbolata S，Akina S，Kovscekb A R.Noncondensable Gas Steam-assisted Gravity Drainage［J］. Journal of Petroleum Science and Engineering，2004（45）：83-96.

［34］Zhao L，Law D H S，Coates R. Numerical Study and Economic Evaluation of SAGD Wind-down Methods［C］.Canadian International Petroleum Conference，Petroleum Society of Canada，2001.

［35］Yuan J Y，Chen J X，Pierce G，et al. Noncondensable Gas Distribution in SAGD Chambers［J］. SPE J.，2011，50（3）：11-20.

［36］Bagci A S，Gumrah F. Effect of CO_2 and CH_4 Addition to Steam on Recovery of West Kozluca Heavy Oil［R］. SPE 86953，2004：16-18.

［37］Butler R M，Yee C T. A Theoretical Study of Steam Condensation in the Presence of Non-Condensable Gases in Porous Solids［J］. AOSTRA J. Res.，1986，3（1）：1-13.

［38］Butler R M，Jiang Q，Yee C T. Steam and Gas Push（SAGP）-3；Recent Theoretical Developments and Laboratory Results［R］. Canadian Society of Petroleum Geologists and Petroleum Society Joint Convention，1999.

［39］Butler R M. Steam and Gas Push［C］. The 48th Ann. Tech. Meet of Pet. Soc.，1997.

［40］Butler R M. The Behaviour of Non-Condensable Gas in SAGD- a Rationalization［J］.Journal of Canadian Petroleum Technology，2004，43（1）：28-33.

［41］Canbolat S，Akin S，Kovscek A R. Study of Steam-Assisted Gravity Drainage Performance in the Presence of Noncondensable Gases［R］. SPE 75130，2002.

［42］Yee C T，Stroich A. Flue Gas Injection into a Mature SAGD Steam Chamber at the Dover Project(Formerly UTF)［J］. J. Can. Pet. Technol.，2007，43（1）：44-51.

［43］Jacos. Thermal In-situ Scheme Progress Report for 2016 Japan Canada Oil Sands Limited Hangingstone Approval No. 8788（Demonstration Project）.

［44］Foster Creek Reservoir Engineering & Geology，Steam Rampdown Update #5，2014.

［45］Cenovus Christina Lake In-situ Oil Sands Scheme（8591）2011-2012 Update.

［46］MEG. Christina lake 2016/2017 Performance Presentation Commercial Scheme Approval No. 10773.

［47］Suncor . MacKay River Project 2017 AER Performance Presentation Reporting Period：September 1，2016 to August 31, 2017.

[48] Suncor. Firebag 2017 AER Performance Presentation Commercial Scheme Approval No. 8870.

[49] Guo Erpeng, Jiang Youwei, Gao Yongrong, et al. Discussion on the First N2-SAGD Pilot Test in China[R]. SPE-174655-MS, 2015.

[50] Frauenfeld T, Jossy C, Wang X. Experimental Studies of Thermal Solvent Oil Recovery Process for Live Heavy Oil[R]. J.CPT, 2007, 46(11): 40-46.

[51] Deng X, Huang H, Zhao L, et al. Alberta Research Council. Simulating the ES-SAGD Process with Solvent Mixture in Athabasca Reservoirs[R]. JCPT, 2010, 49(1): 38-47.

[52] Bita Bayestehparvin, Farouq Ali S M, Jalal Abedi.University of Calgary, Case Histories of Solvent Use in Thermal Recovery[R]. SPE 185734, 2017.

[53] Bita Bayestehparvin, Farouq Ali S M, Jalal Abedi. University of Calgary, Solvent-Based and Solvent-Assisted Recovery Processes: State of the Art. e SPE EOR Conference at Oil and Gas West Asia, Muscat, Oman, 21-23 March 2016. February 2019 SPE Reservoir Evaluation & Engineering.

[54] Delamaide E Senlac.The Forgotten SAGD Project[C].SPE Middle East Oil & Gas Show and Conference, 2017.

[55] Sam Chen, Brent Seib, Amos Ben-Zvi, et al. Cenovus Energy, Christina Lake Early Rise Rate Solvent Aided Process Pilot[R]. SPE 189756, 2018.

[56] ConocoPhilips. Annual Surmont SAGD Performance Review Approvals 9426, 11596, and 9460[R]. ConocoPhilips, 2017.

[57] Suncor MacKay River Project 2018 AER Performance Presentation: Subsurface Commercial Scheme Approval No. 8668 November 25, 2018.

[58] Cenovus Christina Lake In-situ oil sands scheme 8591 2018 update, 2018.

[59] John David Michael Belgrave, Ben Ifeanyi Nzekwu, Harbir S Chhina. SAGD Optimization with Air Injection[R]. SPE-106901-MS, 2007.

[60] Yang X, Gates I D. The Design of Hybrid Steam-In Situ Combustion Bitumen Recovery Processes[R]. Canadian International Petroleum Conference, PETSOC-2008-114-EA, 2008.

[61] Seyed Javad Paitakhti Oskouei, Brij B Maini, Gordon Moore R, et al. Experimental Evaluation of SAGD/ISC Hybrid Recovery Method[J]. J. Can. Pe.t Technol., 2013, 52(3): 204-218.

[62] Glandt C A, Hsu Chia-Fu. Electric Preheating in Low-Injectivity Tar Sand Deposits[R]. SPE-24165-MS, 1992.

[63] Yuan J Y, Huang H, Mintz R, et al. Wet Electric Heating for Starting Up SAGD/VAPEX[R]. Canadian International Petroleum Conference, PETSOC-2004-130, 2004.

[64] Liu Manyang, Zhao Gang. A Performance Comparison Study of Electromagnetic Heating and SAGD Process[R]. SPE-165547-MS, 2013.